高等学校“十三五”规划教材·计算机软件工程系列

曲阜师范大学教材建设基金资助出版

软件测试技术与工具应用

主　编　王　妍

副主编　刘　双　郑丽丽

哈爾濱工業大學出版社

内 容 简 介

本书根据教学、科研和校企合作项目编写而成，共分 10 章：第 1 章讲述软件测试基本概念；第 2 章讲述软件测试基本流程；第 3 章讲述白盒测试的方法和技巧；第 4 章讲述黑盒测试的方法和技巧；第 5 章讲述软件缺陷及缺陷管理；第 6 章讲述测试过程度量及测试总结报告的撰写；第 7 章讲述开发者测试的方法及工具软件；第 8 章讲述功能测试的过程及工具；第 9 章讲述性能测试的过程及工具；第 10 章讲述 Web 应用测试的过程及工具。

本书采用了一种简单、易于接受的方式进行编写，即采用范例法教学，书中包含了大量案例和详解过程，且每个知识点都附有大量例题和习题。读者可以参照例题完成习题，以达到事半功倍、举一反三的效果。

本书可作为计算机及软件相关专业的本、专科生教材，也可作为软件测试人员的基本参考资料，还可作为各种与测试相关的技术资格水平考试的学习辅导用书。

图书在版编目（CIP）数据

软件测试技术与工具应用/王妍主编. —哈尔滨：哈尔滨工业大学出版社，2019.7（2024.8 重印）
ISBN 978-7-5603-8421-4

Ⅰ. ①软… Ⅱ. ①王… Ⅲ. ①软件—测试 Ⅳ. ①TP311.55

中国版本图书馆 CIP 数据核字（2019）第 142616 号

策划编辑　王桂芝
责任编辑　王桂芝　张　荣
出版发行　哈尔滨工业大学出版社
社　　址　哈尔滨市南岗区复华四道街 10 号　邮编 150006
传　　真　0451-86414749
网　　址　http://hitpress.hit.edu.cn
印　　刷　哈尔滨市工大节能印刷厂
开　　本　787mm×1092mm　1/16　印张 18.25　字数 450 千字
版　　次　2019 年 7 月第 1 版　2024 年 8 月第 4 次印刷
书　　号　ISBN 978-7-5603-8421-4
定　　价　49.80 元

前　言

党的二十大指出："教育是国之大计、党之大计。培养什么人、怎样培养人、为谁培养人是教育的根本问题。育人的根本在于立德。"在国家人才强国的战略下，培养造就大批德才兼备的高素质人才，是国家和民族长远发展大计。软件测试是本科软件工程专业学生的必修课，课程本身有很强的专业实践性，大量自动化测试工具的引入更是对学生的操作能力提出了新要求。然而现有教材不是偏重于理论讲解就是实验案例的堆积，因此为了更好的辅助教学，帮助学生学习和查阅资料，特编写此书，以供参考。

教材前半部分以软件测试过程为引导，将软件测试基础、软件测试需求分析、软件测试计划的制订、软件测试用例的设计、软件测试执行及缺陷管理、软件测试度量及总结等相关过程的具体任务和技术方法穿插其中，辅以大量例题及详解过程，使读者可以通过自主学习融会贯通；后半部分从开发者测试、功能测试、性能测试和 Web 应用测试 4 个不同角度，分别介绍了测试内容、测试任务及相关的自动化测试工具，使读者可以学以致用，理论结合实践。

教材语言精练，通俗易懂，具有较强的条理性、系统性和逻辑性。教材内容由浅入深层次化，实践案例由易到难梯度化，既注重学生实践动手能力的培养，又注重学生协同创新能力的培养。全书共分 10 章，具体内容如下：

第 1 章　软件测试基础，主要讲述软件测试的定义，测试的目的、原则、分类、发展，软件质量及质量标准，测试人员应具备的基本素养等内容。

第 2 章　软件测试流程及流程管理，按照测试需求分析、测试计划制订、测试用例设计、测试执行、缺陷管理、测试总结这一过程，描述各个阶段的具体任务，并介绍开源的软件测试流程管理平台 TestLink 的具体应用方法。

第 3 章　白盒测试技术，主要讲述静态测试、逻辑覆盖测试、基本路径测试的原理、方法及应用。

第 4 章　黑盒测试技术，主要讲述等价类划分、边界值分析、决策表与决策树、因果图、场景法、正交实验法等黑盒测试技术的原理、方法和应用。

第 5 章　软件缺陷及缺陷管理，主要介绍缺陷的定义、属性、分类，缺陷报告的书写方法和原则，并介绍自动化缺陷管理工具 Mantis 的应用方法。

第 6 章　软件测试度量及测试报告，主要讲述测试过程度量的定义、方法、指标项及测试报告的具体内容。

第 7 章　开发者测试，主要介绍单元测试和集成测试的方法，并引入单元测试工具 Junit。

第 8 章　功能测试，主要讲述功能测试的方法、过程及自动化测试工具 UFT。

第 9 章 性能测试，主要讲述性能测试的方法、过程及自动化测试工具 LoadRunner。

第 10 章 Web 应用测试，主要讲述 Web 应用测试的方法、过程及自动化测试工具 Selenium。

本书既可以作为计算机及软件相关专业的本、专科生教材，也可作为软件测试人员的基本参考资料，还可作为各种与测试相关的技术资格水平考试的学习辅导用书。教材第 1、2、3、4、5、6、9、10 章由王妍编写，第 7 章由刘双编写，第 8 章由郑丽丽编写，全书由王妍统一校稿。教材的出版得到了曲阜师范大学教材建设基金的支持，是软件测试课程教学改革的重要内容。由于作者水平有限，书中难免存在疏漏和不妥之处，敬请读者不吝指正，不胜感谢。编者的 Email 地址为 qufuwy_80@qfnu.edu.cn。

编　者

2023 年 4 月

于曲园

目　　录

第 1 章　软件测试基础

随着软件在各个行业的普及应用，软件测试成为大多数行业提高软件产品质量的保障性手段，软件测试越来越受到人们的重视。本章作为引导，对软件测试的基本概念、软件质量及质量模型、软件发展历程做了相关介绍，目的是让读者对软件测试的框架有一个直观的了解。

1.1　软件测试基本概念

1.1.1　软件与软件测试

软件一般定义为与计算机系统操作有关的计算机程序、规程、规则，以及可能有的文件、文档及数据。简单讲，软件=程序+数据+文档。程序是能够完成预定功能和性能的可执行的指令序列；数据是使程序能够适当地处理信息的数据结构；文档是开发、使用和维护程序所需要的图文资料。软件的构成如图 1.1 所示。

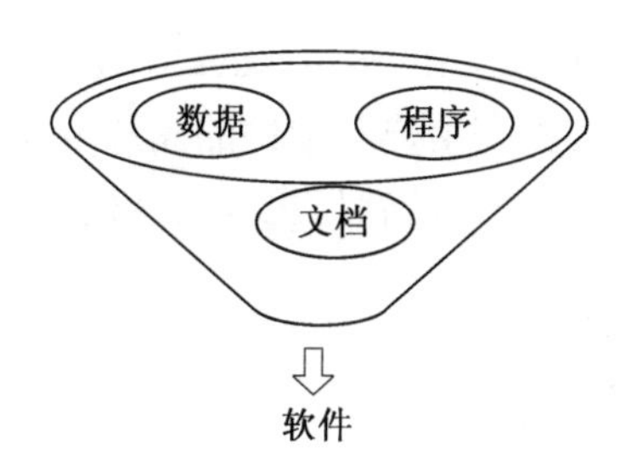

图 1.1　软件基本构成图

软件开发是一种直接将人类的脑力劳动转换为产品的行为，因此软件从性质上来说归根结底是一种商品。既然是商品就要有质量管理和质量保障，软件测试是软件质量保证的有效手段。

什么是软件测试？软件测试 = 发现 Bug？这个问题恐怕不能简单地回答对或者不对，因为不同的时间段，软件开发的方式和特点不同，因此测试的方式和特点也不同。软件开发早期，软件的规模较小，复杂程度低，软件开发的过程跟软件测试的过程没有明显的区分，开发者在调试程序的过程中发现并修改了软件中存在的 Bug，测试的工作往往由开发者完成，这一时期的测试等同于寻找 Bug。随着软件开发方法的工程化，软件规模越来越大，复杂程度越来越高，软件测试不再单纯是为了发现程序中的 Bug，对于构成软件的另外两个要素——数据和文档，也列入了测试的范畴。软件测试成为软件工程化过程的一部分，独立于软件开发成为软件全生命周期中不可或缺的一部分，是确保软件质量的重要手段。

1.1.2　软件测试的定义

到目前为止，还没有任何一个非常官方的软件测试的定义，大多数定义都是从软件测试的目的方面考虑给出的。按照时间推移，对软件测试的定义大致有以下几种。

1. 定义 1（Hetzel, 1973）

1973 年，Bill Hetzel 博士给软件测试定义为：测试是对程序能够按预期运行建立起一种信心（Establish confidence that a program does what it is supposed to do）。后来，1983 年他又将定义修改为：测试是以评价一个程序和系统的特性或能力，并确定它是否达到预期结果的任何行为（Any activities aimed at evaluating at evaluating an attribute or capability of a program or system）。不管是前者还是后者，其核心思想是“测试是为了证明正确性”。

2. 定义 2（Myers, 1979）

1979 年，Glenford J. Myers 在其代表著作 *The Art of Software Testing* 中对软件测试定义为：测试是为发现错误而执行程序的过程（The process of executing a program or system with the intent of finding errors）。其核心思想是“测试是为了证明错误”。

3. 定义 3（IEEE 定义）

1983 年，IEEE 提出的软件工程术语中，给软件测试下的定义是：使用人工或自动的手段来运行或测量软件系统的过程，以检验软件系统是否满足规定的要求，并找出与预期结果之间的差异。

综上理解，个人认为软件测试（Software Testing），通俗地来说，就是软件在正式投入运行前，为了保证软件的正常运行，提高用户对软件的满意度而对软件开发过程中的需求分析、设计和编码过程进行的最终复审活动，是软件生存周期的一个重要的组成阶段，是软件质量保证的关键步骤。

1.1.3　软件测试的目的

软件测试的目的是为了保证软件产品的最终质量。Glenford J. Myers 在《The Art of Software Testing》一书中提到测试是一个程序的执行过程，其目的在于发现错误。一个好的测试用例很可能会发现至今尚未察觉的错误，一个成功的测试是发现了至今尚未察觉的错误的测试。综合分析，软件测试大概有下面 3 个目的。

（1）发现错误。

软件测试是为了发现错误而执行程序的过程，测试是为了证明程序有错，而不是证明程序无错。对软件进行的测试越多、越充分，人们对使用该软件的信心就越强；但不能因为在测试活动中没有发现错误就保证软件是完全正确没有潜在缺陷的。

（2）确认与验证。

确认软件的质量，其一方面是确认软件做了你所期望做的事情，另一方面是确认软件以正确的方式做了这个事情。

验证软件的质量是否满足用户的需求，评价程序或系统的属性，对软件质量进行度量和评估，为用户选择、接受软件提供有力的依据。

（3）持续改进开发及测试过程。

通过分析测试过程中发现的问题，可以帮助改进开发工作采用的软件过程；同时通过缺陷分析，可以找到缺陷关联，提高再测试的缺陷发现率。

总之，软件测试是以发现错误为目标的活动。这一过程应该尽量用最少的人力、物力和时间找出软件中的显性及隐性的错误，以验证软件满足用户的需求程度，提高软件的最终质量，回避软件发布后由于潜在缺陷造成的隐患所带来的商业风险。

1.1.4　软件测试原则

为了使测试过程更加完善，测试效果更加有效，测试人员在执行测试活动的过程中应该遵循如下原则。

（1）尽早测试。

在软件或系统开发生命周期中，测试活动应该尽可能早地介入，并且应该将关注点放在已经定义的测试目标上。一般来说，当软件工程进行到需求分析阶段时，就可以开展测试活动了。另一方面早期发现错误进行修正的成本要少于晚期发现错误进行修正的成本。比如，同一个错误在需求分析阶段被发现，要比在发布阶段被发现而进行修正花费的成本少。

（2）全面测试。

全面测试应该从两个方面来理解，一方面测试的对象要全面，不仅是程序代码，还有数据和相关文档。另一方面是参与测试的人员要全面，开发者、测试者及用户都应该参与到测试工作中。

（3）全过程测试。

测试人员不能仅仅把精力放在测试的过程中，还应该关注整个开发过程。只有对开发过程有相当的了解，才能制订合理的测试方案及测试用例。另外，测试人员还应该对测试的全过程进行跟踪管理，尤其对自己发现和提交的缺陷，应该对其全生命周期进行跟踪监控。

（4）穷尽测试是不可能的。

即使是规模很小的软件或者软件产品，其逻辑路径和输入数据的组合也几乎是无穷的。假如测试人员想对测试对象进行完全的检查和覆盖，那基本上是不可能的。因此，需要选择合适的测试技术来设计测试用例，用尽可能少的测试用例发现尽可能多的缺陷。

（5）Pareto 原则。

版本发布前进行的测试所发现的大部分缺陷和软件运行失效是由于少数软件模块引起的，即测试发现 80%的错误很可能起源于 20%的模块中。

（6）避免自己测试自己的程序。

由于心理因素的影响或者程序员本身错误地理解了需求或者规范，导致程序中存在错误，应避免程序员或者编写软件的组织测试自己的软件。一般要求由专门的测试人员进行测试，并且还要求用户参与，特别是验收测试阶段，用户是主要的参与者。必要时候寻找第三方测试公司进行专业的测试是更合理的选择。

（7）严格按照测试计划实施测试过程。

制订严格的测试计划，并把测试时间安排得尽量宽松，不要希望在极短的时间内完成一个高水平的测试。测试计划是整个测试过程的统领，测试需要的人力、物力、财力资源在测试计划中都要有统筹预算，因此在测试过程中应该严格按照测试计划开展测试活动。

（8）明确软件的质量标准。

只有建立了质量标准，才能根据测试的结果，对产品的质量进行分析和评估。同样，测试用例应该确定期望输出结果。如果无法确定测试期望结果，则无法进行检验。必须用预先精确对应的输入数据和输出结果来对照检查当前的输出结果是否正确，做到有的放矢。

（9）注意回归测试的关联性。

修改一个错误有可能引入更多错误，因此回归测试非常必要，但要注意在回归测试中更新测试用例，避免出现“杀虫剂悖论”。如果采用同样的测试用例多次重复进行测试，则测试用例发现缺陷的能力将大大下降。

（10）避免“同化效应”。

测试人员与开发人员在一个项目中待的时间久了，容易受开发人员观点的影响；测试人员对软件的熟悉程度越高，越容易忽略一些细微错误。测试过程中应避免这种同化效应造成的 Bug 免疫。

1.2 软件测试的分类

目前软件测试的名称有很多，按照不同的测试方法有不同的分类，从不同的角度理解可大体进行如下分类。

（1）按测试的方式分类，软件测试可以分为静态测试和动态测试。

静态测试指不运行被测程序本身，仅通过分析或检查源程序的语法、结构、过程、接口等来检查程序的正确性。对需求规格说明书、软件设计说明书、源程序做结构分析、流程图分析、符号执行来找出欠缺和可疑之处。静态测试结果可用于进一步的查错，并为测试用例选取提供指导。

动态测试是指通过运行被测程序，检查运行结果与预期结果的差异，并分析运行效率、正确性和健壮性等性能问题。这种方法一般由构造测试用例、执行程序、分析程序的输出结果 3 部分组成。

（2）按测试的技术方法分类，软件测试可以分为黑盒测试、白盒测试和灰盒测试。

黑盒测试又被称为功能测试、数据驱动测试或基于规格说明的测试，是通过使用整个软件或某种软件功能来严格地测试，而并没有检查程序的源代码或者很清楚地了解该软件的源代码程序的内部逻辑结构。

白盒测试又被称为结构测试、逻辑驱动测试或基于代码的测试，是通过执行测试用例对程序的源代码进行测试的方法。这种类型的测试需要从代码句法发现内部代码在算法、溢出、路径、条件中的缺点或者错误，进而加以修正。

灰盒测试是介于白盒测试与黑盒测试之间的一种测试，灰盒测试多用于集成测试阶段，不仅关注输出、输入的正确性，同时也关注程序内部的情况。灰盒测试不像白盒测试那样详细、完整，但又比黑盒测试更关注程序的内部逻辑，常常是通过一些表征性的现象、事件、标志来判断内部的运行状态。

（3）按测试阶段或测试步骤划分，软件测试可以分为单元测试、集成测试、系统测试和验收测试。

单元测试是指对软件中的最小可测试单元进行检查和验证的活动。

集成测试是指在单元测试的基础上，将所有模块组装成为子系统或系统进行测试的活动。

系统测试是在集成测试之后，将硬件、软件、操作人员看作一个整体，检验它是否有不符合系统需求说明书规定的测试活动。

验收测试是软件产品完成了单元测试、集成测试和系统测试之后，产品发布之前由用户所进行的软件测试活动。

（4）按测试目的划分，软件测试可分为功能测试、性能测试、界面测试、安全测试、可靠性测试、文档测试、兼容性测试、恢复性测试、安装/反安装测试等约 32 种测试类型。这里只介绍几种常用的测试类型，其他类型将在系统测试中具体介绍。

① 功能测试：对产品的各功能进行验证，根据功能测试用例逐项测试，检查产品是否达到用户需求的功能。

② 性能测试：通过自动化的测试工具模拟多种正常、峰值及异常负载条件来对系统的各项性能指标进行测试的活动。

③ 界面测试：测试用户界面的功能模块布局是否合理、整体风格是否一致、各个控件的放置位置是否符合客户使用习惯，从美学的角度衡量界面美观性的活动。

④ 安全测试：对产品进行检验以验证产品是否符合安全需求定义和产品质量标准的过程。

⑤ 可靠性测试：通过长时间运行程序以检验软件出现故障的相隔时间是否满足用户要求的测试活动。

⑥ 文档测试：检验软件在开发过程中产生的文档是否具有完整性、正确性、一致性、易理解性、易浏览性等特性的活动。

⑦ 兼容性测试：检查软件与软件之间、软件与硬件之间能否正确地进行交互和信息共享。

⑧ 恢复性测试：软件在发生故障后能否恢复到运行状态的测试活动。

1.3　软件质量与质量模型

1.3.1　软件质量定义

软件质量是软件符合明确叙述的功能和性能需求、文档中明确描述的开发标准，以及所有专业开发的软件都应具有的显式和隐含的特征相一致的程度。一般判断软件质量优劣的标准为：

（1）软件需求是度量软件质量的基础，与需求不一致就是质量不高。

（2）指定的标准定义了一组指导软件开发的准则，如果没有遵守这些准则，肯定会导致质量不高。

（3）通常，有一组没有显式描述的隐含需求（如期望软件是容易维护的）。如果软件满足明确描述的需求，但却不满足隐含的需求，那么软件的质量仍然是值得怀疑的。

1.3.2　软件质量模型

软件质量是软件的生命，它直接影响软件的使用与维护，以及满足顾客的满意度。评价软件的质量因素很多，如正确性、精确性、可靠性、容错性、性能、效率、易用性、可理解性、可维护性、可复用性、可扩充性、可移植性等。面对众多的质量因素如何取折衷，这实际上就是区分质量因素对软件质量影响程度轻重的问题，为解决这个问题专家们提出了很多软件质量模型。常见的质量模型有 McCall 模型、Boehm 模型、ISO/IEC 9126 模型、ISO/IEC 25010 模型。

1. McCall 模型

McCall 软件质量模型（1977 年）中的质量概念基于 11 个特性之上，这 11 个特性分别面向软件产品的运行、修正和转移，如图 1.2 所示。

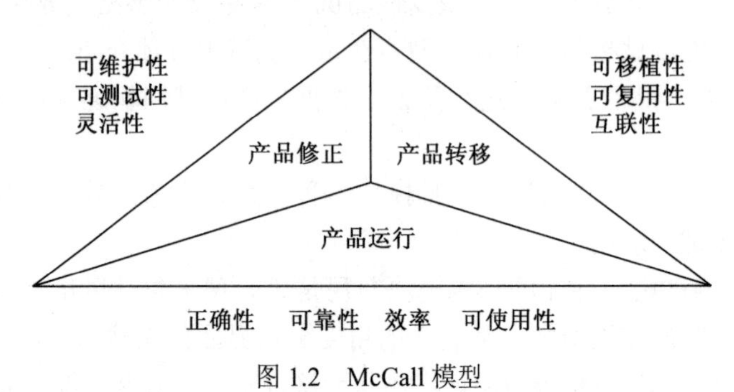

图 1.2　McCall 模型

从图 1.2 中可以看出，在所有质量指标中运行指标是基础，决定其他质量是否具有可测性，只有在产品运行没有问题的基础上才会考虑对产品修正和转移方面的测试。

2. Boehm 模型

Boehm 软件质量模型（1978 年）试图通过一系列的属性指标来量化软件质量。该质量模型包含了 McCall 模型中没有的硬件属性。Boehm 质量模型采用层级的质量模型结构，它由质量特性、质量子特性、度量 3 个层次构成，如图 1.3 所示。

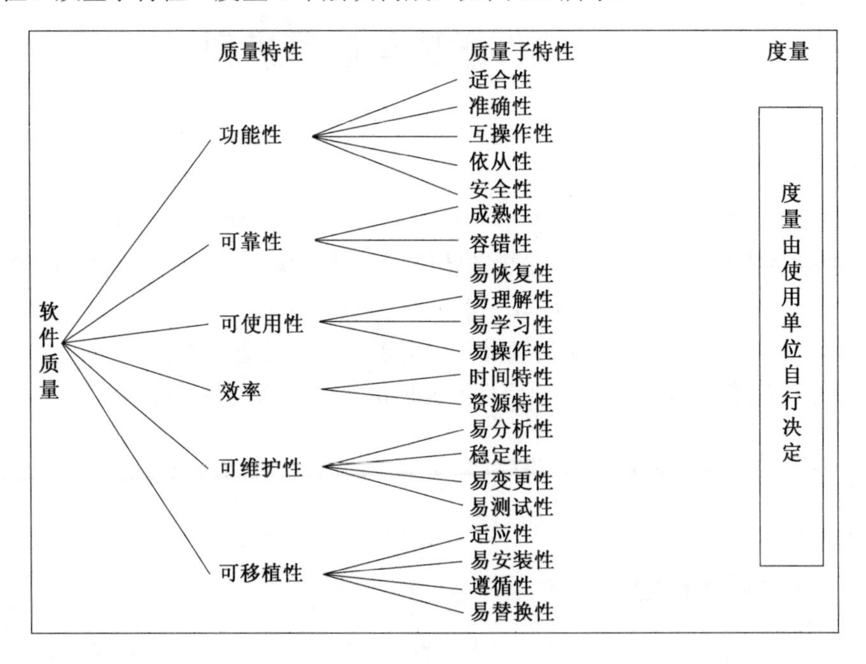

图 1.3　Boehm 模型

3. ISO/IEC 9126 模型

ISO/IEC 9126 模型（1993 年）主要从 3 个层次来分析，即内部质量、外部质量和使用质量，这三者之间是互相影响、互相依赖的。内部质量实际是从开发者的角度定义质量特性，外部质量是从测试者的角度定义质量特性，使用质量则是从用户的角度定义质量特性。其中内部质量和外部质量规定了 6 个特征：功能性、可靠性、使用性、效率、可维护性和可移植性，如图 1.4 所示，它们还可以再继续分成更多的子特征。这些子特征在软件作为计算机系统的一部分时会明显地表现出来，并且会成为内在软件属性的结果。使用质量主要有 4 个特征：有效性、生产率、安全性和满意度。

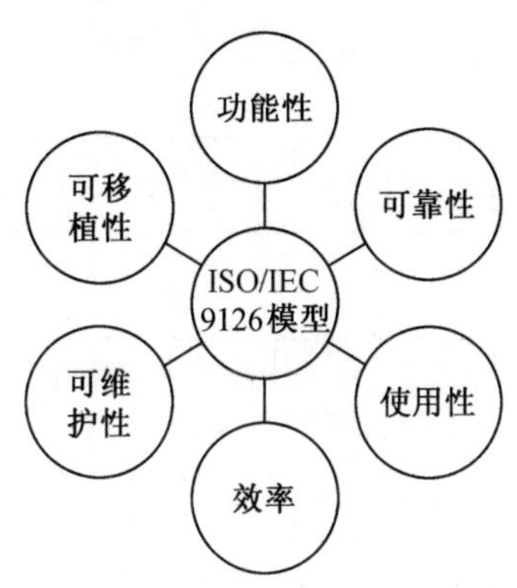

图 1.4　ISO/IEC 9126 模型

（1）功能性（Functionality）：软件所实现的功能达到其设计规范和满足用户需求的程度，强调正确性、完备性、适合性等。

（2）可靠性（Reliability）：在规定的时间和条件下，软件所能维持其正常的功能操作、性能水平的程度/概率。一般用 MTTF（Mean Time To Failure，平均失效前时间）或 MTBF（Mean Time Between Failures，平均故障间隔时间)来衡量可靠性。

（3）使用性（Usability）：对于一个软件，用户学习、操作、准备输入和理解输出所做努力的程度，如安装简单方便、容易使用、界面友好，并能适用于不同特点的用户，包括对残疾人、有缺陷的人能提供产品使用的有效途径和手段（即可达性）。

（4）效率（Efficiency）：在指定条件下，软件对操作所表现出的时间特性（如响应速度）及实现某种功能有效利用计算机资源（包括内存大小、CPU 占用时间等）的程度。局部资源占用高通常是性能瓶颈存在的原因；系统可承受的并发用户数、连接数量等，需要考虑系统的可伸缩性。

（5）可维护性（Maintainability）：当一个软件投入运行应用后，需求发生变化、环境改变或软件发生错误时，运行相应修改所做努力的程度。它涉及模块化、复用性、易分析性、易修改性、易测试性等。

（6）可移植性（Portability）：软件产品从一个计算机系统或环境迁移到另一个系统或环境的容易程度。

4. ISO/IEC 25010 模型

ISO/IEC 25010 模型（2011 年）是最新的国际标准，该模型规定软件质量应该从产品质量和使用质量两方面衡量。

（1）产品质量。

产品质量是指在特定的使用条件下产品满足显式的和隐含的需求所明确具备能力的全部固有特性（内在特性），体现了产品满足产品要求的程度（外部表现），是产品的质量属性，包括功能适应性、效率、兼容性、易用性、可靠性、安全性、可维护性和可移植性，如图 1.5 所示。

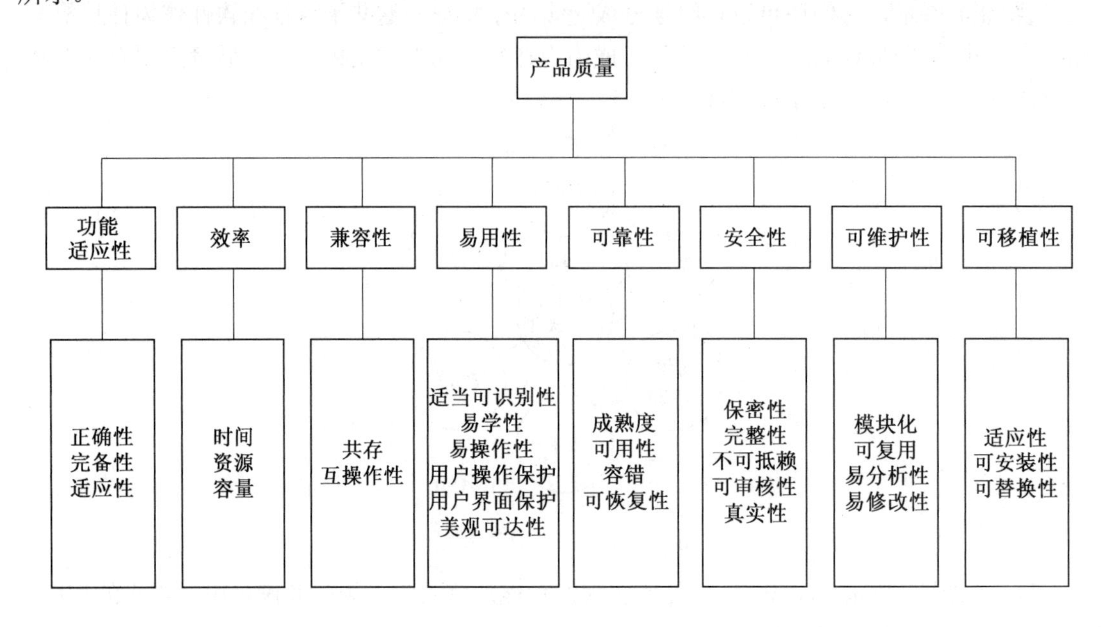

图 1.5　ISO/IEC 25010 模型的产品质量

对于前面已经解释过的质量特性不再描述，这里只说一下兼容性（Compatibility）和安全性（Security）。

兼容性：软件共存和互操作性能力，共存要求软件能给予系统平台、子系统、第三方软件等兼容，同时对于国际化和本地化进行合适的处理。互操作性要求系统功能之间的有效对接。

安全性：软件对数据传输和存储等方面能确保安全的能力，涉及保密性、完整性、抗抵赖性、可核查性和真实性。

（2）使用质量。

使用质量是在特定的使用环境中，软件产品使得特定用户能达到有效性、生产率、安全性和满意度的特定目标的能力。在使用质量中不仅包含功能和非功能特性，还要求用户在使用软件产品过程中获得愉悦感受，产品不应该给用户带来经济、健康、环境等风险，并能处理好业务的上下文关系，覆盖完整的业务领域，如图 1.6 所示。

举例来说，软件有自动下载功能，但如果这种下载在没有经过用户同意的情况下自动下载了商业软件，给用户带来了经济损失，这说明该软件在使用质量上有很大缺陷。再比如说，游戏软件没有在每次通关时间上做限制而导致了青少年沉迷其中，这也说明使用质量存在健康风险。

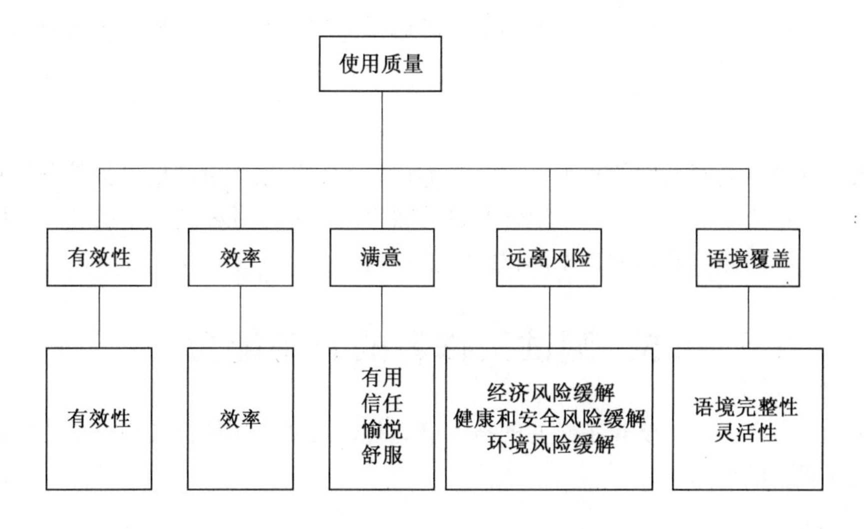

图 1.6　ISO/IEC 25010 模型的使用质量

1.4　软件测试发展史

1. 20 世纪 60 年代以前

软件测试跟“调试”（Debug）关联在一起，由开发人员执行。没有单纯意义上的软件测试，当然也没有人去区分调试和测试。然而严谨的科学家已经开始思考“怎么知道程序满足了需求？”这类问题了。这一阶段的测试以调试为主。

2. 20 世纪 60 年代到 70 年代初期

这一阶段对调试和测试有了明确的区分。这一阶段的调试是指程序员在运行过程中发现错误并进行修正，属于建设性行为。这一阶段的测试是指测试人员设计测试用例来诱发程序错误，属于破坏性行为。另外，Bill Hetzel 提出软件测试是为了证明程序是正确的，以建立一种信心，因此这一阶段测试以证真为主。

3. 20 世纪 70 年代末期到 80 年代初

Glenford J. Myers 提出软件测试是为了证明程序是有错误的，这一观点的提出较之前证真为主的思路有了很大进步。我们不仅要证明软件做了该做的事情，还要保证它没做不该做的事情，这使测试更加全面，更容易发现问题。这一阶段的测试以证伪为主。

4. 20 世纪 80 年代

这一阶段提出了在软件生命周期中使用分析、评审、测试来评估产品的理论，软件测试工程在这一阶段得到了快速发展，出现了测试经理、测试分析师、测试工程师等岗位名称，出现了一系列的测试标准，软件测试作为一门独立的、专业的、具有影响力的工程学发展起来了。这一阶段的测试以评估为主。

5. 20 世纪 90 年代

这一阶段测试被认为是与开发并行的，测试不再是编码以后的工作而应该贯穿于整个开发过程。另外，这一阶段的测试从单纯的手工测试进阶到了使用自动化测试工具的过程。这一阶段的测试以预防为主。

6. 现在

软件测试越来越受到人们的重视，第三方测试、测试外包大量涌现，另外各种自动化软件测试工具被大量应用，大大提高了软件测试的效率。另外，各种新类型的测试，比如Web应用测试、移动应用测试开始占据了测试行业的主流。

1.5　测试工作者的必备能力

作为测试工作者，除了要具备必要的技术能力外，还要有比较高的情商能力，除此以外还需要有逆向思维的能力。

1. 技术能力

一般认为一个优秀的测试者需要具备质量意识，测试技能，测试规划能力，测试执行能力，测试分析、报告、改进能力等。

（1）质量意识。

软件测试人员作为软件质量保证的一方面，必须具备一种对于软件质量的意识，要充分认识到质量对于软件成败是一种决定性因素，只有心中有质量的这种观念和想法才能在日常工作中严谨对待所发现的每一个软件缺陷。

（2）测试技能。

从业者需要学习提高专业技能和知识，其中包括软件质量准则、测试的基本概念、专业测试标准、软件测试方法、测试工具及环境等。

（3）测试规划能力。

测试作为软件开发活动中的一个环节，从业者需要有计划能力、风险防范分析能力、计划制订、评审能力。还要对测试项目周期内人员的安排、任务的分配、协作等做一个统筹。

（4）测试执行能力。

良好的执行力表现在测试数据的准备、测试用例的编写、软件缺陷的分析、缺陷记录及处理等方面，此外还涉及一些工具，如性能、自动化工具等。当然在面对具体行业时，可能还会涉及其他的能力，如对网络硬件、准则的了解能力、测试方法，以及数据库方面的基础能力、不同操作系统操作的能力。

（5）测试分析、报告、改进能力。

对测试活动的度量能力，对缺陷发生模块的统计能力，对测试进行分析、报告及改进能力，包括测试完成后书写测试报告的能力，测试过程中的监督及改进、跟进能力。

2. 情商能力

一位好的测试者还应具有高情商，应具有良好的沟通能力、表达能力、谈判能力、评估能力和创新能力。

（1）沟通能力。

这一点对于测试人员同样重要。测试人员必须与开发人员及用户进行有效沟通，才能制订测试需求，使测试有据可依。需要以自信的态度与他人沟通，并明确传达自己的意见。如果对方无法理解在报告中提及的场景，就需要直接解释以帮助其在短时间内搞清状况。

（2）表达能力。

当发现缺陷后，必须有能力准确表达自己的发现。例如，在测试在线购物系统时，您可能发现成功结账后库存量并没有减少。如果这时报告称“结账系统不好用”，那绝对是种误导性信息，而要把问题描述清楚，因为开发者没时间慢慢琢磨报告的实际含义。

（3）谈判能力。

当缺陷出现争议时，要正确表达自己的观点，尽可能让对方正确理解我们的意见并据此做出决策，是一种相当重要的能力。作为团队中的一分子，需要在谈判中确切纳入上下文信息、错误性质及影响等因素。

（4）评估能力。

正确的评估技能可帮助测试人员在职业生涯中走得更加平稳。在任务分配下来后，测试人员的上级会询问计划任务执行流程与所需时间。如果测试人员的评估结果与实际情况之间差异巨大，显然不利于自己的未来发展。事实上，如果这种状况不断出现，管理层甚至会对测试人员失去信心。因此，准确而有效的评估结果将让测试人员的地位大大提高。

（5）创新能力。

测试是一项包含大量突破性与创造性的工作，大家需要勇于打破既有规则，并通过多种途径思考问题。举例来说，关于一项 Bug，大家可以考量通过路径 A、B 与 C 来解决。然而，路径 D 也许才是最重要的解决思路。作为测试专家，必须具备创新能力，从而保证不会错过任何重要场景。

1.6　小结

本章首先介绍了软件测试的定义、测试的目的、测试的原则、软件测试的分类，然后重点分析了各种质量模型的特点，另外从软件测试的不同层面对软件测试进行了分类。

软件测试有其自身的发展过程，本章以时间为阶段，介绍了各个阶段测试的特点。

最后从技术和情感两个方面分析了测试从业者所应该具备的一些基本素养，给准备踏入测试这一行业的人员一点启示。

课后习题

1. 什么是软件测试？软件测试的目的是什么？
2. 软件测试要遵循哪些原则？
3. 给你一支签字笔，要求从界面、功能、性能、安全、兼容性方面进行测试，你要如何展开测试？
4. 软件质量模型有哪几种？
5. 软件测试发展经历了几个阶段？每个阶段的测试特点是什么？
6. 一个优秀的测试人员需要具备哪些能力？

第 2 章　软件测试流程及流程管理

随着软件测试技术的发展，测试工作由原来单一的寻找缺陷逐渐发展成为贯穿于整个软件生命周期中的测试活动。测试工程师们总结测试经验给出了很多测试模型，测试工作被大致分成测试需求分析、测试计划制订、测试用例设计、测试执行、测试总结几个阶段。

2.1　软件测试模型

软件测试过程模型是对测试过程的一种抽象，用于定义软件测试的流程和方法。软件测试过程包含如下 4 个步骤：

（1）确定在测试过程中应该考虑到哪些问题，即制订测试需求。

（2）软件产品应该如何被测试，即设计测试用例及测试计划。

（3）建立测试环境，执行测试，并记录测试过程。

（4）评估测试结果，检查是否达到测试的标准，报告进展情况。

随着测试过程管理的发展，软件测试专家通过实践总结出了很多很好的测试过程模型。这些模型将测试活动进行抽象，并与开发活动有机地结合，是测试过程管理的重要参考依据。

2.1.1　V 模型

V 模型是最具有代表意义的测试模型，反映了测试活动与分析设计活动的关系。V 模型指出，单元和集成测试应检测程序的执行是否满足软件设计的要求；系统测试应检测系统功能、性能的质量特性是否达到系统要求的指标；验收测试应确定软件的实现是否满足用户需要或合同的要求。图 2.1 给出了 V 模型的图形描述。

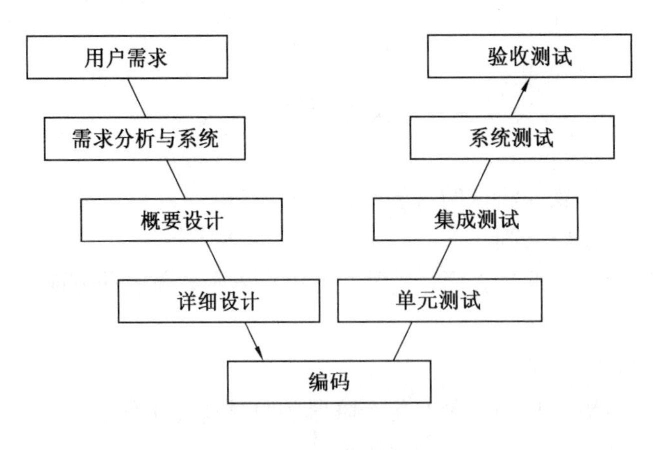

图 2.1　V 模型

V 模型具有如下特点：

（1）V 模型是最具代表意义的测试模型。

（2）V 模型是软件开发瀑布模型的变种，反映了测试活动与分析和设计活动的关系。

（3）从左向右，描述了基本的开发过程和测试行为，非常明确地标明了测试过程中存在的不同级别，并且清楚地描述了这些测试阶段和开发阶段的对应关系。

（4）箭头代表了时间方向，左边下降的是开发方向，右边上升的是测试方向。

（5）V 模型存在一定的局限性，它仅仅把测试过程作为在编码之后的一个阶段，不符合尽早测试的原则。

2.1.2　W 模型

W 模型由两个 V 字型模型组成，分别代表测试与开发过程。W 模型强调测试伴随着整个软件开发周期，而且测试的对象不仅仅是程序，需求、设计等同样要测试，也就是说，测试与开发是同步进行的，如图 2.2 所示。

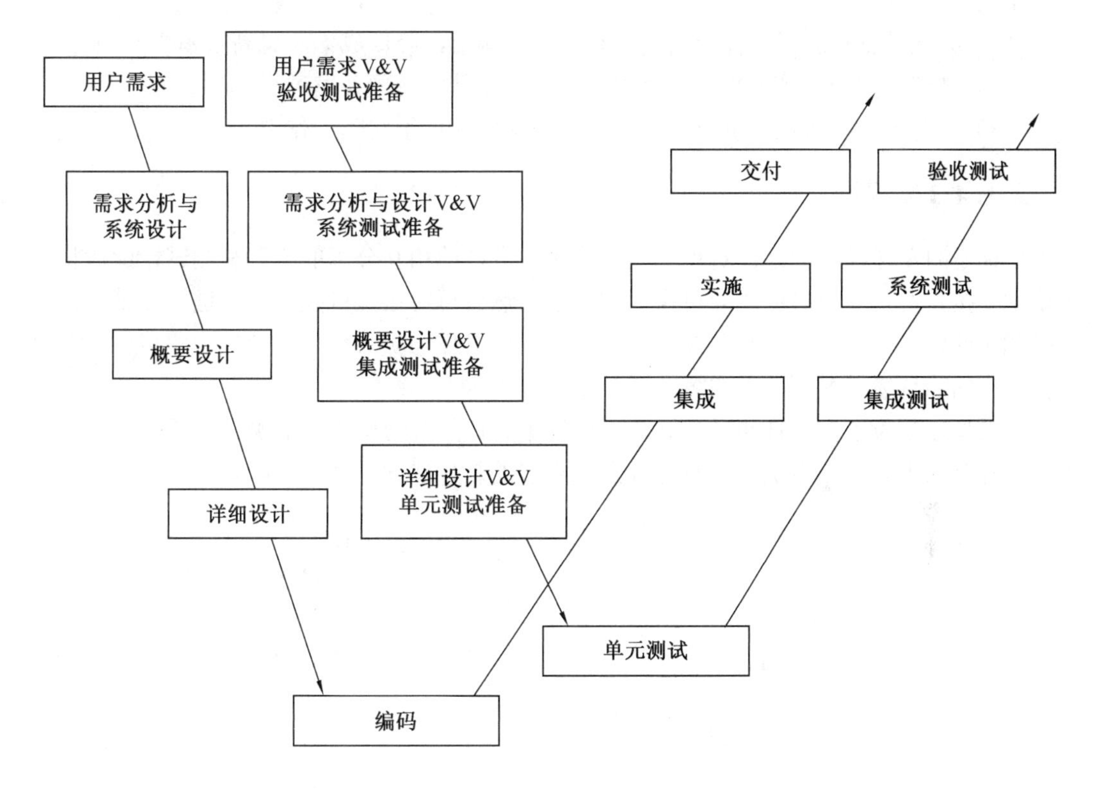

图 2.2　W 模型

W 模型具有如下特点：

（1）在 V 模型中增加软件开发各阶段应同步进行的测试。

（2）开发是“V”，测试也是与此相重叠的“V”。

（3）W 模型体现了尽早和不断进行测试的原则。

（4）W 模型也有局限性。在 W 模型中，需求、设计、编码等活动被视为串行，测试与开发保持着一种线性的前后关系，无法支持迭代开发模型。

2.1.3　H 模型

H 模型将测试活动完全独立出来，形成了一个完全独立的流程，将测试准备活动和测试执行活动清晰地体现出来。H 模型揭示了软件测试是一个独立的流程，贯穿产品整个生命周期，与其他流程并发地进行，如图 2.3 所示。

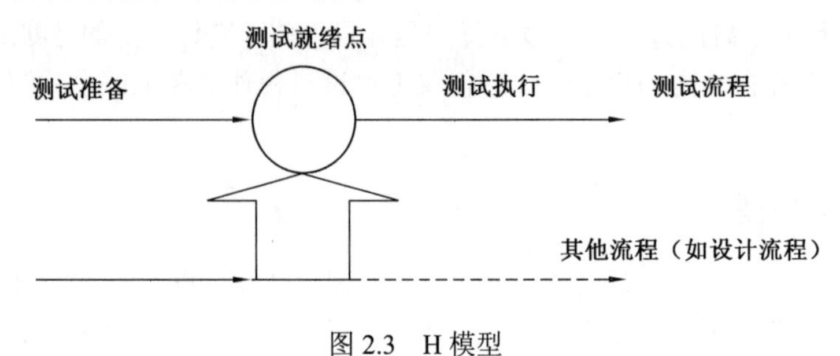

图 2.3　H 模型

H 模型具有如下特点：

（1）测试准备与测试执行分离，有利于资源调配，降低成本，提高效率。

（2）测试贯穿于产品的整个生命周期，可以与其他流程并发进行。

（3）模型过于抽象化，重点放在理解其含义并应用于实际工作中。

2.1.4　X 模型

X 模型的左边描述的是针对单独程序片段所进行的相互分离的编码和测试，此后将进行频繁地交接，通过集成最终成为可执行的程序，然后再对这些可执行程序进行测试。已通过集成测试的成品可以进行封装并提交给用户，也可以作为更大规模和范围内集成的一部分。多根并行的曲线表示变更可以在各个部分发生。

X 模型还定位了探索性测试，这是不进行事先计划的特殊类型的测试，这一方式往往能帮助有经验的测试人员在测试计划之外发现更多的软件错误，如图 2.4 所示。

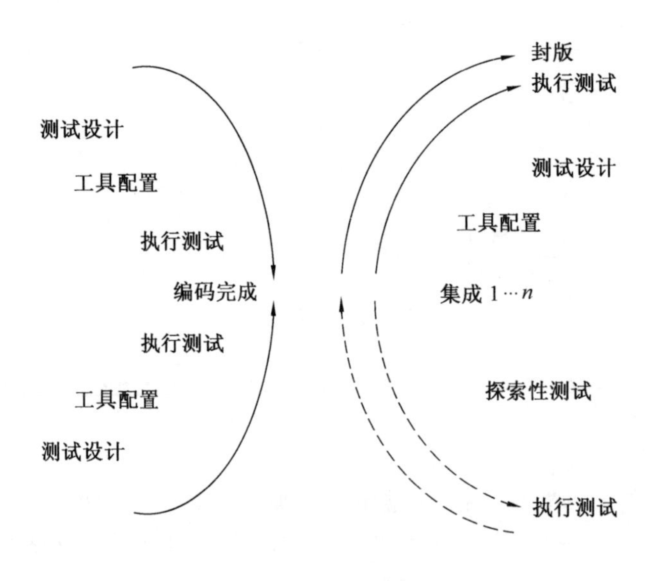

图 2.4　X 模型

X 模型具有如下特点：

（1）X 模型不过分强调单元测试和集成测试的顺序性，必要时可以直接做系统测试。

（2）X 模型显示了测试步骤，包括测试设计、工具配置、执行测试 3 个步骤，虽然这个测试步骤并不很完善，但体现了测试流程的基本内容。

（3）X 模型提倡探索性测试，可以帮助有经验的测试工程师发现测试计划之外更多的软件错误，避免把大量时间花费在编写测试文档上，导致真正用于测试的时间减少。

2.1.5　前置测试模型

前置测试模型将开发与测试相结合，如图 2.5 所示，强调对开发过程中的每一个交付物进行测试，在设计阶段开展测试计划和测试设计活动，让验收测试和技术测试保持相互独立。

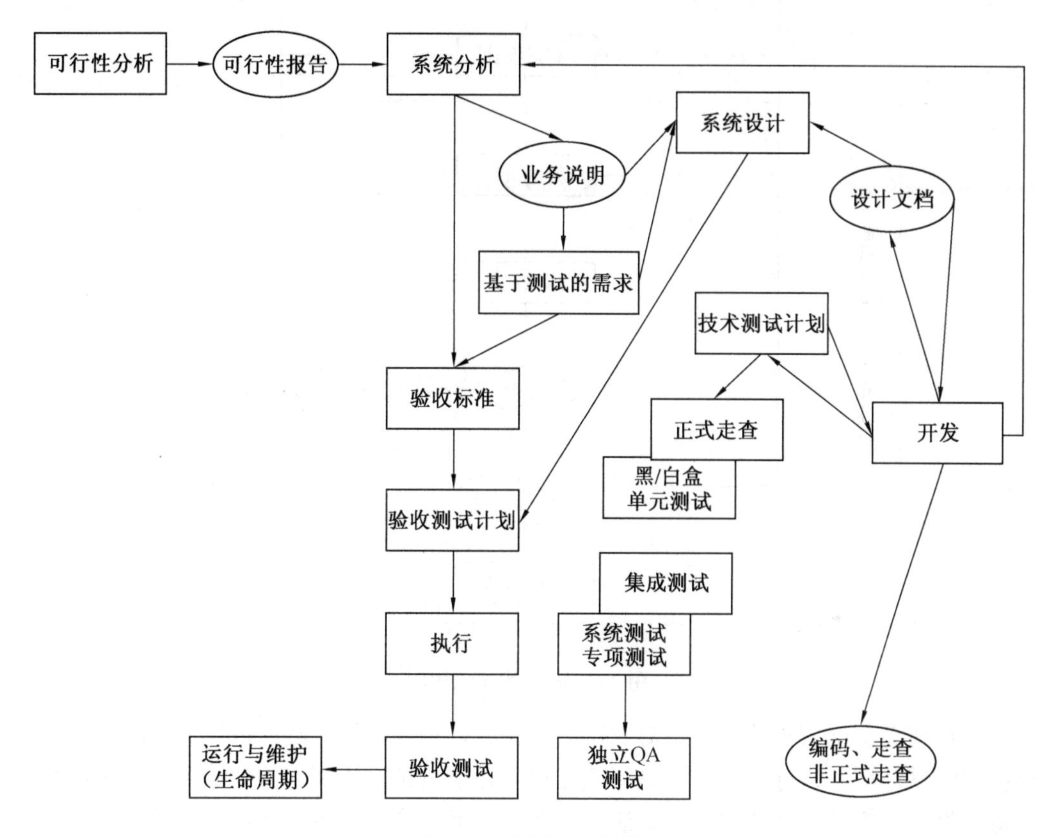

图 2.5　前置测试模型

前置测试具有如下特点：

（1）前置测试强调开发与测试的紧密结合，不同于传统的测试方法。

（2）前置测试用较低的成本来及早发现错误，并且充分强调了测试对确保系统高质量的重要意义。

（3）前置测试代表了测试的新理念。在整个开发过程中，反复使用了各种测试技术以使开发人员、经理和用户节省时间，简化工作。

（4）前置测试定义了如何在编码之前对程序进行测试设计，深受开发人员的喜爱。

（5）前置方法不仅能节省时间，而且可以减少重复工作。

2.2 软件测试流程

一个完整的测试流程应该是一个闭合的环，从测试需求开始到测试总结结束，一般经过测试需求分析、制订测试计划、测试设计、测试环境建立与执行测试、记录测试过程、评估测试和总结测试 7 个过程，如图 2.6 所示。

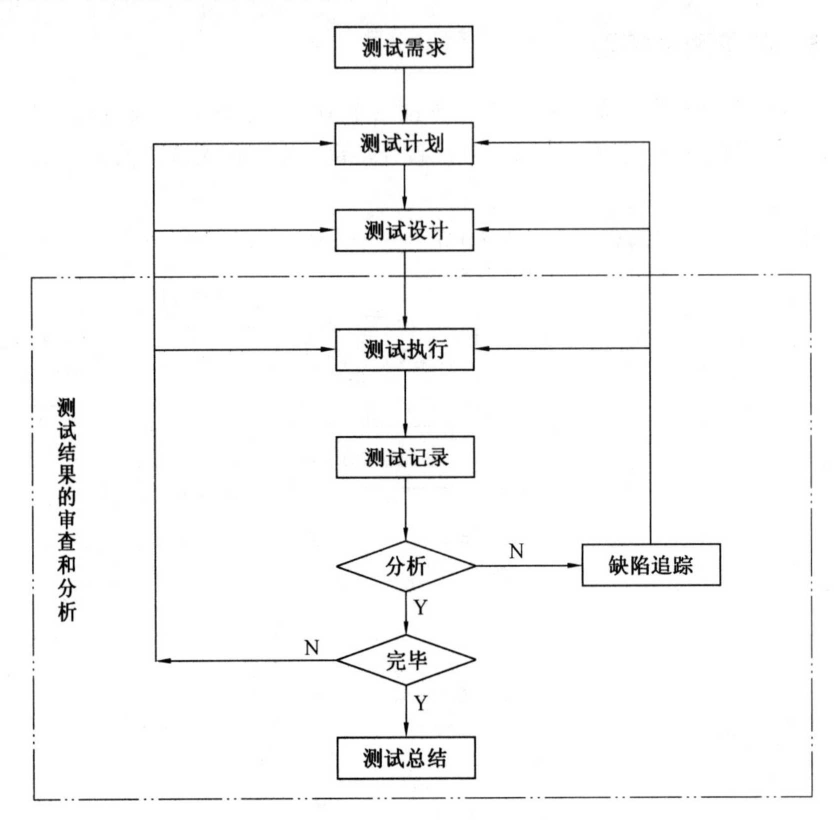

图 2.6　软件测试流程图

在分析清楚测试需求的前提下对测试活动进行计划和设计，然后按设计好的测试方法和策略搭建测试环境并执行测试，在执行的过程中记录测试过程和上报缺陷，最后总结测试、书写测试报告。为了更好地实施测试活动，在每一个环境均需要进行评审活动以确保上一个步骤完成，可以进行下一步的操作。因此，整个测试过程就是一个 PDCA 循环，P（Plan）代表计划、D（Do）代表执行、C（Check）代表检查、A（Action）代表处理。

2.3 软件测试需求

软件测试需求是设计测试用例的依据。制订详细的软件测试需求有助于保证测试的质量和进度。另外，软件测试需求是衡量测试覆盖率的重要指标。测试需求分析的主要目的有两个：一是对软件测试要解决的问题进行详细分析，弄清楚参与软件测试活动的人员对软件测试活动和交付物的要求；二是以软件需求规格说明书及用户的实际需求为依据，找出测试点。

所谓测试需求是根据程序文件和质量目标，结合软件类型、用户要求及公司要求，以需求规格说明书为依据，对软件测试活动提出的有效要求。测试需求主要解决“测什么”的问题，一般来自需求规格说明书的原始需求或者客户直接给出的测试要求，测试需求应该全部覆盖已定义的业务流程，以及功能和非功能方面的需求。假设我们要测试一个购物网站，我们从原始需求中就可以知道需要包括注册、登录、浏览商品、购买商品、支付等功能，如果没有注册，直接就可以登录，那么这个测试就没有全部覆盖已经定义的流程。

软件测试需求的内容一般包括功能测试需求、性能测试需求、可靠性测试需求、国际化与本地化测试需求、安全性测试需求、兼容性测试需求等。测试需求分析主要有 2 个任务。第一个是通过对测试活动需要解决的问题及其环境的理解、分析和综合，建立分析模型。第二个是在完全弄清所有参与测试活动人员对测试的确切要求的基础上，用“软件测试需求规格说明书”（Software Test Requirement Specification，SRS，简称测试需求书）把测试需求以正式书面形式确定下来。测试需求分析的过程如图 2.7 所示。

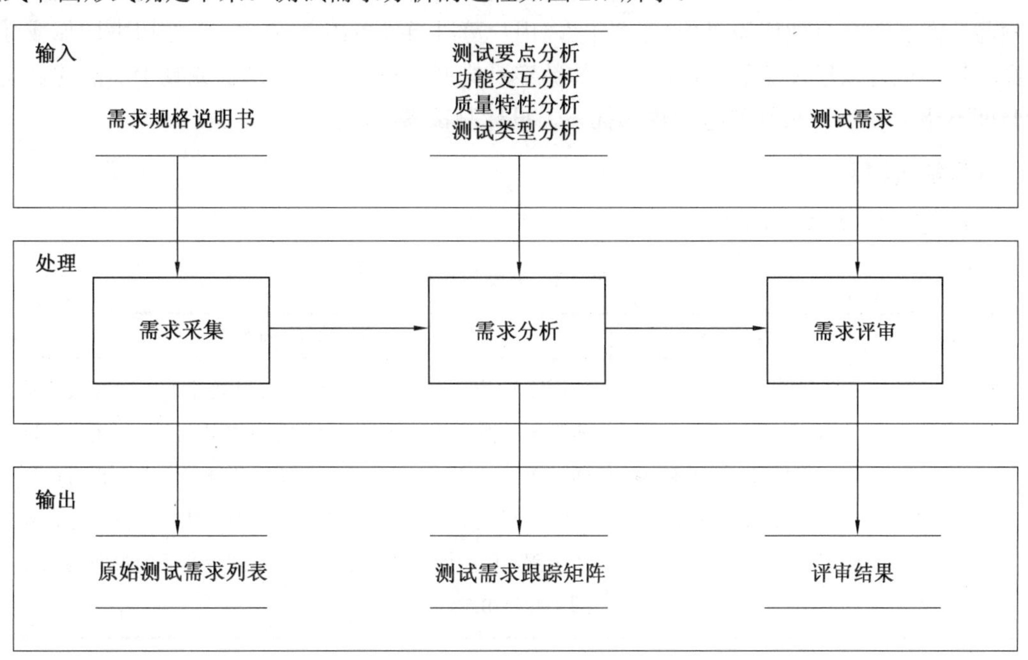

图 2.7　测试需求分析过程

如图 2.7 所示，软件测试需求要经过采集、分析和评审过程，其步骤如下：

（1）根据软件开发需求说明书逐条列出软件开发需求，并判断其是否有可测试性。

（2）对步骤 1 中列出的每一条开发需求，形成可测试的描述，针对这条开发需求确定需要进行测试的范围。

（3）对步骤 2 中形成的每一条测试范围，根据质量标准，逐条制订质量需求，即测试通过标准，用以判断测试成功和失败。

（4）对步骤 3 所确定的质量需求，分析测试执行时需要实施的测试类型。至此，形成专业的测试需求。

（5）建立测试需求跟踪矩阵，并输入测试需求管理系统，对测试需求实施严格有效的管理。

需求跟踪矩阵的格式和内容见表2.1。

表2.1 测试需求跟踪矩阵

软件需求		测试需求			测试用例	
软件需求标识	软件需求描述	测试需求标识	测试要点	测试类型	用例标识	用例描述

随着测试工作的进行，会不断添加新的跟踪内容，并对跟踪表进行扩展，例如测试设计阶段的测试用例、测试执行阶段的测试记录和测试缺陷都可以添加到跟踪矩阵中。

【测试需求分析案例】

某一购物网站的购物车内商品数量功能的需求描述如下：用户可以往购物车添加多件同一商品，商品数量有效值为“1～库存量”，用户可以通过单击“+”、“-”按钮来增加或减少商品数量，也可以通过键盘直接输入具体数字。典型用户环境下，增加或减少商品的页面响应时间不超过0.5 s。根据问题规约的描述，设计测试需求。

【详解过程】

（1）建立开发需求列表，见表2.2。

表2.2 开发需求表

需求ID	需求标识	需求详细描述
G-256	购物网站购物车内商品数量功能	网上购物网站购物车的商品数量功能为用户提供购买多件同一商品的功能。商品数量的初始值为1，用户可以通过单击“+”、“-”按钮增加或减少商品数量，也可以通过键盘直接输入数字，如“100”，但不能超过商品库存量的上限。典型用户环境下，增加或减少商品的页面响应时间不超过0.5 s

（2）从测试者的角度分析开发需求，形成可测试的分层描述的测试需求。

通过分析每条开发需求描述中的输入、输出、处理、限制、约束等，给出对应的验证内容。例如：

①购物车内商品数量为“1～库存上限”，我们需要给出合法的商品数量，小于1的数值量，大于库存量的数值量以及非数字数据等测试内容。

②分别验证“+”或“-”按钮的功能。

③使用键盘输入商品数量，检查是否具有键盘修改功能。

④典型用户环境下，单击“+”或“-”按钮，增加或减少商品的页面响应时间不超过0.5 s。

⑤极端用户条件下（如硬件配置在最低条件）单击“+”或“-”按钮，增加或减少商品的页面响应时间是多少，需要考虑开发需求以外的隐含性测试内容，可适当增加测试需求。

⑥利用场景法，验证购物车在 IE、Firefox、Chrome 3 种浏览器下是否都可以显示正常，并且功能正常。

（3）从软件质量的角度，分析每条测试需求对应的测试类型。

软件测试可以划分为如下测试类型：功能测试、性能测试、安全性测试、接口测试、容量测试、界面测试、配置测试、兼容性测试、安装测试等。测试需求分析案例中，①～③属于功能测试，④～⑤属于性能测试，⑥属于兼容性测试。

（4）建立测试需求矩阵，见表 2.3。

表 2.3　测试需求矩阵

<table>
<tr><th colspan="3">软件开发需求</th><th colspan="3">软件测试需求</th></tr>
<tr><th>开发需求 ID</th><th>开发需求标识</th><th>开发需求描述</th><th>测试需求 ID</th><th>测试需求描述</th><th>测试类型</th></tr>
<tr><td rowspan="10">G-256</td><td rowspan="10">购物网站购物车内商品数量功能</td><td rowspan="10">网上购物网站购物车内商品数量功能为用户提供购买多件同一商品的功能。商品数量的初始值为 1，用户可以通过单击“+”、“-”按钮增加或减少商品数量，也可以通过键盘直接输入数字，如“100”，但不能超过商品库存量的上限。典型用户环境下，增加或减少商品的页面响应时间不超过 0.5 s</td><td>TC-256001</td><td>检查购物车内商品数量为合法值时，能否正常提交订单</td><td>功能测试</td></tr>
<tr><td>TC-256002</td><td>检查购物车内商品数量小于 1 时，能否提示输入有误的信息</td><td>功能测试</td></tr>
<tr><td>TC-256003</td><td>检查购物车内商品数量大于库存上限时，能否提示商品不足的信息</td><td>功能测试</td></tr>
<tr><td>TC-256004</td><td>检查购物车内商品数量输入非数字字符时，能否提示错误信息</td><td>功能测试</td></tr>
<tr><td>TC-256005</td><td>单击“+”按钮，检查商品数量是否增加 1</td><td>功能测试</td></tr>
<tr><td>TC-256006</td><td>单击“-”按钮，检查商品数量是否减少 1</td><td>功能测试</td></tr>
<tr><td>TC-256007</td><td>使用键盘输入商品数量，检查是否具有键盘修改功能</td><td>功能测试</td></tr>
<tr><td>TC-256008</td><td>典型用户环境下增减商品的页面响应时间是否小于 0.5 s</td><td>性能测试</td></tr>
<tr><td>TC-256009</td><td>极端用户环境下，增减商品的页面响应时间是多少</td><td>性能测试</td></tr>
<tr><td>TC-256010</td><td>验证购物车在 IE、Firefox、Chrome 3 种浏览器下是否都可以显示正常，并且功能正常</td><td>兼容性测试</td></tr>
</table>

软件测试需求分析完成后，其需求结果需要进行完整性和准确性的评审。完整性检查要求测试需求能充分覆盖软件需求的各种特征，重点关注功能要求、数据定义、接口定义、性能要求、安全性要求、可靠性要求、系统约束等方面，同时还应关注是否覆盖开发人员遗漏的、系统隐含的需求；准确性检查要求各项测试需求描述内容一致并且没有矛盾和冲突，在详尽程度上也要保持一致，每一项测试需求都可以作为测试用例的设计依据。评审的方法有相互评审、交叉评审、轮查、走查、小组评审等。评审人员的组成需要仔细遴选，正式评审小组中，一般存在多种角色，包括协调人、作者、评审员等，要保证不同类型的人员都要参与进来，通常包括开发经理、项目经理、测试经理、系统分析人员、相关开发人员和测试人员等。

2.4　软件测试计划

测试计划是一个叙述了预定的测试活动范围、途径、资源及进度安排的文档。它确定了测试项、被测特征、测试任务、人员安排以及与计划相关的风险。测试计划要包含时间、成本、范围、质量4个要素，另外还要考虑测试策略和风险控制。

2.4.1　为什么要制订测试计划

制订测试计划可以使软件测试工作进行得更顺利，测试计划明确规定了测试采用的模式、方法和步骤以及可能遇到的问题和风险，这样将使得测试工作更加有序。

另外测试计划可以促进项目参加人员彼此的沟通交流，以便于更好地安排工作。

（1）测试经理能够根据测试计划做宏观调控，进行相应人员及资源的配置。

（2）测试人员能够了解整个项目测试情况以及项目测试不同阶段的工作任务。

（3）系统发布人员可以根据时间安排及时准备发布工作。

（4）开发人员可以根据自己编写代码的测试时间合理安排自己的工作，留出足够时间修改缺陷。

在制订测试计划的过程中可以及早发现和修正软件规格说明书中的问题，因为测试工作的第一步是了解软件各个阶段产生的规格说明书，在这一过程中可能会发现其中存在的问题。

测试计划还能使软件测试工作更易于管理，在测试计划中可以将测试任务细化，便于分配到具体的测试者，从而掌握测试进度。

2.4.2　如何制订测试计划

如何制订软件测试计划，可以从以下几点开展工作。

1. 认真做好测试资料的收集整理工作

在制订计划之前首先要了解被测对象以及开发过程，主要包括以下3个方面。

（1）软件的类别及其结构。

（2）软件的用户界面。

（3）是否需要第三方软件，第三方软件与被测软件的联系。

获取这 3 个方面的内容，需要收集并了解与项目相关的资料，获取途径有：

（1）阅读需求规格说明书、设计说明书、用户手册等文档资料。

（2）与开发人员及用户进行正面沟通。

有了相关资料，经过整理归类，明确测试工作的环境配置，确定测试工具、缺陷报告管理软件、测试管理软件、版本控制软件等。

2. 明确测试的目标，增强测试计划的实用性

测试目标要明确并可以量化和度量。测试计划重点在于对测试工作的计划，并不是仅仅为了写一份文档。我们是计划测试工作，而不是编写测试计划。因此，编写测试计划应该一切从实际出发，千万不要流于形式。

3. 坚持“5W1H”规则，明确内容与过程

Why——为什么要进行这些测试？明确测试的目的。

What——测试哪些方面？不同阶段的工作内容是什么？明确测试的范围和内容。

When——不同阶段测试的起止时间？明确各项任务的开始时间和结束时间。

Where——明确测试文档、缺陷报告的存放位置，确定测试环境等问题。

Who——项目有关人员组成？安排哪些测试人员进行测试？明确参与测试的人员。

How——如何去做？使用哪些测试工具及测试方法进行测试？

4. 采用评审和更新机制，保证测试计划

评审是保证测试计划的完整、正确、一致、合理、可行的有效方法，测试人员可以根据评审意见对测试计划进行修正和更新，因此要求参与评审的人员构成要合理。

一份好的测试计划书，应能有效地引导整个软件测试工作正常运行，并配合开发部门，保证软件质量，按时推出产品。它所提供的方法应能使测试高效地进行，即能在较短的时间内找出尽可能多的软件缺陷。它应该提供了明确的测试目标、测试策略、具体步骤及测试标准。它既要强调测试重点，也重视测试的基本覆盖率。它所制订的测试方案应尽可能充分利用了公司现有的、可以提供给测试部门的人力/物力资源，而且是可行的。它所列举的所有数据都必须是准确的。它对测试工作的安排应有一定的灵活性，可以应付一些突然的变化情况。

2.4.3　测试计划报告

一般测试计划报告要包含测试概要、测试范围、测试策略、测试资源安排、测试进度安排、风险及对策 6 个部分。

1. 测试概要

主要是对测试软件基本情况的介绍，测试软件基本情况包括产品规格、软件运行平台、应用领域、主要功能模块特点、与项目有关的文档等。

2. 测试范围

测试范围是从用户的角度来规划测试的内容，主要包括明确需要测试的对象和不需要测试的对象。对于需要测试的对象，需要说明在测试范围内对哪些具体内容进行测试，确定一个包含所有测试项在内的一览表。对于不需要测试的对象，应该列出不需要测试的单项功能及组合功能，并说明不进行测试的理由，例如由于测试时间紧迫，对低风险的功能项可以不予以测试等。

3. 测试策略

确定测试策略是测试计划的中心任务，它定义了项目的测试目标和实现方法。测试策略决定了测试的工作量和成本。测试策略应描述测试人员测试整个软件和每个阶段的方法，还要描述如何公正、客观地开展测试，要尽量做到细节详细。一般制订测试策略应按照如下步骤。

（1）确定测试顺序。

先测优先级最高的需求，然后对新功能和修改功能的代码优先进行测试，运用等价划分技术和边界值分析技术减少测试工作量，测试那些最有可能出现问题的地方，关注用户最常使用的功能和配置情况等。

（2）确定测试方法。

不同的测试阶段有不同的测试方法和测试技术，具体可以参照表 2.4 所列出的内容。

表 2.4　不同阶段的测试方法及测试策略

需求分析阶段	编码和单元测试阶段	集成测试阶段	系统测试阶段	验收测试阶段
对需求文档进行静态测试，主要采用审查走查的方法。 验证需求的完整性、一致性和可行性	采用白盒测试方法。 一般由程序员完成	采用黑盒测试方法辅以白盒测试方法。 一般由开发人员与测试人员共同完成	采用黑盒测试方法。 一般由测试人员完成，测试类别繁多，有功能、性能、界面等测试，必要时需要借助自动化测试工具完成	采用黑盒测试方法。 一般由用户完成测试，测试人员辅助进行

（3）制定测试标准。

入口标准：描述在开始之前需要做哪些工作。

出口标准：描述在怎样的情况下可以结束测试。

暂停/继续测试标准：描述如果缺陷妨碍测试进行下去，会发生什么事情。如果情况很糟，无法执行计划的测试，则应暂停测试，等完成修复工作后，再完成测试工作。

通过/失败标准：执行每项测试应该有一个明确的预期结果。如果得到了预期的结果，测试就通过，否则表示测试失败。

（4）选择自动化测试工具。

是否使用自动化测试工具，哪个阶段用什么工具，需要根据测试的类型及测试特点具体给出，但使用自动化测试工具有如下好处。

① 能够很好地进行性能测试和压力测试。

② 能够方便回归测试。

③ 能够缩短测试周期。

④ 能够提高测试工作的重复性。

4. 测试资源安排

应充分评估测试的难度、测试时间及工作量，从测试物理资源、人力资源、测试职责等几个方面做好资源安排。一般需要确定如下内容。

（1）人员：人数、经验和专长。他们是全职、兼职、业余，还是学生？

（2）设备：计算机、测试硬件、打印机、测试工具等。

（3）办公室和实验室空间：在哪里？空间有多大？怎样排列？

（4）软件：字处理程序、数据库程序和自定义工具等。

（5）其他资源：存储设备、参考书、培训资料等。

（6）测试工具：需要哪些自动化测试工具，如何配置环境，是否需要安排测试人员培训等。

5. 测试进度安排

测试进度是围绕着包含在项目计划中的主要事件（如文档、模块的交付日期，接口的可用性等）来构造的。作为测试计划的一部分，完成测试进度计划安排，可以为项目管理员提供信息，以便更好地安排整个项目的进度。为了更好地安排测试进度，一般采用相对日期的测试进度表，见表 2.5。

表 2.5　相对日期测试进度表

测试任务	开始时间	持续时间
测试计划完成	测试需求完成后 5 天	2 周
测试用例设计完成	测试计划完成后 5 天	4 周
功能测试通过	编码完成后 5 天	6 周
性能测试通过	功能测试完成后 5 天	6 周

6. 风险及对策

测试风险分析是对辨识出的测试风险及其特征进行明确的定义描述，分析和描述测试风险发生可能性的高低，测试风险发生的条件等。具体从如下几个方面考虑测试风险。

（1）对被测系统认知的风险。

测试人员对被测试对象是否熟悉，能否对其做外部及内部的分析。

（2）测试技术的风险。

对于测试，在技术准备度上有没有风险，是否有成熟的测试技术支撑测试设计。

（3）测试环境和依赖的风险。

测试所依赖的环境和存在有依赖关系的其他软件或项目，是否能如期准备好，可用性如何？

（4）工具的风险。

相关测试工具是否能准备好，测试人员是否能熟练运用相关测试工具。

（5）人员的风险。

测试人员是否存在不足，核心测试人员有没有请假离职等可能，是否存在测试人员的工作态度不端正、工作状态不饱满等风险。

2.5 测试用例的设计

2.5.1 测试用例概述

测试用例（TestCase，TC），是为了特定目的（如考查特定程序路径或验证是否符合特定的需求）而设计的测试数据及与之相关的测试规程的一个特定的集合，或称为有效地发现软件缺陷的最小测试执行单元。测试用例实质上就是一个文档，是在测试执行之前设计的一套详细的测试方案，包括测试环境、测试步骤、测试数据和预期结果。设计测试用例的目的是确定应用程序的某个特性是否能正常地工作，并且能达到程序所设计的结果。测试用例设计得好坏直接决定了测试的效果和结果。所以，在软件测试活动中最关键的步骤就是设计有效的测试用例。

在开始实施测试之前设计好测试用例，可以避免盲目测试并提高测试效率，减少测试的不完全性；测试用例的使用令软件测试的实施重点突出、目的明确；测试管理者可以根据测试用例的多少和执行难度，估算测试工作量，便于测试项目时间的确定和资源的管理与跟踪；设计好的测试用例可以反复使用，从而减少回归测试的复杂程度，在软件版本更新后只需修正少量的测试用例便可展开测试工作，降低工作强度，缩短项目周期；功能模块的测试用例的通用化和复用化则会使软件测试易于开展，并随着测试用例的不断细化其效率也不断攀升；根据测试用例的操作步骤和执行结果，为分析软件缺陷和程序模块质量提供了依据，可以方便地书写软件测试缺陷报告。

总之，软件测试是有组织性、步骤性和计划性的，为了能将软件测试的行为转换为可管理的、具体量化的模式，需要创建、设计和维护好测试用例。

2.5.2 测试用例设计的原则

编写测试用例所依据和参考的文档和资料主要有软件需求说明及相关文档，相关的设计说明（概要设计、详细设计等），与开发组交流时对需求理解的记录，已经基本成型的、成熟的测试用例等。

《需求规格说明书》是编写测试用例的主要依据，但用户需求不是一成不变的，而是在一直变化的，这就需要不断依据调整变化的需求，来修改和维护已写好的测试用例。

测试用例的设计要遵守如下几点原则。

（1）一个测试用例对应一个功能点，测试用例要容易阅读，并且测试用例的数据要正确。

（2）测试用例的执行粒度越小，测试用例所覆盖的边界定义就会更加清晰，测试结果对产品问题的指向性越强。

（3）测试用例间的耦合度越低越好，耦合度越低，彼此之间的干扰也就越少。

（4）测试用例要从使用者的角度去编写，尽量使步骤清晰，具有可再现性。所谓“可再现性”是指不同的人按照步骤多次执行，应该得到相同结果。

（5）测试用例要有明确的预期结果，即测试执行结果的正确性是可判断的。

（6）测试用例要有代表性，尽量将具有相类似功能的测试用例抽象并归类，尽量做到用尽可能少的测试用例发现尽可能多的缺陷。

（7）测试用例的设计思路是先易后难、循序渐进，确保正常情况下基本功能能够实现。例如，先进行基本功能测试，再进行复杂功能测试；先进行一般用户使用测试，再进行特殊用户使用测试；先进行正常情况的测试，再进行异常情况（内存和硬件的冲突、内存泄漏、破坏性测试等）的测试。

（8）尽量用成熟的测试用例设计方法指导设计，设计测试用例不能只凭主观或直观想法，而要以一定的设计方法为指导。

2.5.3　测试用例的构成

测试用例应该包含哪些具体的内容？测试用例是对测试场景和操作的描述，所以必须给出测试目标、测试对象、测试环境要求、软件数据、操作步骤和预期结果，概括为 5W1H1E。

测试目标：Why——为什么而测？功能、性能、易用性、可靠性、兼容性、安全性等。

测试对象：What——测什么？被测试的项目，如对象、菜单、按钮等。

测试环境：Where——在哪里测？测试用例运行时的环境，包括系统配置和设定等要求，也包括操作系统、浏览器、网络环境等。

测试前提：When——什么时候开始测？测试用例运行的前提或条件限制。

输入数据：Which——哪些数据？在操作时系统所接受的数据。

操作步骤：How——如何测？执行软件的先后次序步骤。

预期结果：Expected result——判定依据？执行用例后的判定依据。

测试用例一般采取表格的方式列出，测试用例表格应该至少包含用例编号、用例标题、测试输入、操作步骤、预期结果等必需要素，见表 2.6。

表 2.6　测试用例元素

测试 ID 和名称	唯一的索引标识（序列号），用例名称
测试追踪/来源	涉及的参考资料，如用户的需求、涉及文档等
优先级	例如“必须”，“应该”，“可选”或分 5 个等级
测试配置	哪个测试对象？在什么硬件/软件平台？
测试目标/用例描述	简述将要测试系统的哪些属性？
前置条件	在执行测试前测试对象必须所处的状态，或者有无必须的先行测试项
测试步骤	为输入测试数据需要采取哪些行为，执行哪些步骤？
测试数据表	测试输入数据表
期望的结果	期望的测试结果
验证原则	查询实际结果与预期结果是否一致
后置条件	在测试结束后的测试对象的状态（在理想情况下后置条件应该与前置条件一致）

【测试用例设计案例】

需求规约中有如下一段对用户登录功能的描述。

（1）用户登录。

①满足基本页面布局图示（如图 2.8 所示）。

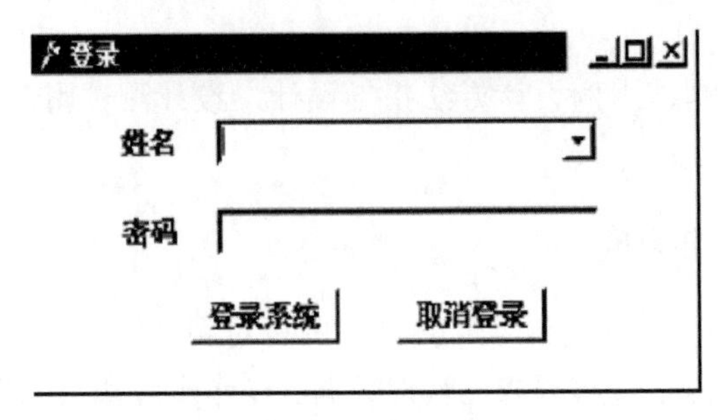

图 2.8　登录界面

②当用户没有输入用户名和密码时，在页面上使用红色字体来提示。

③用户密码使用掩码符号“*”来显示。

④用户有 3 次输入用户名和密码的机会，如果超过 3 次将无法输入。

⑤刷新页面后，会出现上次输入正确的用户名和用户密码。

（2）登录出现错误。

当出现错误时，在页面的顶部会出现相应的错误提示。错误提示的内容见（3）。

（3）错误信息描述。

①用户名输入为空且想要登录时，显示“错误：请输入用户名”。

②密码为空且未出现①情形时，显示“错误：请输入密码”。

请根据登录功能的描述，设计测试用例。

【例题详解】

描述测试用例的模板格式很多，这里主要介绍两种。

第一种是把测试相同功能部分，具有相同测试环境要求的测试用例放在同一个表中，将所有可能的输入放在输入数据中，所有的预期输出结果按照和输入数据相同的编号放在预期输出一栏中，见表 2.7。这种设计测试用例的方法，对于测试环境的要求相同，便于阅读，但测试用例不能再拆分，因此不利于将测试用例分配给不同的测试者完成测试。

第二种测试用例模板将每一种测试用例的输入数据放在一个表格中，缺点是篇幅过多，不利于阅读，但方便每一条测试用例的分配，见表 2.8，表 2.9。

这里仅列出前两条，其余几条大家可以按照模板要求自行完成。测试用例的具体设计方法，将在第 3 章和第 4 章中结合具体案例详细阐述。

表 2.7　测试用例模板 1

字段名称	描　　述
标识符	TC-1100
测试项	站点用户登录功能测试
测试环境要求	Win7 操作系统，网络环境，IE10 浏览器
输入数据	（1）输入正确的用户名和密码，单击“登录”按钮 （2）输入错误的用户名和密码，单击“登录”按钮 （3）不输入用户名和密码，单击“登录”按钮 （4）输入正确的用户但不输入密码，单击“登录”按钮 （5）3 次输入无效的用户名和密码并尝试登录 （6）第一次登录成功后，重新打开浏览器登录，输入上次成功登录的用户名的第一个字符
对应输出数据	（1）数据库中存在的用户将能正确登录 （2）错误的或者无效用户，登录失败，并在页面的顶部出现红色字体提示：“错误：用户名或密码输入错误” （3）用户名为空时，页面顶部出现红色字体提示：“请输入用户名” （4）密码为空且用户名不为空时，页面顶部出现红色字体提示：“请输入密码” （5）3 次无效登录后，第 4 次尝试登录时，会出现提示信息：“您已经 3 次尝试登录失败，请重新打开浏览器进行登录”，此后的登录过程将被禁止 （6）所有密码均以“*”方式输出
测试用例之间的关联	TC-1101

表 2.8　测试用例模板 2（1）

测试用例标识符		Tc_Login_1	创建者	wy
测试环境		Win7 操作系统、IE10 浏览器、网络环境		
前提条件		应用服务器正常启动，测试数据准备齐全		
用例描述		通过输入正确的用户名和密码，查看是否登录成功，验证登录功能实现的正确性		
操作步骤	测试步骤	期望结果	实际结果	
1	输入正确的用户名	页面上没有红色文字提示		
2	输入正确的密码	页面上没有红色文字提示；密码显示为“*”号		
3	点击“登录”按钮	成功登录进入系统		

表 2.9 测试用例模板 2（2）

测试用例标识符		Tc_Login_2	创建者	Wy
测试环境		Win7 操作系统、IE10 浏览器、网络环境		
前提条件		应用服务器正常启动，测试数据准备齐全		
用例描述		通过输入正确的用户名、错误的密码，查看是否给出登录异常提示信息，验证登录功能实现的正确性		
操作步骤	测试步骤	期望结果	实际结果	
1	输入正确的用户名	页面上没有红色文字提示		
2	输入错误的密码	页面上没有红色文字提示；密码显示为“*”号		
3	点击“登录”按钮	不能登录进入系统；红色文字给出“用户名与密码不符”的提示信息		

2.6 测试执行

测试执行是指依据测试用例，运行系统的过程。测试执行在测试工作中占了很大比重，有效的测试执行可以将测试用例发挥到最大的价值。一般搭建好测试环境后可以按照测试用例的优先级别采用手工或者自动化的测试方法开展测试活动，监控整个测试过程，记录测试结果，发现缺陷立即上报。

1. 测试环境的搭建

搭建良好的测试环境是执行测试用例的前提，也是测试任务顺利完成的保障。测试环境大体可分为硬件环境和软件环境，硬件环境包括测试必需的 PC 机、服务器、网线、交换机等硬件设备；软件环境包括数据库、操作系统、被测试软件、共存软件等；特殊条件下还要考虑网络环境，如网络带宽，IP 地址设置等。

不同的测试在搭建测试环境时的关注点不同，例如功能测试不需要大量数据，因此对硬件设备的量没有要求，而性能测试则刚好相反。测试环境应做到与开发和用户的应用环境尽量接近并保持测试环境的清洁性与独立性，如有可能搭建一个可复用的测试环境更好。

2. 测试用例的选择

测试设计中根据测试需求设计了大量测试用例，这些测试用例有时候迫于测试时间的压力不一定能够全部执行。如果没有任何选择地随机执行会因为优先级别高的测试用例没执行到，从而造成该发现的缺陷没有发现的后果。一般在测试用例执行先后的选择上遵守如下原则。

（1）优先测试有变更的，其次测试无变更的。

（2）优先测试核心功能，其次测试辅助功能。

（3）优先测试用户常用情况，其次测试罕见情况。

（4）优先测试需求中特别强调的功能点，其次测试需求无特别要求的功能点。

（5）优先测试具有威胁的部分，其次测试相对安全的部分。

3. 测试执行过程的跟踪与记录

测试执行过程中测试人员应该时刻关注并以日志的形式记录执行过程。不同的测试在跟踪测试过程中关注的方向不同，功能测试可能只关注测试执行的结果是通过还是不通过，性能测试可能更关注执行过程中各项指标的变化。

4. 未通过测试（缺陷）的上报

测试执行过程中发现缺陷应该立即上报，如何上报缺陷、管理缺陷将在第 6 章详细介绍，这里不再赘述。

2.7　测试总结

测试总结是测试人员对测试工作过程的总结，应识别出软件的局限性和发生失效的可能性，对被测系统给出客观的评价，为纠正软件存在的质量问题提供依据，同时为软件验收和交付打下基础，一般以测试报告的形式完成。测试报告是测试阶段最后的文档产出物，一份详细的测试报告应包含产品质量和测试过程的评价，测试中各项数据的采集说明以及对最终的测试结果的分析，对被测对象的评价等内容，模板如图 2.9 所示。

1. 简介
    - 1.1 编写目的
    - 1.2 项目背景
    - 1.3 术语和缩略词
    - 1.4 参考资料
2. 测试概要
    - 2.1 测试方法
    - 2.2 测试范围
    - 2.3 测试环境
    - 2.4 测试工具
3. 测试分析
    - 3.1 测试用例执行情况
    - 3.2 发现缺陷情况
    - 3.3 测试覆盖率分析
4. 测试总结
    - 4.1 系统功能及性能评价
    - 4.2 测试经验总结

图 2.9　测试报告模板

2.8　自动化测试管理工具——TestLink

TestLink 用于测试过程中的管理，通过使用 TestLink 提供的功能，可以将测试过程从测试需求、测试设计到测试执行完整地管理起来。同时，它还提供了多种测试结果的统计和分析，使我们能够简单地开始测试工作和分析测试结果。而且，TestLink 可以关联多种 Bug 跟踪系统，如 Bugzilla、mantis 和 Jira。

基于 TestLink 的测试管理流程一般包括：创建项目、创建测试需求、创建测试计划、创建测试用例、为需求指派用例、为计划添加用例、分配测试任务、执行测试/报告 Bug 并跟踪、查看分析结果。具体管理流程如图 2.10 所示。

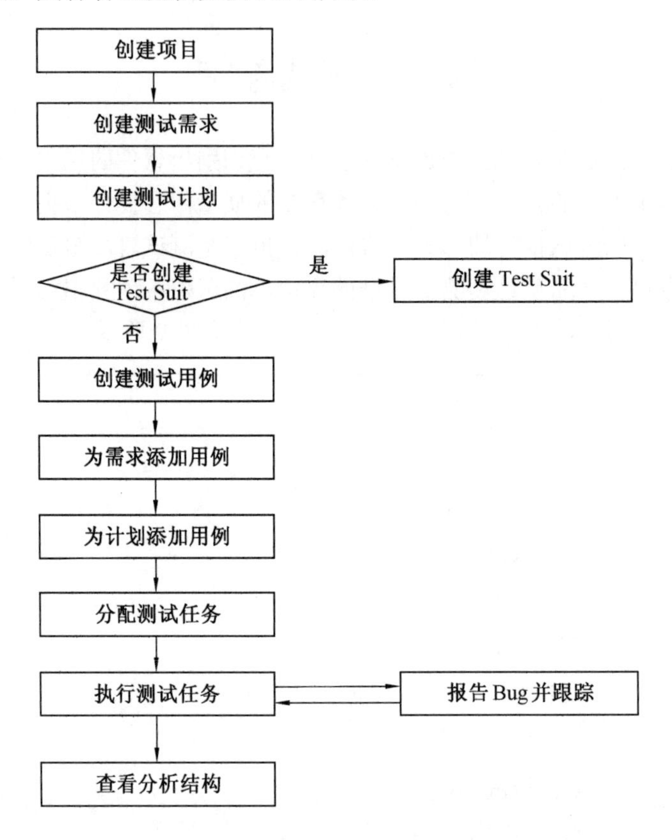

图 2.10　TestLink 管理流程

2.8.1　设置用户和创建测试项目

安装配置好 TestLink 后，访问 http://localhost/testlink/login.php，以默认的 Admin 用户登录系统，也可注册登录，注册登录后角色统一为 Guest。

1. 用户分类及权限

在 TestLink 系统中，每个用户都可以维护自己的私有信息。TestLink 系统提供了 6 种角色，分别是 Tester、Guest、Test Designer、Senior Tester、Leader、Admin，相对应的功能权限如下。

（1）Guest：可以浏览测试规范、关键词、测试结果以及编辑个人信息。

（2）Tester：可以浏览测试规范、关键词、测试结果以及编辑测试执行结果。

（3）Test Designer：允许编辑测试规范、关键词和需求规约。

（4）Senior Tester：允许编辑测试规范、关键词、需求以及测试执行和创建发布。

（5）Leader：允许编辑测试规范、关键词、需求、测试执行、测试计划（包括优先级、里程碑和分配计划）以及发布。

（6）Admin：一切权力，包括用户管理。

同时，TestLink 支持不同地域用户对不同语言的需求，可以根据用户的喜好对用户提供不同的语言支持。

2. 创建用户

在用户管理选项中单击“创建”按钮，然后在弹出的页面中填写注册信息，提交后生效。如图 2.11 所示。

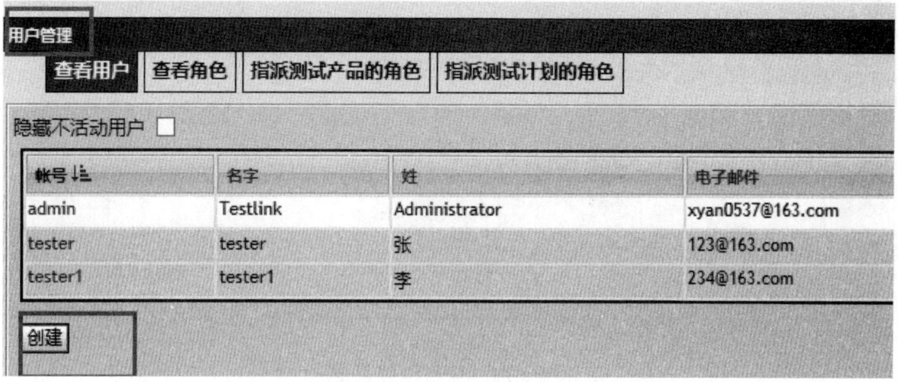

图 2.11　新建用户界面

也可通过登录界面创建用户，如图 2.12 所示，通过登录界面注册创建的用户角色统一默认为 Guest。

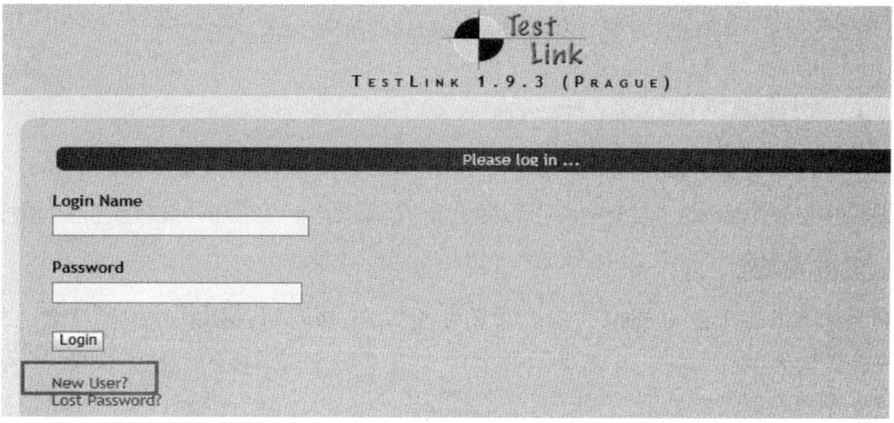

图 2.12　注册用户界面

3. 创建测试项目

TestLink 可以对多项目进行管理，而且各个测试项目之间是独立的，不能分享数据，但只有 Admin 级的用户可以设置项目。Admin 级用户进行项目设置后，测试人员就可以进行测试需求、测试用例、测试计划等相关管理工作了。初次登录 TestLink，会弹出创建测试项目页面，填写相应信息，勾选“启用需求功能”，点击“创建”即可。非初次登录系统时，可在“主页”→“产品管理”→“项目管理”中创建测试项目。如图 2.13 所示，用户创建项目后，页面上会出现图 2.14 所示的功能栏。

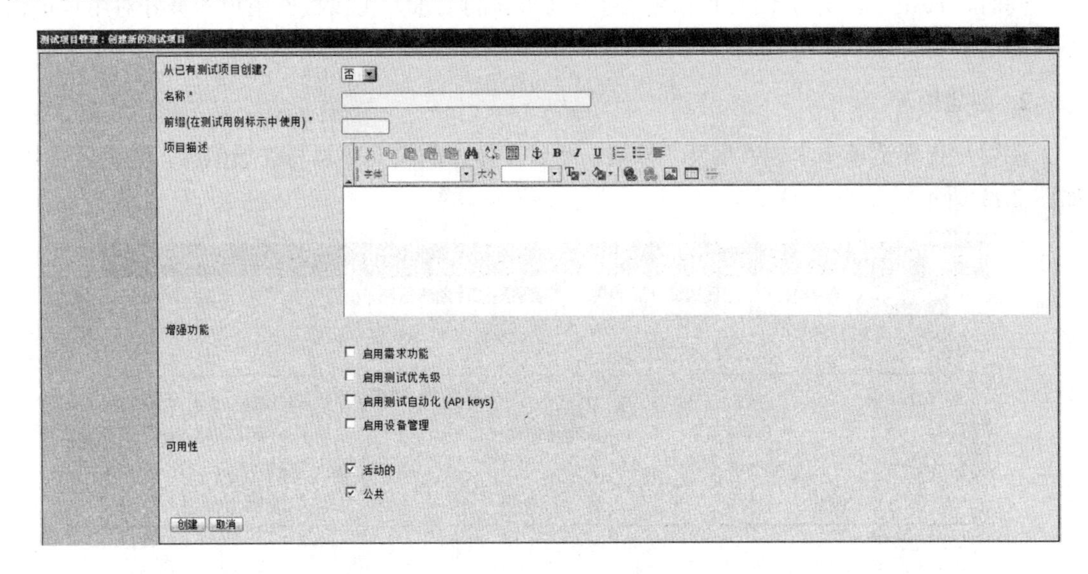

图 2.13　项目创建界面

图 2.14　TestLink 菜单项

2.8.2　创建测试需求

需求规格说明书是开展测试的依据。首先，可以对产品的需求规格说明书进行分解和整理，将其拆分为多个需求，一个产品可以包含多个需求，一个需求可以包含多个测试需求。

1. 创建需求规约

点击“主页”→“需求管理”→“需求规约”，选择左侧具体的测试项目名，如点击左侧的“飞机订票系统”节点。在右侧的界面中点击“新建需求规约”按钮，ID 输入“1”，标题输入“登录功能”，如图 2.15 所示。

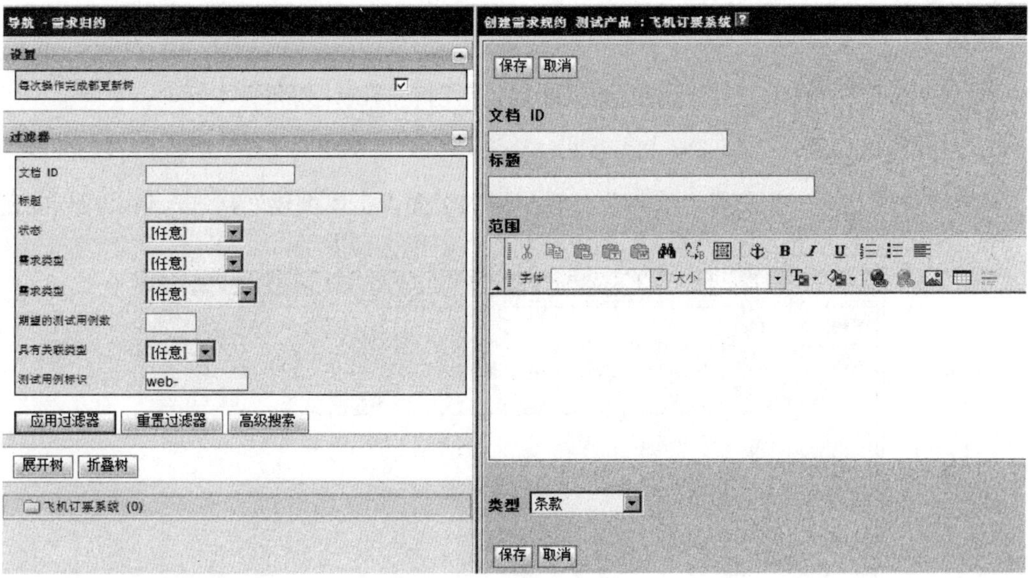

图 2.15　创建需求规约

2. 创建需求

选择要编辑的需求规约，点击该页面上的“创建新需求”按钮，开始新建测试需求。如点击需求规约“1：登录功能”，添加它的需求：1.1 代理名验证，需要的测试用例数 3 个；1.2 登录页面标题，需要的测试用例数 1 个；1.3 密码验证，需要的测试用例数 2 个。如图 2.16 所示。

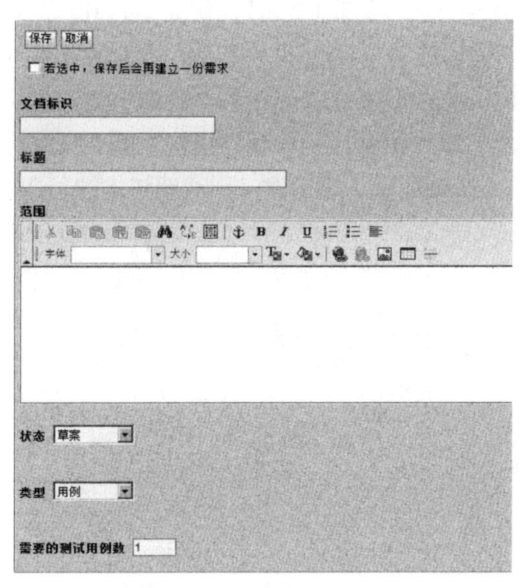

图 2.16　创建需求界面

测试需求内容包括：文档标识、名称、范围、需求的状态、需求的类型，以及需要的测试用例数。TestLink 提供了多种状态来管理需求：草案、审核、修正、完成、实施、有效的、不可测试的和过期。

2.8.3 创建测试计划

在 TestLink 系统中，一个完整的测试计划包括创建测试计划和版本管理。

1. 创建测试计划

点击“主页”→“测试计划管理”，在出现的页面点击“创建”，进入测试计划创建页面，填写相应信息，并勾选“活动”和“公共”，如图 2.17 所示。

图 2.17 创建测试计划界面

2. 制订构建

测试计划做好后，就应该制订构建(版本)，例如 ver1.0。如果测试过程中发现了 Bug，修改之后就产生了 ver2.0。这时应该追加版本，相应的接下来未完的测试以及降级测试都应该在新的版本上完成。所有测试完成后可以统计在各个版本上测试了哪些用例，每个版本上是否都进行了降级测试等。点击主页“测试计划管理”模块下的“版本管理”菜单，创建一个新的测试版本，如图 2.18 所示。如果是活动的构建，则说明该构建可用，否则该构建不可用。

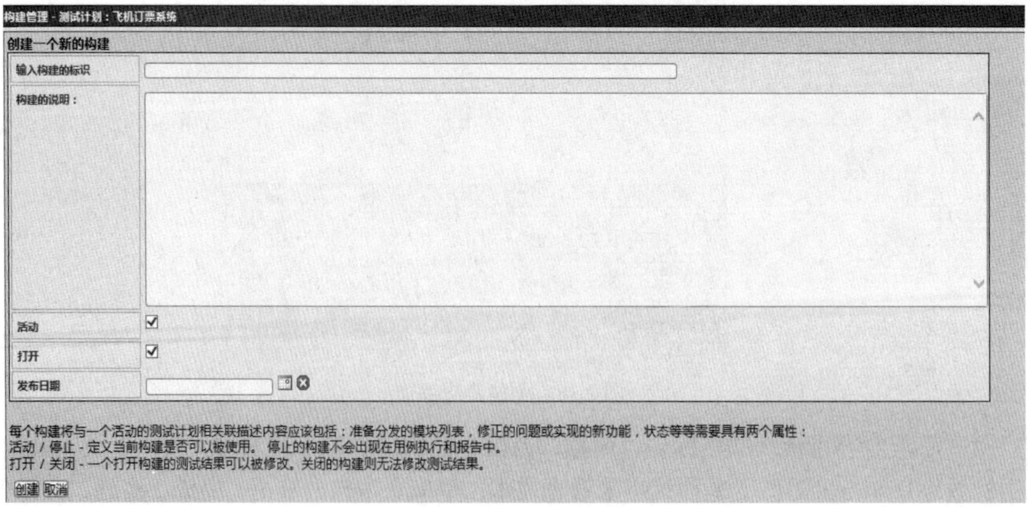

图 2.18 创建构建图

2.8.4　创建测试用例

TestLink 支持的测试用例的管理包含两层，分别为新建测试用例集和创建测试用例。可以把测试用例集对应到项目的功能模块，测试用例则对应着具体的功能。

1. 创建测试用例集

选择左侧的项目名称，然后再单击右侧界面的“新建测试集”按钮，如图 2.19 所示。

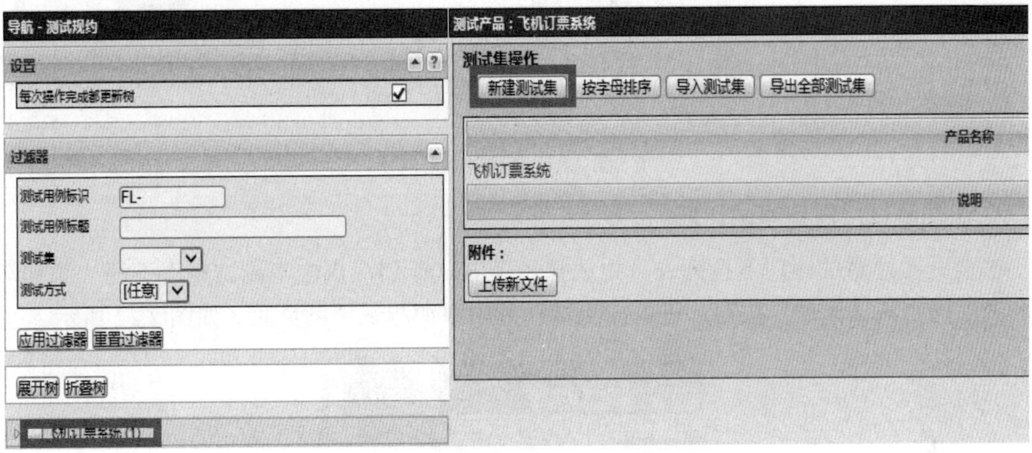

图 2.19　创建测试集

2. 创建测试用例

选择创建好的测试用例集，点击右侧创建测试用例，如图 2.20 所示。

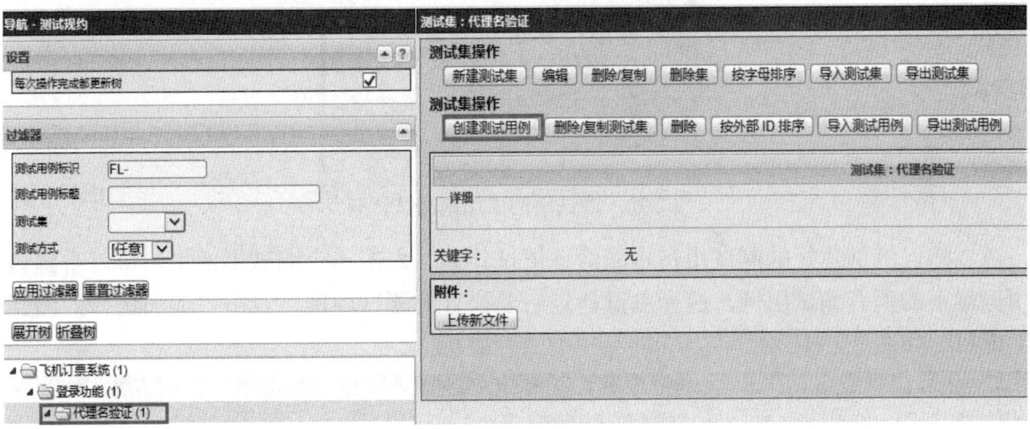

图 2.20　创建测试用例

测试用例的要素包括测试用例标题、摘要、步骤、期望结果和关键词。测试用例创建完成后，开始添加测试步骤，如图 2.21 所示。

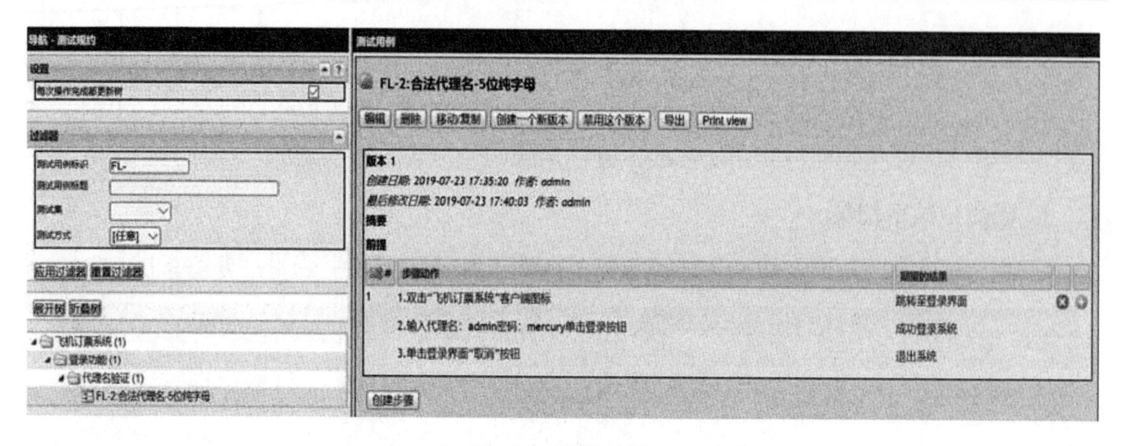

图 2.21　测试步骤

3. 添加测试用例到测试计划

在主页通过测试计划下拉列表，先选择一个测试计划，点击“测试集”下的“添加/删除测试用例到测试计划”按钮，进入向测试计划中添加测试用例页面，如图 2.22 所示。

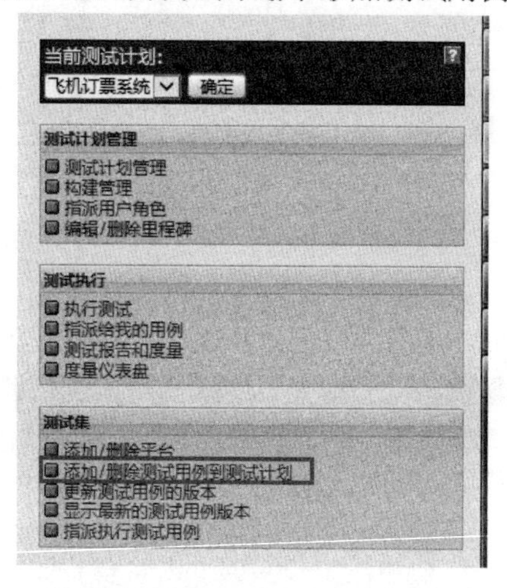

图 2.22　测试用例添加到测试计划

可以将已经创建好的测试用例指派给该测试计划。点击一个测试用例集，可以看到该测试用例集下的所有测试用例，选择测试计划中要执行的测试用例，点击“增加选择的测试用例”即可，如图 2.23 所示。

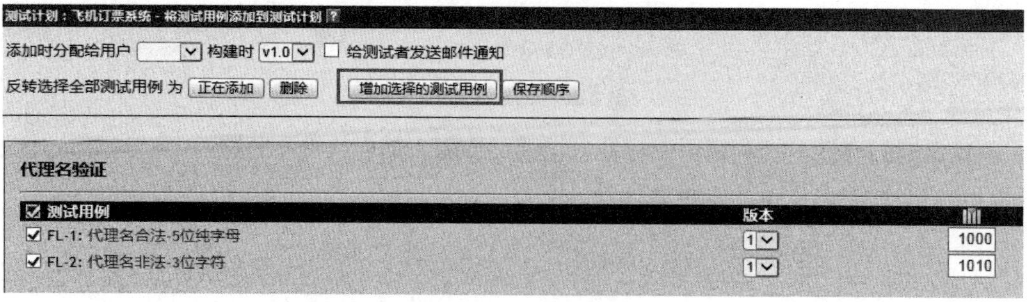

图 2.23　添加测试用例

2.8.5　测试任务的分配

点击主页“测试集”模块下的“指派执行测试用例”，进入指派测试用例页面，可以为当前测试计划中所包含的每个用例指定一个具体的执行人员。

在指派测试用例页面，左侧用例树中选择某个测试用例集或者测试用例，右侧页面会出现下拉列表让你选择用户。选择合适的用户后，在测试用例前面打勾，点击右侧页面下方的按钮即可完成用例的指派工作，如图 2.24 所示。

图 2.24　指派测试任务

这里也可以进行批量指定。右侧页面的最上方有一个下拉列表可以选择用户，在下方的测试用例列表中选择要指派给该用户的用例，然后点击一下后面的“执行”按钮即可完成将多个用例指派给一个人的操作，如图 2.25 所示。

图 2.25　批量指派测试用例

2.8.6　测试的执行

在 TestLink 顶部的菜单栏中有“执行”选项，点击进入“测试用例执行”页面，如图 2.26 所示。这里需要说明一点，虽然“执行”表面上针对的是测试计划，但实际上对应的是测试计划中测试用例的执行情况。

选择某一个测试用例集后，页面右侧上方会出现测试计划、build 描述、测试集说明等信息，页面下方则是每个测试用例的详细情况。同时，每一个测试用例的最后部分，有“说明/描述”输入框和“测试结果”输入框，这两个输入框都是需要我们执行完测试用例后自己来填写的。其中，可以在“说明/描述”输入框内输入执行的一些说明性情况，“测试结果”分 4 种情况。

（1）通过：该测试用例通过。

（2）失败：该测试用例没有执行成功，这个时候可能就要向 Mantis 提交 Bug 了。

（3）锁定：由于其他用例失败，导致此用例无法执行，被阻塞。

（4）尚未执行：如果某个测试用例没有被执行，则在最后的度量中标记为“尚未执行”。

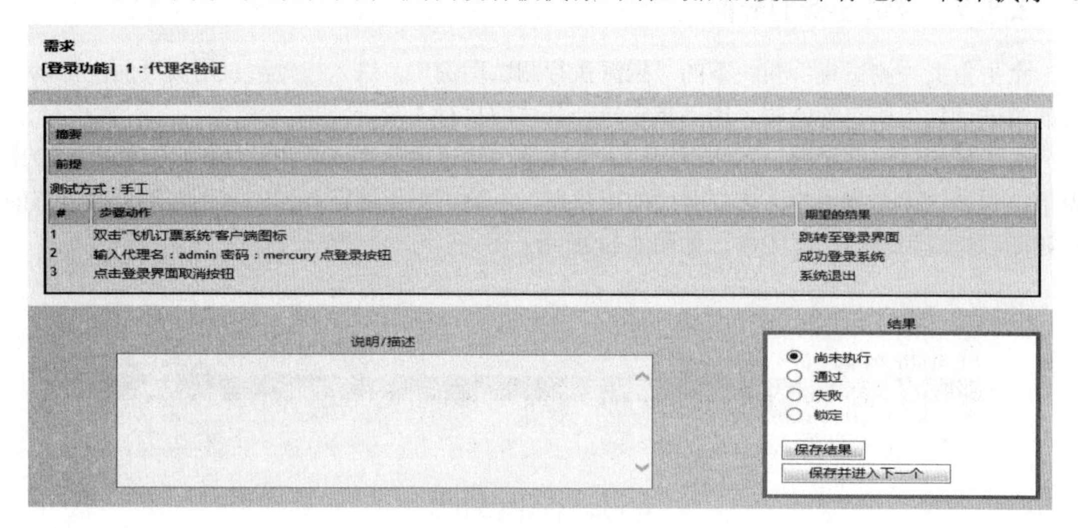

图 2.26　执行页面

执行测试用例的过程中一旦发现 Bug，需要立即把其报告到 Bug 管理系统中。TestLink 提供了与多种 Bug 跟踪系统关联的接口配置，目前支持的 Bug 系统有 Jira、Bugzilla、Mantis。本书采用的 Bug 管理系统是 Mantis，在第 5 章中将具体讲解如何应用 Mantis 进行缺陷管理。

2.8.7　分析测试结果

TestLink 根据测试过程中记录的数据，提供了较为丰富的度量统计功能，可以直观地得到测试管理过程中需要进行分析和总结的数据。点击首页横向导航栏中的“结果”菜单，即可进入测试结果报告页面。可以选择导出报告的格式、导出报告类型及导出的具体项，如图 2.27 所示。

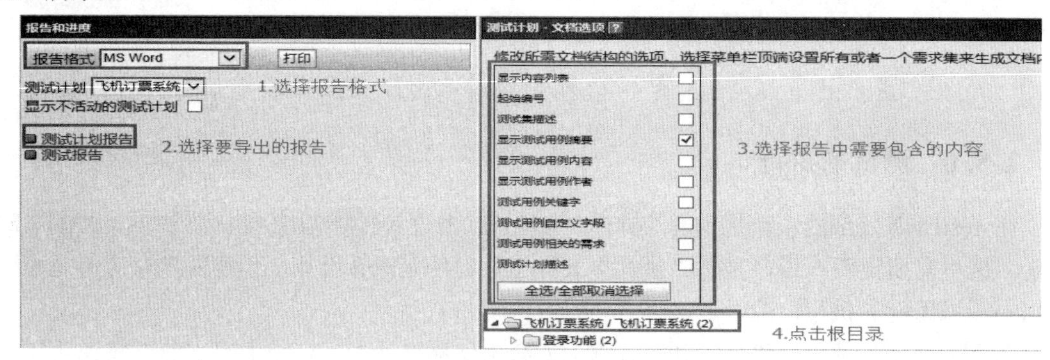

图 2.27　测试报告导出

2.9　小结

本章从测试过程模型出发，分析了各种模型的特点，然后详细介绍了测试流程：测试需求分析、测试计划、测试设计、测试执行和测试总结，并对每一个阶段的目的、任务和方法做了详细阐述。近年来对测试过程的管理已经从手工阶段过渡到了自动化管理阶段，本章介绍了自动化管理工具——TestLink。

课后习题

1. 测试流程一般有哪几个部分？每一部分的任务是什么？
2. 什么是测试需求？设计测试需求的步骤是什么？
3. 简单描述制订测试计划的步骤。
4. 测试用例设计的 5W1H1E 原则是什么？
5. TestLink 中有几种用户角色，每个角色的权限是什么？

第3章　白盒测试技术

白盒测试又称结构测试、透明盒测试、逻辑驱动测试或基于代码的测试。白盒测试是一种测试用例设计方法，盒子指的是被测试的软件，白盒测试可以将盒子看成是透明的，能清楚盒子内部的东西以及里面是如何运作的。白盒测试要求测试者必须检查程序的内部结构，从检查程序的逻辑着手，得出测试数据。

常用的白盒测试方法有两大类：静态测试方法和动态测试方法。其中软件的静态测试不要求在计算机上实际执行所测程序，主要以一些人工的模拟技术对软件进行分析和测试，如代码检查法、静态结构分析法等；而动态测试是通过输入一组预先按照一定的测试准则构造的实际数据来动态运行程序，达到发现程序错误的过程。白盒测试中的动态分析技术主要有逻辑覆盖法和基本路径测试法。

3.1　静态测试技术

3.1.1　代码检查法

代码审查（Code Review）是指对计算机源代码进行系统化地审查，目的是找出及修正在软件开发初期未发现的错误，提升软件质量及开发者的技术。据有关数据统计，代码中60%以上的Bug可以通过代码审查发现出来，因此代码审查是一种有效的测试方法。

代码审查的目的是为了产生合格的代码，检查源程序编码是否符合详细设计的编码规定，确保编码与设计的一致性和可追踪性。代码审查一般分为3类：代码走查、结对编程以及非正式代码审查。

1. 代码走查

代码走查有审慎及仔细的流程，由多位参与者分阶段进行。一般会使用打印好的原行码，由软件开发者参加一连串的会议，一行一行地审查代码。代码走查可以彻底地找到程序中的缺陷，但需要投入许多资源。

2. 结对编程

结对编程是2个程序员在一个计算机上共同工作，一个完成代码编写工作，另一个审查他所输入的程序，实际上是在开发的同时完成测试活动的一种静态检查方法。

3. 非正式代码审查

非正式代码审查需要投入的资源比正式代码审查的要少，一般是在正常软件开发流程中同时进行，由3～5人组成小组，模拟计算机执行程序以发现错误。

3.1.2　静态结构分析法

静态结构分析法指测试者通过使用相关工具分析程序源代码的系统结构、数据结构、数据接口、内部控制逻辑等内部结构，生成函数调用关系图、模块控制流图、内部文件调用关系图等各种图形图表，清晰地标识整个软件的组成结构，以便于理解。通过分析这些图表，检查软件有没有存在缺陷或错误，包括控制流分析、数据流分析、接口分析和表达式分析。

（1）函数调用关系图：通过应用程序各函数之间的调用关系展示了系统的结构；列出所有函数，用连线表示调用关系；可以检查函数的调用关系是否正确，是否存在孤立的函数而没有被调用；明确函数被调用的频繁度，对调用频繁的函数可以重点检查。

（2）模块控制流图：由许多节点和连接节点的边组成的图形，其中每个节点代表一条或多条语句，边表示控制流向，可以直观地反映出一个函数的内部结构。

3.2　逻辑覆盖法设计测试用例

逻辑覆盖是通过对程序逻辑结构的遍历来实现程序的覆盖。它是一系列测试过程的总称。

根据覆盖目标的不同和覆盖源程序语句的详尽程度，逻辑覆盖又可分为：

①语句覆盖（Statement Coverage；SC）。

②判定覆盖（Decision Coverage；DC）。

③条件覆盖（Condition Coverage；CC）。

④条件/判定覆盖（Condition/Decision Coverage；CC）。

⑤条件组合覆盖（Condition Combination Coverage；CDC）。

几种逻辑覆盖标准发现错误的能力呈由弱至强的变化。

3.2.1　语句覆盖

原理：如果语句中有错误，仅靠观察而不执行，可能发现不了错误。在测试时，首先设计足够多的测试用例，然后运行被测程序，使程序中的每个可执行语句至少执行一次。

语句覆盖率：已执行的可执行语句/程序中可执行语句总数*100%，语句覆盖率越高越好，但复杂的程序不可能达到语句的完全覆盖。

【例 1】有如下 C 语言程序段代码：

```
int M(int a,int b,int x)
  {
  ① if(a>1&&b==0)
  ② x=x/a;
  ③ if(x>1||a==2)
  ④ x=x+1;
  return x;
  }
```

设计测试用例达到语句覆盖 100%。

【例题详解】

分析代码后发现，语句的执行跟 a,b,x 的取值有关，因此只需设计合理的 a,b,x 的取值，使得 2 条语句都被执行到，就可以达到 100%的语句覆盖；反之，如果 a,b,x 的取值不合理，就达不到 100%的语句覆盖。

达到语句覆盖 100%的测试用例，见表 3.1。

表 3.1　100%语句覆盖

测试用例 ID	输入数据	执行结果	执行语句	语句覆盖率
TC_1	a=2,b=0,x=4	x=3	2,4	100%

未达到语句覆盖 100%的测试用例，见表 3.2。

表 3.2　未到达 100%的语句覆盖

测试用例 ID	输入数据	执行结果	执行语句	语句覆盖率
TC_1	a=2,b=1,x=0	x=1	4	50%

语句覆盖的优点：

（1）可检查所有语句。

（2）对于结构简单的代码，测试效果较好。

（3）容易实现自动测试。

（4）代码覆盖率高。

语句覆盖的缺点：

（1）语句覆盖不能检查出逻辑运算的错误，如上例中判定的第一个运算符“&&”错写成“||”，或第二个运算符“||”错写成“&&”，这时使用上述的测试用例仍可以达到 100%的语句覆盖。

（2）语句覆盖不能检测出循环语句边界点的错误，如跳出循环条件错误等。

（3）语句覆盖率很高并不代表能检测出的缺陷也很多。例如下面的代码段，如果缺陷潜伏在 else 语句中，我们采用测试用例 x=2，虽然语句覆盖率达到了 99%，但却不能发现代码中的潜在缺陷，因为只覆盖了 50%的分支。

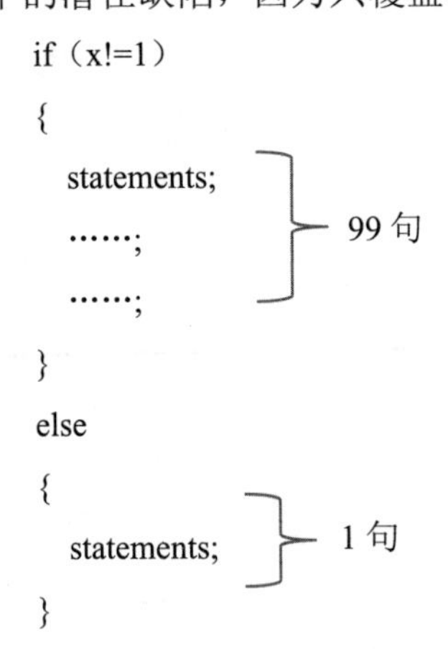

3.2.2　判定覆盖（又称分支覆盖）

原理：判定覆盖是比语句覆盖稍强的覆盖标准，判定覆盖的含义是设计足够多的测试用例，使程序中的每个判定至少都获得一次“真值”和“假值”。

【例 2】如上节中的例 1，如果要求使用判定覆盖法设计测试用例，应如何设计？

【例题详解】

为了更好地理解程序，先画出程序的流程图，如图 3.1 所示。程序有两个判定，每个判定有“真”和“假”两种取值可能。在选择测试用例时，必须构造不同的 a,b,x 输入值，使得每个判定分别取真一次，取假一次。在构造测试用例时还需注意，x 的值在第一个判定为真时执行第一条语句后会有改变，在第二个判定点中也有对 x 的条件判定。考虑如上问题设计出测试用例见表 3.3。

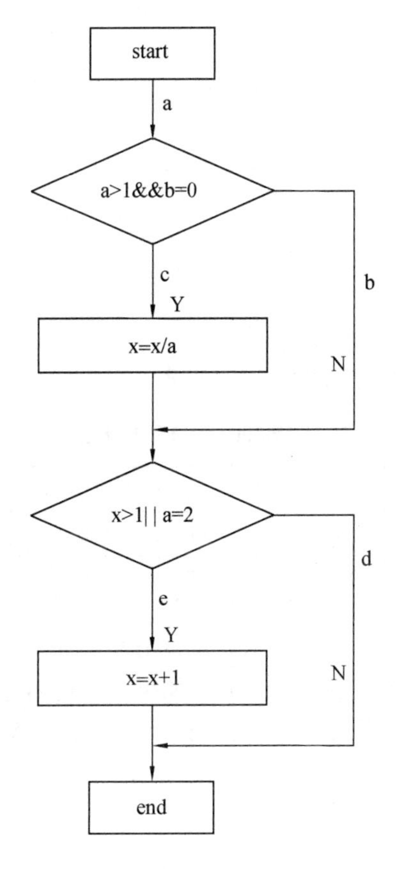

图 3.1　例 1 的流程图

表 3.3　例 1 判定覆盖

测试用例	a,b,x	a>1&&b==0	a==2&&x>1	执行路径	执行结果
TC_1	3，0，1	真	假	acd	x=0
TC_2	2，1，3	假	真	abe	x=4

除了双值判定语句外，还有多值判定语句，如case语句。因此，判定覆盖更一般的含义是：使得每一个判定至少一次获得每一种可能的结果。

判定覆盖的优点是不仅满足了判定覆盖还满足了语句覆盖，因此比语句覆盖稍强。缺点是仍然无法发现程序段中存在的逻辑判定错误。

3.2.3　条件覆盖

在设计程序时，一个判定语句是由多个条件组合而成的复合判定，如判定 a>1&&b==0 包含了2个条件：a>1和b==0。为了更彻底地实现逻辑覆盖，可以采用条件覆盖。

原理：构造一组测试用例，使得每一判定语句中每个逻辑条件的可能值至少满足一次。

例如，在例1中，如果用条件覆盖设计测试用例的话，首先应该考虑条件取值。

第一个判定中，考虑到各种条件取值：

a>1为真，记为T1

a>1为假，记为-T1

b==0为真，记为T2

b==0为假，记为-T2

第二种判定考虑情况：

a=2为真，记为T3

a=2为假，记为-T3

x>1为真，记为T4

x>1为假，记为-T4

设计测试用例分别覆盖以上8种情况，见表3.6。

表3.4　例2条件覆盖

测试用例	a,b,x	覆盖条件	执行路径	判定点取值	执行结果
TC_1	2，1，1	T1，-T2，T3，-T4	abe	假、真	x=2
TC_2	1，0，2	-T1，T2，-T3，T4	abe	假、真	x=3

"条件覆盖"通常比"判定覆盖"强，因为它使一个判定中的每一个条件都取到了2个不同的结果，而判定覆盖则不能保证这一点。如果对语句 **IF (A AND B) THEN S** 设计测试用例使其满足"条件覆盖"，即使A为真并使B为假,以及使A为假而且B为真，但是它们都未能使语句S得以执行。

3.2.4　判定/条件覆盖

原理：设计足够的测试用例，使得判定中每个条件的所有可能(真/假)至少出现一次，并且每个判定本身的判定结果（真/假）也至少出现一次。

还是例1那段代码，如表3.4中的测试用例，虽然判定中每个条件分别取了一次真和一次假，但对于第一个判定点来说只取了假，第二个判定点只取了真，因此可以满足条件覆盖但却满足不了判定/条件覆盖。表3.5中的测试用例1使得2个判定点都取了一次真，测试用例2使得2个判定点都取了一次假，并且保证8个条件都被覆盖了一次。

表 3.5　判定、条件覆盖

测试用例	a,b,x	覆盖条件	执行路径	a>1&&b==0	a==2‖x>1
TC_1	2，0，3	T1,T2,T3,T4	ace	真	真
TC_2	1，1，1	-T1,-T2,-T3,-T4	abd	假	假

“判定 / 条件覆盖”似乎是比较合理的，但事实并非如此。因为大多数计算机不能用一条指令对多个条件作出判定，而必须将源程序中对多个条件的判定分解成几个简单判定，所以较彻底的测试应使每一个简单判定都真正取到各种可能的结果。

3.2.5　条件组合覆盖

原理：设计足够的测试用例，使得每个判定中条件的各种可能组合都至少出现一次。显然满足组合条件覆盖的测试用例一定满足判定覆盖、条件覆盖和判定/条件覆盖。

例 1 中有 2 个条件，3 个变量，因此共有 8 种组合：

① a>1,b=0　　T1,T2

② a>1,b<>0　　T1,-T2

③ a<=1,b=0　　-T1,T2

④ a<=1,b<>0　　-T1,-T2

⑤ a=2,x>1　　T3,T4

⑥ a=2,x<=1　　T3,-T4

⑦ a<>2,x>1　　-T3,T4

⑧ a<>2,x<=1　　-T3,-T4

表 3.6 中设计了 4 组测试用例，覆盖了 8 种组合。

表 3.6　条件组合测试

测试用例	a,b,x	执行路径	覆盖条件	判定取值	覆盖组合号	执行结果
TC_1	2，0，3	ace	T1,T2,T3,T4	真、真	1，5	x=2
TC_2	2，1，1	abe	T1,-T2,T3,-T4	假、真	2，6	x=2
TC_3	1，0，3	abe	-T1,T2,-T3,T4	假、真	3，7	x=4
TC_4	1，1，1	abd	-T1,-T2,-T3,-T4	假、假	4，8	x=1

该组测试用例覆盖了 4 个分支，执行了 3 条路径，但漏掉了路径 acd。因此，满足条件组合覆盖的测试用例，一定也满足语句覆盖、判定覆盖、条件覆盖和判定/条件覆盖，但不一定能满足路径覆盖。

【例 3】有如下一段程序代码：

```
① int  result(int  x,int  y,int z)
② {
③         int  k=0,j=0;
④         if ((x>y)&&(z>5))
⑤             k=x+y;
```

```
⑥          if ((x==10)||(y>3))
⑦                j=x*y;
⑧          return     k+j;
⑨ }
```

要求：

（1）画出程序流程图。

（2）分别用语句覆盖、判定覆盖、条件覆盖、判定/条件覆盖、条件组合覆盖设计测试用例。

【例题详解】

程序流程图如图 3.2 所示。

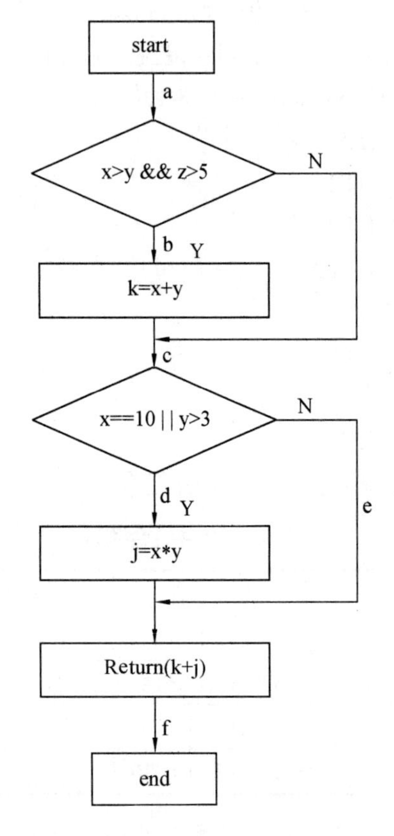

图 3.2　例 3 流程图

（1）语句覆盖。

测试用例输入：x=10, y=4, z=6

程序执行路径：a-b-d-f

两个判定分别取：Y, Y

返回结果：54

（2）判定覆盖。

测试用例输入：x=10, y=4, z=6

　　　　　　　x=4, y=3, z=5

程序执行的路径：a-b-d
　　　　　　　　a-c-e

两个判定分别取：Y, Y
　　　　　　　　N, N

返回结果：54　0

（3）条件覆盖。

测试用例输入：x=10, y=2, z=5
　　　　　　　x=3, y=5, z=6

对应条件取值：T1, -T2, T3, -T4
　　　　　　　-T1, T2, -T3, T4

程序执行的路径：a-c-d
　　　　　　　　a-c-d

两个判定分别取：N, Y
　　　　　　　　N, Y

返回结果：20　15

（4）判定/条件覆盖。

定义条件：

T1：x>y　　T2:z>5　　T3:x==10　　T4:y>3

-T1：x<=y　-T2:z<=5　-T3:x!=10　-T4:y<=3

测试用例输入：x=10, y=4, z=6
　　　　　　　x=3, y=3, z=5

对应条件取值：T1, T2, T3, T4
　　　　　　　-T1, -T2, -T3, -T4

程序执行的路径：a-b-d
　　　　　　　　a-c-e

两个判定分别取：Y, Y
　　　　　　　　N, N

返回结果：54　0

（5）条件组合覆盖。

条件组合：

① x>y, z>5　　　⑤ x==10, y>3

② x>y, z<=5　　⑥ x==10, y<=3

③ x<=y, z>5　　⑦ x!=10, y>3

④ x<=y, z<=5　⑧ x!=10, y<=3

测试用例输入：x=10, y=4, z=6
　　　　　　　x=10, y=3, z=5
　　　　　　　x=4, y=4, z=6
　　　　　　　x=3, y=3, z=5

对应条件取值：T1, T2, T3, T4

T1, −T2, T3, −T4
−T1, T2, −T3, T4
−T1, −T2, −T3, −T4

程序执行的路径：a−b−d
a−c−d
a−c−d
a−c−e

两个判定分别取：Y, Y
N, Y
N, Y
N, N

返回结果：54，30，16，0

以表格列出所有的测试用例，见表 3.7。

表 3.7　例 3 逻辑覆盖测试用例

覆盖类型	测试用例	条件取值	判定取值	通过路径	执行结果	覆盖组合条件
语句覆盖	x=10,y=4,z=6	—	Y,Y	abd	54	—
判定覆盖	x=10,y=4,z=6	—	Y,Y	abd	54	—
	x=4,y=3,z=5		N,N	ace	0	
条件覆盖	x=10,y=2,z=5	T1,−T2,T3,−T4	N,Y	acd	20	—
	x=3,y=5,z=6	−T1,T2,−T3,T4	N,Y	acd	15	
判定/条件覆盖	x=10,y=4,z=6	T1,T2,T3,T4	Y,Y	abd	54	—
	x=3,y=3,z=5	−T1,−T2,−T3,−T4	N,N	ace	0	
条件组合覆盖	x=10,y=4,z=6	T1,T2,T3,T4	Y,Y	abd	54	1,5
	x=10,y=3,z=5	T1,−T2,T3,−T4	N,Y	acd	30	2,6
	x=4,y=4,z=6	−T1,T2,−T3,T4	N,Y	acd	16	3,7
	x=3,y=3,z=5	−T1,−T2,−T3,−T4	N,N	ace	0	4,8

总之，测试代码时所执行的路径占总路径数越高，则覆盖程度越大。所以覆盖率由高到低依次为：条件组合覆盖—判定/条件覆盖—条件覆盖—判定覆盖—语句覆盖。满足条件组合覆盖一定会满足判定/条件覆盖、条件覆盖、判定覆盖及语句覆盖，但不一定满足路径覆盖。

3.3　基本路径测试法

3.3.1　基本路径测试的定义

在白盒测试过程中，要在测试中覆盖所有的路径是不现实的，因为一个不太复杂的程序，其路径都是一个庞大的数字。为了解决这一难题，只得把覆盖的路径数压缩到一定限度内，那么这个压缩的度如何把握，基本路径测试可以帮我们解决这个问题。

基本路径测试是在程序控制流程的基础上，通过分析控制流程的环形复杂度，导出基本可执行的独立路径集合，从而设计测试用例的方法。利用基本路径测试法设计出的测试用例可以保证被测程序的每一条可执行语句至少执行一次。

1. 程序控制流图

控制流图是一种退化的程序流程图。简化后所涉及的图形符号只有两种，即节点和边。如图 3.3 所示，左侧是程序的流程图，右侧是程序的控制流图。

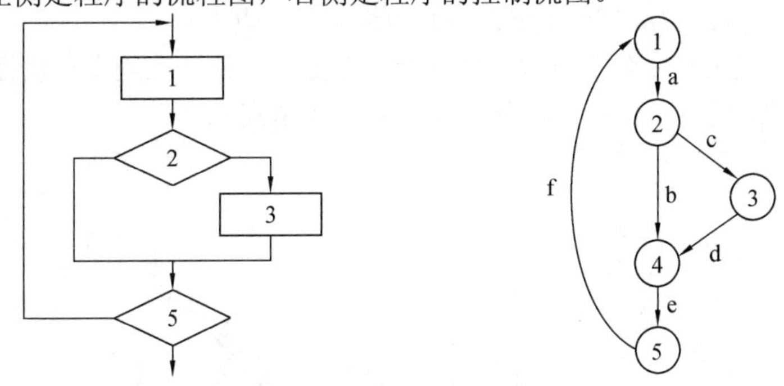

图 3.3　流程图与控制流图

初学程序时都画过程序流程图，为了更加突出控制流的结构，控制流图对程序流程图进行简化，将程序处理框和判定节点简化为带数字的节点，保留程序流程图的处理控制线，就转化成了控制流图。

（1）节点：标有编号的圆圈。

① 程序流程图中矩形框所表示的处理；

② 程序流程图中菱形表示的两个甚至多个出口判断；

③ 程序流程图中多条流线相交的汇合点。

（2）边：由带箭头的弧或直线表示。

① 与程序流程图中的流线一致，表明了程序执行的顺序；

② 控制流线通常标有名字。

以 C 语言为例，常见语句的控制流图如图 3.4 所示。

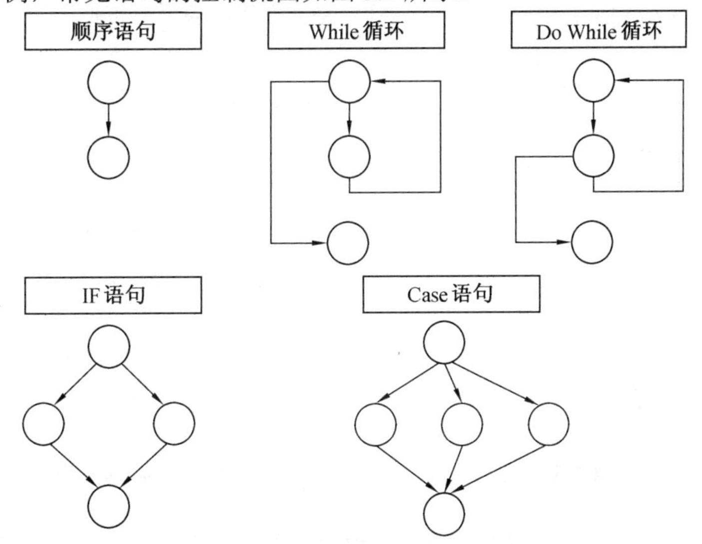

图 3.4　C 语言常见语句控制流图

如何根据从流程图画出控制流图呢？这里假定在流程图中用菱形框表示的判定条件内没有复合条件，转化成控制流图的方法如下。

（1）一组连续的顺序处理框，如图 3.5 中的 4 和 5 两个节点可以映射为一个单一的节点。

（2）一个顺序处理框连接一个菱形选择框，如图 3.5 中的 2、3 两个节点，可以映射成一个单一的节点。

（3）控制流图中的箭头（边）表示了控制流的方向，类似于流程图中的流线，一条边必须终止于一个节点，如从节点 1 出发的 b 边终结于节点 11。

（4）在选择或者是多分支结构中分支的汇聚处，即使汇聚处没有执行语句也应该添加一个汇聚节点，如 7、8 两个节点的分支 j、h 终结于节点 9。

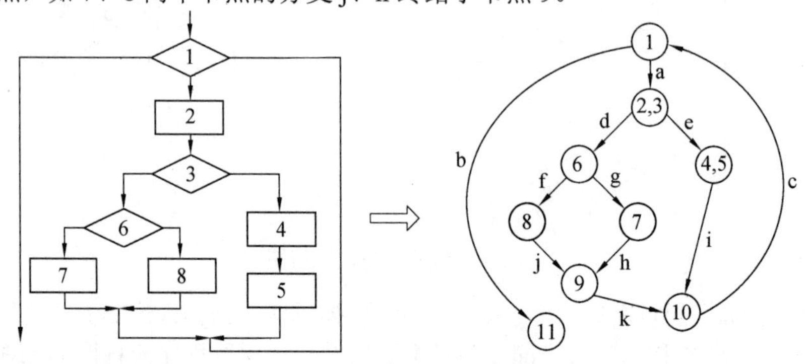

图 3.5　流程图简化成控制流图

如果判定中的条件表达式是复合条件，即条件表达式是由一个或多个逻辑运算符连接的逻辑表达式，则需要改变复合条件的判断为一系列只有单个条件的嵌套判断。

复合条件分解控制流图，先来看复合关系是并且关系的，如图 3.6（a）所示。当第一个判定条件 A>1 不成立时，整个判定点也就不成立了，直接执行 a 分支；如果第一个条件 A>1 成立而第二个条件 B=0 不成立，也执行 a 分支；只有两个条件同时成立才能执行 b 分支。因此，可以如图 3.6（b）所示拆分原始的流程图。

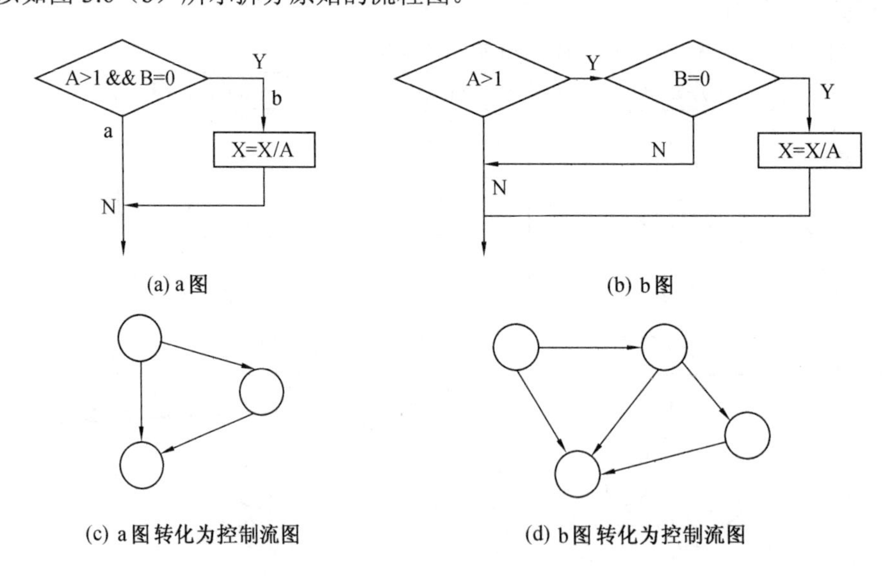

(a) a 图　　(b) b 图

(c) a 图 转化为控制流图　　(d) b 图 转化为控制流图

图 3.6　复合条件与关系的控制流图

如果是复合“或”的关系，如图 3.7（a）所示。那么只要 X>1 和 A=2 两个条件中有任何一个条件为真，就执行 b 分支，只有两个条件同时为假才会执行 a 分支。因此可以拆分成图 3.7（b）所示的流程图。

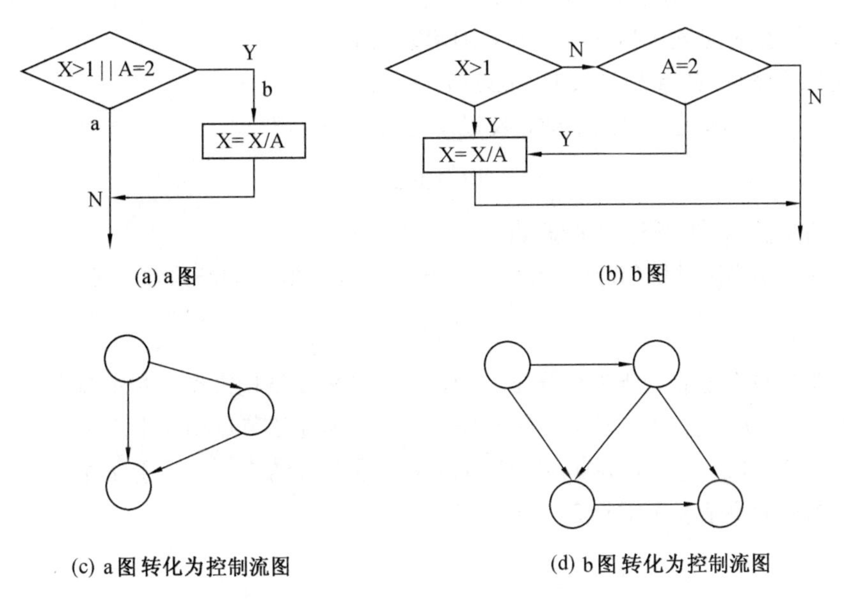

图 3.7　复合条件“或”关系的控制流图

2. 环形复杂度

环形复杂度（圈复杂度）是一种为程序逻辑复杂度提供定量尺度的软件度量方法，亦可将该度量用于基本路径方法。它可以提供程序基本集的独立路径数量和确保所有语句至少执行一次的测试数量上界。

计算环形复杂度 V(G)的方法有 3 种。

（1）环形复杂度等于控制流图中的闭合区域数。

（2）环形复杂度等于控制流图中边的条数减去节点的个数再加 2。

（3）环形复杂度等于控制流图中的判定节点数加 1。

【例 4】如图 3.8 所示的程序控制流图，用 3 种方法计算环形复杂度。

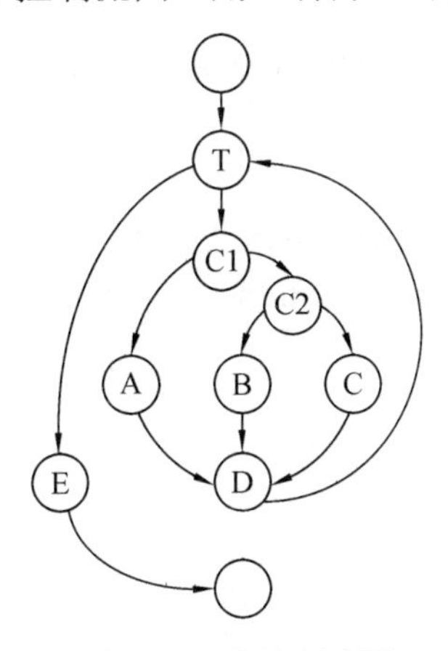

图 3.8　程序控制流图

【例题详解】

（1）控制流图中的区域数等于环形复杂度。

区域：由边和节点围成的闭合环称为区域。

当计算区域数时应该包括图外部未被围起来的那个区域。

（2）控制流图 G 的环形复杂度 V(G)= E−N + 2。

其中，E 是控制流图中边的条数，N 是节点数。

$$12-10+2=4$$

（3）控制流图 G 的环形复杂度 V(G)= P + 1。

其中，P 是流图中判定节点的数目。因此，控制流图 G 的环形复杂度为

$$3+1=4$$

例 4 中涉及的判定节点皆为双分支结构，对于多分支结构来说，判定节点数=分支数−1。如图 3.9 所示的控制流图中，节点 1 是 3 分支结构，因此该节点相当于 3−1=2 个判定点。图 3.9 中共有 1、2、3 三个判定节点，因为节点 1 是多分支结构，相当于 2 个判定节点，因此该控制流图的环形复杂度 V(G) =2+1+1+1=5。

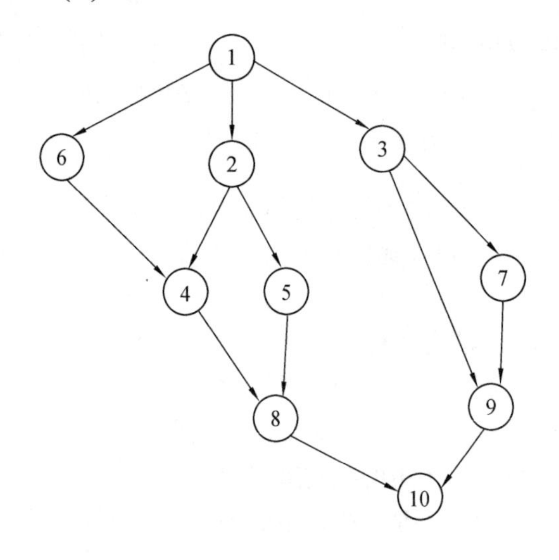

图 3.9　多分支结构流图

3. 独立路径

独立路径指程序中至少引入一个新的处理语句或一个新条件的程序通路。一条新的独立路径至少包含构成之前所有独立路径的节点集合以外的新节点。

如图 3.10 所示，根据独立路径的定义，在图示的控制流图中，有几条独立的路径？

path1：1−11

path2：1−2−3−4−5−10−1−11

path3：1−2−3−6−8−9−10−1−11

path4：1−2−3−6−7−9−10−1−11

路径 path1，path2，path3，path4 组成了控制流图的一个基本路径集。

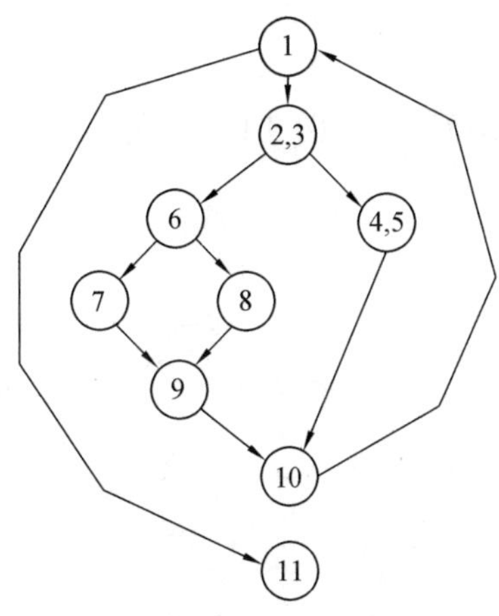

图 3.10　控制流图（独立路径）

4. 测试用例的设计

有了基本路径集后，需要设计测试用例覆盖每一条独立路径，一般以表格的形式列出测试用例，表格内容包括测试用例 ID、输入数据、预期输出、执行哪条独立路径等信息。

3.3.2　基本路径法设计测试用例的步骤

使用基本路径法设计测试用例步骤如下。

（1）根据程序代码，画出程序控制流图，初学者可以先画出程序流程图，然后再简化成控制流图。

（2）计算程序的环形复杂度。

（3）根据环形复杂度列出所有的独立路径，建立基本路径集。

（4）设计测试用例，覆盖基本路径集中的每条独立路径。

【例 5】

如图 3.11 所示，程序流程图描述了最多输入 50 个值（以-1 作为输入结束标志），计算其中有效学生分数的个数、总分数和平均值。

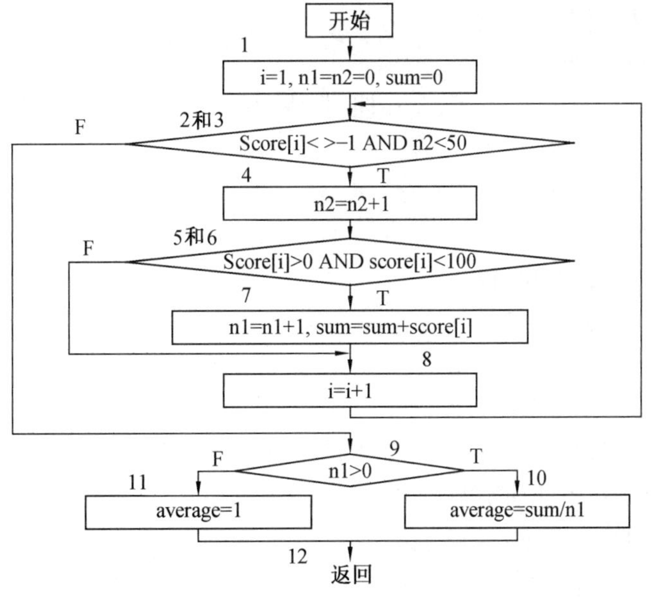

图 3.11　例 5 流程图

【例题详解】

步骤 1： 导出该过程的控制流图，如图 3.12 所示。

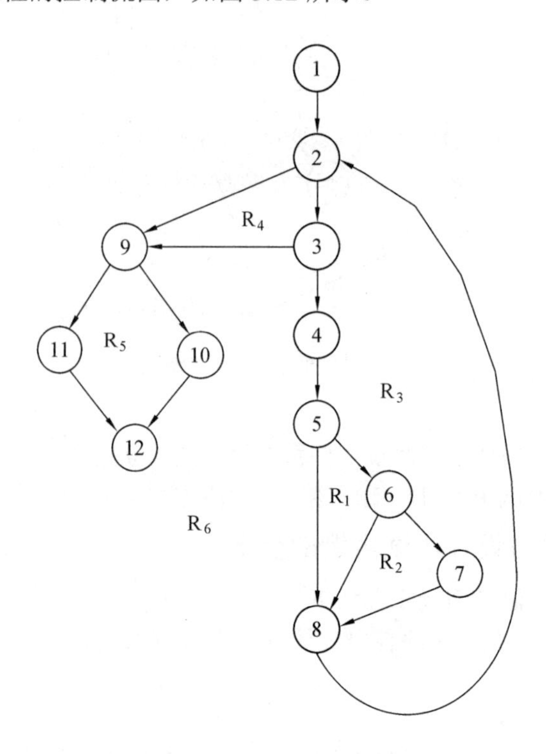

图 3.12　例 5 控制流图

步骤 2： 确定环形复杂度 V(G)。

（1）V(G)= 6 (个区域)。

（2）V(G)=E–N+2=16–12+2=6。

其中，E 为流图中的边数，N 为节点数。

（3）V(G)=P+1=5+1=6。

其中，P 为判定节点的个数。在控制流图中，节点 2、3、5、6、9 是判定节点。

步骤 3： 确定基本路径集合。

路径 1：1-2-9-10-12

路径 2：1-2-9-11-12

路径 3：1-2-3-9-10-12

路径 4：1-2-3-4-5-8-2…

路径 5：1-2-3-4-5-6-8-2…

路径 6：1-2-3-4-5-6-7-8-2…

步骤 4： 为每一条独立路径各设计一组测试用例，以便强迫程序沿着该路径至少执行一次。

（1）路径 1(1-2-9-10-12)的测试用例：

score[k]=有效分数值，当 k < i;

score[i]=−1, 2≤i≤50;

期望结果：根据输入的有效分数算出正确的分数个数 n1、总分 sum 和平均分 average。

（2）路径 2(1-2-9-11-12)的测试用例：

score[1]= – 1;

期望的结果：average = -1，其他量保持初值。

（3）路径 3(1-2-3-9-10-12)的测试用例：

输入多于 50 个有效分数，即试图处理 51 个分数，要求前 51 个为有效分数。

期望结果：n1=50、且算出正确的总分和平均分。

（4）路径 4(1-2-3-4-5-8-2…)的测试用例：

score[i]=有效分数，当 i<50;　　score[k]<0，k< i ;

期望结果：根据输入的有效分数算出正确的分数个数 n1、总分 sum 和平均分 average。

（5）路径 5（1-2-3-4-5-6-8-2…）的测试用例：

score[i]=有效分数，当 i<50;　　score[k]>100，k< i ;

期望结果：根据输入的有效分数算出正确的分数个数 n1、总分 sum 和平均分 average。

（6）路径 6（1-2-3-4-5-6-7-8-2…）的测试用例：

score[i]=有效分数，当 i<50;

期望结果：根据输入的有效分数算出正确的分数个数 n1、总分 sum 和平均分 average。

如果程序中包含多个判定点，并且每个判定点都是由复合逻辑判断构成的，那么用新加入节点的方式来判断独立路径就会遇到问题。这时候我们可以用加入一条新的边的方式来判断独立路径，如例 6 中每个判定点都是一个复合判定，用基本路径法来设计测试用例时，需要使用有新加入的边来判断独立路径。

【例 6】问题描述：

```
void  DoWork(int x,int y,int z)
      {
          int   k=0,j=0;
          if((x>3)①&&(z<10)②)
          ③{
          k=x*y-1;        //语句块 1
          j=k/2;
          }
          if((x= =4)④||(y>5)⑤)
          ⑥{
          j=x*y+10;       //语句块 2
          }
          ⑦j=j%3;         //语句块 3
      }
```

【例题详解】

为了更好地分析程序结构，先画出程序的流程图以帮助分析，如图 3.13 所示。

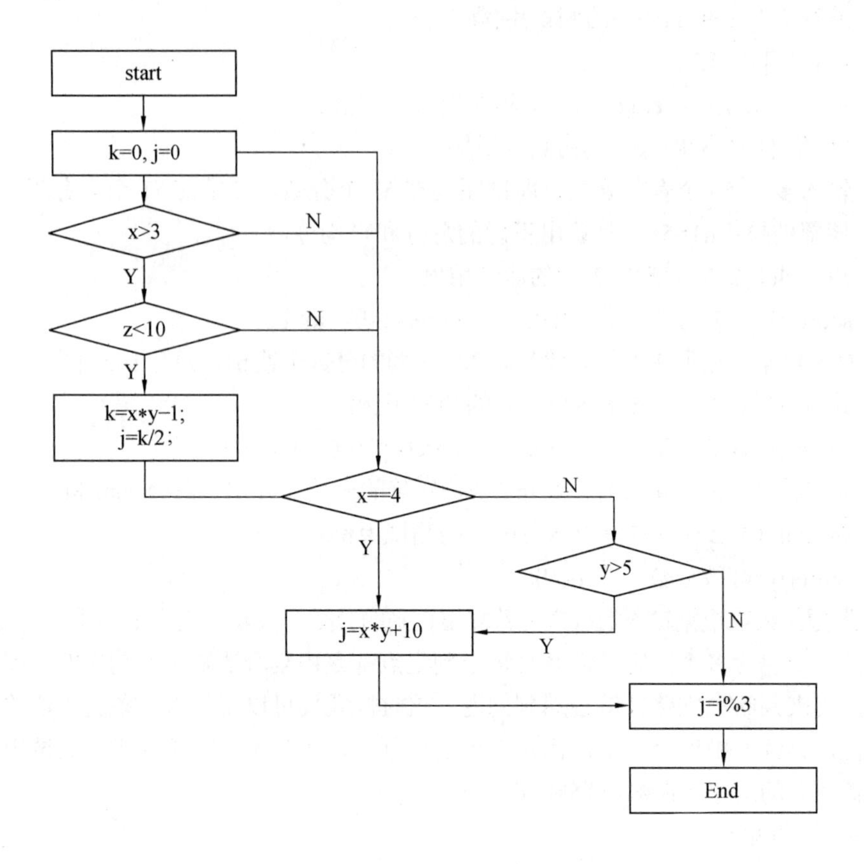

图 3.13　例 6 程序流程图

（1）根据程序流程图画出程序控制流图，如图 3.14 所示。

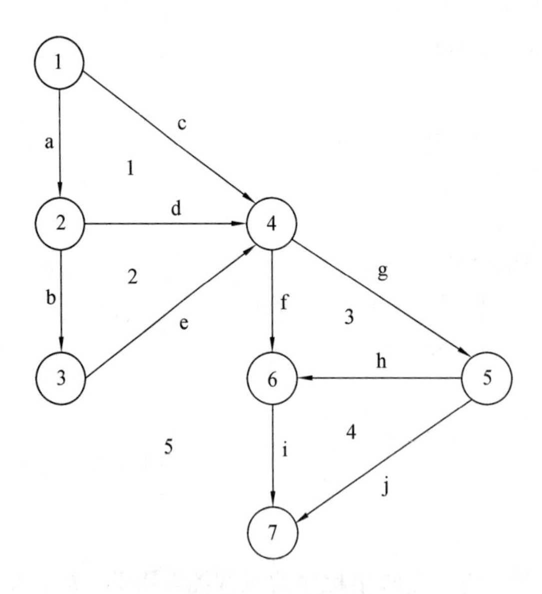

图 3.14　例 6 控制流图

（2）通过控制流图计算环形复杂度。

闭合区域：V(G) =5。

边 10 条，节点 7 个，V(G) =10−7+2=5。

判定节点 4 个，都是双分支判定，V(G) =4+1=5。

（3）按照有新的节点加入原则，可以列出独立路径。

① 1−4−5−7

② 1−4−5−6−7

③ 1−2−4−5−7

④ 1−2−3−4−5−7

但无论加入哪条路径，都没有新节点的加入，无法找到第 5 条独立路径。这时候可以给控制流图的每一条边加上名称，利用“有新的边加入”这一原则来判断独立路径。

根据边的编号，每条独立路径加入后，边的集合如下所示。

① 1−4−5−7　　{c,g,j}

② 1−4−5−6−7　　{c,g,h,i,j}

③ 1−2−4−5−7　　{a,c,d,g,h,i,j}

④ 1−2−3−4−5−7　{a,b,c,d,e,g,h,i,j}

此时，还有一条边 f 没被有包含，因此可以加入独立路径：

⑤ 1−2−3−4−6−7　{a,b,c,d,e,f,g,h,i,j}

（4）设计测试用例见表 3.8。

表 3.8　例 6 测试用例

测试用例 ID	输入（x,y,z）	执行路径	覆盖边	输出结果
1	2−4−5	1−4−5−7	{c,g,j}	j=3
2	2−6−5	1−4−5−6−7	{c,g,h,i,j}	j=1
3	5−5−11	1−2−4−5−7	{a,c,d,g,h,i,j}	j=3
4	5−4−9	1−2−3−4−5−7	{a,b,c,d,e,g,h,i,j}	j=1
5	5−6−9	1−2−3−4−6−7	{a,b,c,d,e,f,g,h,i,j}	j=1

注：独立路径的选择有多种情况，基本路径集中的路径不是固定的，在选择路径时一般遵循先简后繁，先少后多的原则，开始选择节点较少的路径，然后循序渐进地增加，每次增加一条边，最后加入所有的边

比如例 6 也可以选择如下路径。

①1−4−5−7 输入数据：x=2. y=5. z=9 预期输出：j=0 执行路径：b−g−j。

②1−2−4−5−7 输入数据：x=5. y=5. z=10 预期输出：j=0 执行路径：a−d−g−j。

③1−2−3−4−5−7 输入数据：x=5. y=5. z=9 预期输出：j=0 执行路径：a−c−e−g−j。

④1−2−3−4−5−6−7 输入数据：x=5. y=6. z=9 预期输出：j=2 执行路径：a−c−e−g−h−i。

目前为止还没有包含的边是 f，因此只需要构造一组路径包含 f 边即可。有些同学直接选择了最简单的路径 1−4−6−7，这条路径真的可以吗？分析程序的四个判断分别是：x>3，z<4，x==4，y>5，如果 x==4 成立，那么 x>3 一定也成立，即条件④为真那么条件①一定也为真。而

1-4-6-7 这条路径只有当条件①x>3 不成立时才会直接跳转到④x==4 执行判断，而只有当条件④x==4 条件成立时才会直接执行语句⑥，因此这条路径是在条件①不成立而条件④成立的情况下才会执行到，这显然跟我们开始的分析条件④成立则条件①一定成立相互矛盾，因此这条路径一定不会被执行到。可以选择增加如下路径：

⑤1-2-4-6-7 输入数据：x=4. y=5. z=10 预期输出 j=0 执行路径：a-d-f-i。

3.4　白盒测试的综合应用

白盒测试是在知道产品内部工作过程的情况下，通过测试来检测产品内部动作是否按照规格说明书的规定正常进行，检验程序中的每条通路是否都能按预定要求正确工作的测试活动。白盒测试主要用于软件代码的验证。软件测试人员使用白盒测试方法，需要遵循以下规则。

（1）对程序模块的所有独立执行路径至少测试一次；

（2）对所有的逻辑判定，取“真”与取“假”的两种情况都至少测试一次；

（3）在循环的边界和运行界限内执行循环体，保证循环能够顺利运行；

（4）测试内部数据结构的有效性，需要检查程序的内部逻辑结构。

白盒测试中测试方法的选择策略：

（1）在测试中，首先尽量使用静态结构分析进行测试工作。

（2）采用先静态后动态的组合方式，先进行静态结构分析、代码检查和静态质量度量，然后再进行覆盖测试。

（3）利用静态结构分析的结果，通过代码检查和动态测试的方法对结果进一步确认，使测试工作更为有效。

（4）覆盖率测试是白盒测试的重点，使用基本路径测试达到路径覆盖标准；对于重点模块，应使用多种覆盖标准衡量代码的覆盖率。

（5）不同测试阶段，侧重点不同，单元测试多采用代码检查、逻辑覆盖；集成测试应增加静态结构分析、静态质量度量；系统测试可根据黑盒测试结果辅以白盒测试的方法。

3.5　小结

白盒测试是测试技术中的重要方法，一般用在单元与集成测试中对代码级别进行测试。本章主要介绍了白盒测试的定义、原理和方法，并重点介绍了逻辑覆盖法和基本路径法，对两种方法设计测试用例的过程做了详细阐述并举例进行了说明，最后又给出了白盒测试方法在测试过程中的选择策略。

课后习题

1. 软件测试的 V 模型和 W 模型有什么区别？
2. 什么是测试用例？测试用例的基本构成元素有哪些？
3. 什么是白盒测试？有哪些白盒测试方法？

4. 程序代码（C 语言）如下：

```
① void   DoWork(int x,int y,int z)
② {
③     int   k=0,j=0;
④     if((x>3)&&(z<10))
⑤     {
⑥         k=x*y-1;          //语句块 1
⑦         j=sqrt(k);
⑧     }
⑨     if((x= =4)||(y>5))
⑩     {
⑪         j=x*y+10;         //语句块 2
⑫     }
⑬     j=j%3;                //语句块 3
⑭ }
```

请分别写出语句覆盖、判定覆盖、条件覆盖、判定/条件覆盖、条件组合覆盖的测试用例。

5. 下面是一个程序段（C 语言），请使用基本路径测试法设计测试用例。

```
① int Test(int count,int flag)
② {
③      int temp=0;
④      while(count>0)
⑤       {
⑥         if(flag==0)
⑦         {
⑧             temp=count+100;
⑨             break;
⑩            }
⑪  else
⑫       {
⑬            if(flag ==1)
⑭              temp=temp+10;
⑮            else
⑯               temp=temp+20;
⑰         }
⑱            count--;
⑲     }
⑳     return temp;
㉑ }
```

第 4 章　黑盒测试技术

黑盒测试也称功能测试，是通过测试来检测系统的每个功能是否都能正常使用的方法。在测试中，把程序看作一个不能打开的黑盒子，在完全不考虑程序内部结构和内部特性的情况下，在程序接口进行测试，它只检查程序功能是否按照需求规格说明书的规定进行正常设计，程序是否能适当地接收输入数据而产生正确的输出信息。黑盒测试着眼于程序外部结构，不考虑内部逻辑结构，主要针对软件界面和软件功能进行测试。

黑盒测试是以用户的角度，从输入数据与输出数据的对应关系出发进行测试的。很明显，如果外部特性本身设计有问题或规格说明的规定有误，用黑盒测试方法是发现不了的。

黑盒测试设计测试用例的方法很多，可分为等价类划分、边界值分析、决策表与决策树、因果图、错误推测法、正交实验法等，本章将具体介绍每种方法设计测试用例的过程与步骤。

4.1　等价类划分

4.1.1　等价类定义

等价类划分是一种典型的、常用的黑盒测试方法。所谓等价类是指某个输入域的子集。使用等价类方法时，需要把程序的全部输入域划分成若干个子集，然后从每一个子集中选取少数具有代表性的数据作为测试用例。

等价类可以划分成有效等价类和无效等价类。

① 有效等价类：是指对于程序规格说明来说，合理的、有意义的输入数据构成的集合。利用它，可以检验程序是否实现了规格说明预先规定的功能和性能。

② 无效等价类 ：是指对于程序规格说明来说，不合理的、无意义的输入数据构成的集合。利用它，可以检查程序中功能和性能的实现是否有不符合规格说明要求的地方。

在划分等价类时，首先从程序的规格说明书中找出各个输入条件，再为每个输入条件划分两个或多个等价类，形成若干的互不相交的子集。比如，加法器程序的功能是计算 1～100 之间整数的和，要求划分等价类给出测试用例。首先考虑的是 1～100 这个范围，可将问题划分为一个有效等价类 $1<=x<=100$ 和两个无效等价类 $x<1$ 和 $x>100$。这样划分全面吗？刚才给出的测试用例都是整数，如果输入的是小数、字符怎么办？即只考虑了输入数据的范围，没有考虑输入数据的类型。如果考虑输入数据的类型和范围，可以按照图 4.1 这样划分。

如此可见，划分等价类可以先考虑输入数据的类型（合法型和非法型），再考虑数据范围（合法型中的合法区间和非法区间）。

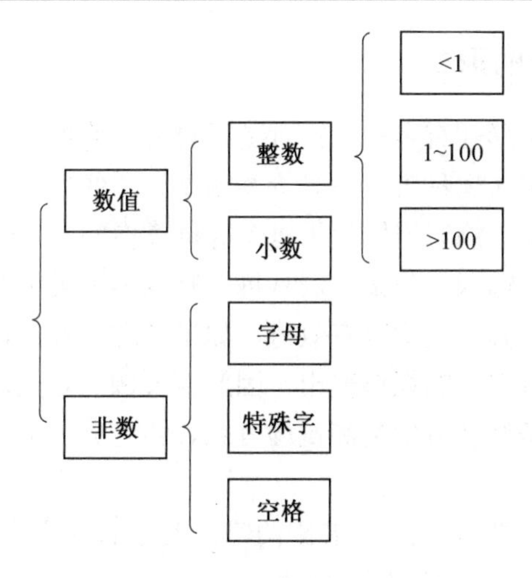

图 4.1　加法器等价类划分

4.1.2　划分等价类的原则

（1）按照区间划分。在输入条件规定了取值范围或值的个数的情况下，可以确定一个有效等价类和两个无效等价类。

例：程序输入条件为小于 100 大于 10 的整数 x，则有效等价类为 $10<x<100$，两个无效等价类为 $x\leqslant 10$ 和 $x\geqslant 100$。

（2）按照数值划分。在规定了一组输入数据（假设包括 n 个输入值），在程序要对每一个输入值分别进行处理的情况下，可以确定 n 个有效等价类（每个值确定一个有效等价类）和一个无效等价类（所有不允许的输入值的集合）。

例：程序输入条件为 x 取值于一个固定的枚举类型{1,3,7,15}，且程序中对这 4 个数值分别进行了处理，则有效等价类为 x=1、x=3、x=7、x=15，无效等价类为 $x\neq 1,3,7,15$ 的值的集合。

（3）按照条件的布尔值划分。在输入条件规定了 “必须如何” 的条件下，可以确定一个满足条件的有效等价类和一个不满足条件的无效等价类。

例：程序输入用户口令规定必须是以 a 开头的字符串，可以确定一个有效等价类是以 a 开头的字符串，一个无效等价类为非 a 开头的字符串。

（4）按照限制条件或规则划分。在规定了输入数据必须遵守的规则或限制条件的情况下，可确定一个有效等价类（符合规则）和若干个无效等价类（从不同角度违反规则）。

例：程序输入条件为取值为奇数的整数 x，则有效等价类为 x 的值为奇数的整数，无效等价类为 x 的值不为奇数或 x 的值不是整数。

（5）细分等价类。在确知已划分的等价类中各元素在程序中的处理方式不同的情况下，应将该等价类进一步划分为更小的等价类，并建立等价类表。

例：程序输入条件为以字符“a”开头、长度为 8 的字符串，并且字符串不包含“a”～“z”之外的其他字符，则有效等价类为了满足上述所有条件的字符串，进一步可以细分为：以字符“a”开头；长度为 8；由“a”～“z”之内的字符构成。无效等价类为不以“a”开头的字符串、长度小于 8 的字符串、长度大于 8 的字符串和包含了“a”～“z”之外其他字符的字符串。

4.1.3 等价类划分的形式

常见的等价类划分测试形式有多种，针对是否对无效数据进行测试，可以将等价类测试分为两种：标准等价类测试（也称为一般等价类测试）和健壮等价类测试。标准（一般）等价类测试不考虑无效数据值，测试用例使用每个等价类中的一个值。健壮等价类测试出发点考虑了无效等价类，对有效输入，测试用例从每个有效等价类中取一个值；对无效输入，一个测试用例有一个无效值，其他值均取有效值。如果考虑无效等价类，存在一个问题：规格说明往往没有定义无效测试用例的期望输出，因此需要额外定义这些测试用例的期望输出。无论是一般等价类测试还是健壮等价类测试均有强、弱之分，下面将根据例子分别说明 4 种等价类如何划分。

例如，某函数 F 有两个变量 x_1, x_2，要求两输入变量的取值范围如下。

① $a \leqslant x_1 \leqslant d$,有效区间为$[a,b]$, (b,c) ,$[c,d]$;

② $e \leqslant x_2 \leqslant g$,有效区间为$[e,f)$, $[f,g]$;

③ x_1, x_2 的无效区间为 $x_1<a$, x1>d; $x_2<e$, $x_2>g$。

（1）弱一般等价类测试。

特点：不考虑无效数据，测试用例使用每个等价类中的一个值，尽量用最少的测试用例覆盖尽可能多的有效等价类区间。

划分出等价类如图 4.2 所示，从左向右第一个点覆盖区间为 $x_1[a,b]$ x_2 $[e,f]$；第二个点覆盖区间为 x_1 (b,c) x_2 (f,g)；第三个点覆盖区间为 x_1 $[c,d]$ x_2 (f,g)。

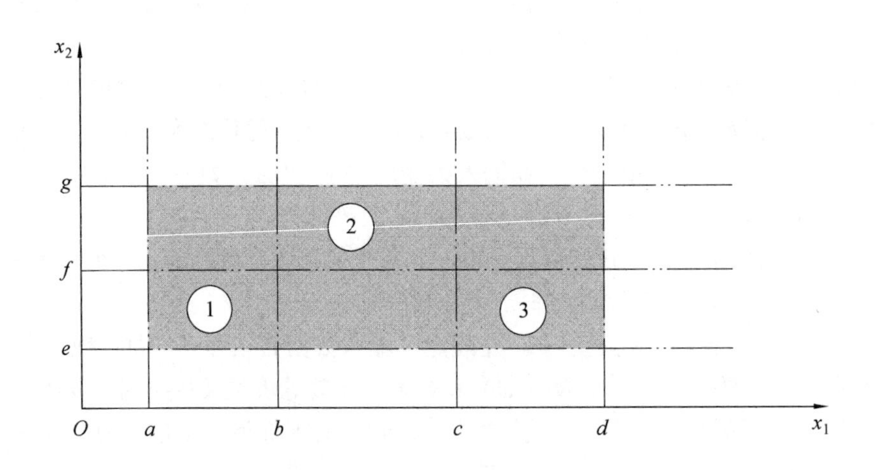

图 4.2 弱一般等价类划分

（2）强一般等价类测试。

特点：每一个有效区间都要选择一个测试用例。x_1 有 3 个有效区间，x_2 有 2 个有效区间，如图 4.3 所示，用虚线分割后共产生了 6 个有效区间，分别在这 6 个有效区间中取值作为测试用例的输入数据。

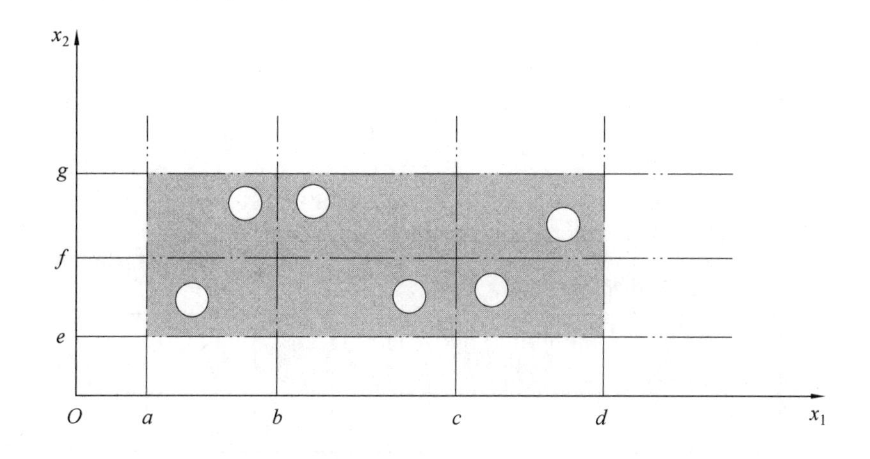

图 4.3　强一般等价类划分

（3）弱健壮等价类测试。

对于有效输入：从每个有效类中选择其中的一个值，产生尽可能少的测试数据，覆盖尽可能多的有效区间。

对于无效输入：测试用例只使用一个无效值，其余值都是有效的。

如图 4.4 所示，①②③三个测试输入覆盖了 x_1，x_2 的所有有效区间，④⑤⑥⑦每组取值中都有一个是无效区间的取值，但无论是哪一组数据都保持了一个输入数据取无效值，其余所有输入都是有效值的原则。以④为例，x_1 是有效区间（c,d），x_2 是无效区间 $x_2>g$。

弱健壮等价类划分是普遍采用的一种划分方式，本节后面的例子都是采用此种划分方法产生的测试用例。

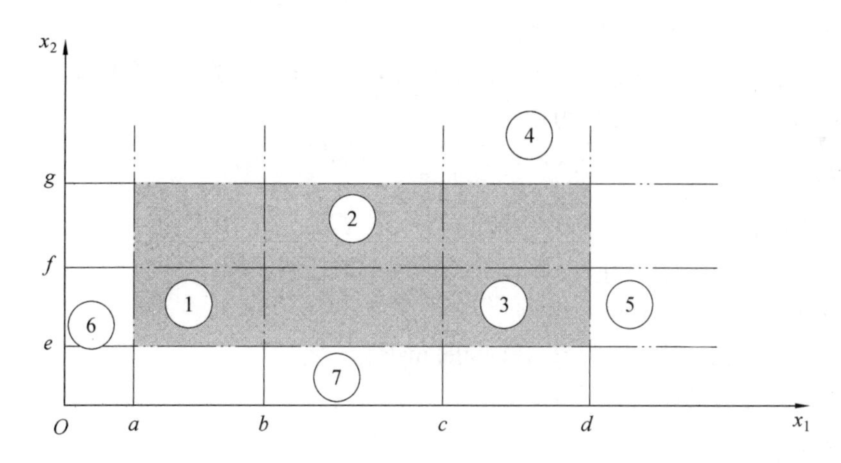

图 4.4　弱健壮等价类划分

（4）强健壮等价类测试。

每个有效等价类和无效等价类都至少要选择一个测试用例，如图 4.5 所示，两个变量分别产生了 6 个有效区间和 14 个无效区间，每个区间都必须有测试用例覆盖。这种方法产生的测试用例虽然全面，但是数量太多，不利于后续的测试执行，因此不常被选择使用。

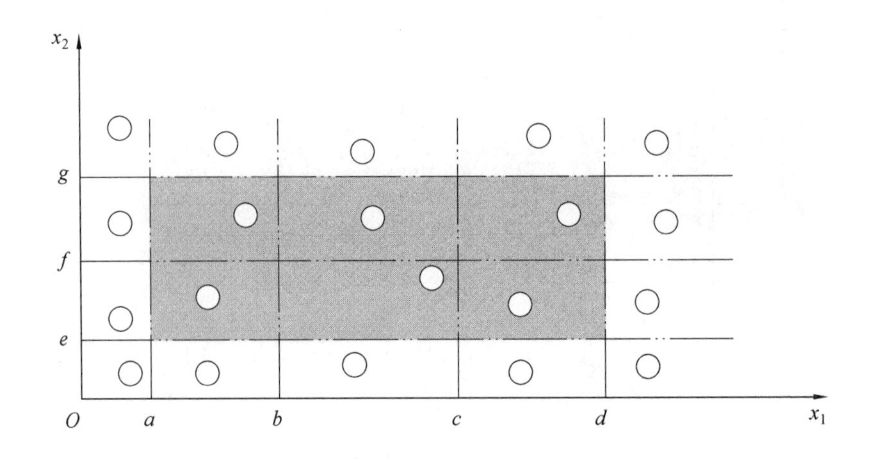

图 4.5　强健壮性等价类划分

4.1.4　等价类划分设计测试用例的步骤

等价类划分法设计测试用例的步骤如下。

（1）确定有效等价类和无效等价类；

（2）建立等价类表，列出所有划分出的等价类；

（3）从划分出的等价类中按以下的 3 个原则设计测试用例。

① 为每一个等价类规定一个唯一的编号。

② 设计一个新的测试用例，使其尽可能多地覆盖尚未被覆盖的有效等价类，重复这一步，直到所有的有效等价类都被覆盖为止。

③ 设计一个新的测试用例，使其仅覆盖一个尚未被覆盖的无效等价类，重复这一步，直到所有的无效等价类都被覆盖为止。

【例 1】

某新员工信息注册系统需求规定描述如下。

① 员工姓名可以是[a～z][A～Z]和空格所组成的任意字符。

② 年龄的范围是 1～150。

③ 性别可以是以下两种之一：{Female, male}。

用等价类划分法设计测试用例。

【例题详解】

（1）分析问题描述。这段程序有 3 个输入，分别是姓名，年龄和性别。其中，姓名可产生 1 个符合要求的有效等价类和 1 个不符合要求的无效等价类；年龄是一个数字区间，可产生 1 个有效等价类和 2 个无效等价类；性别是个枚举类，可产生 2 个有效等价类和 1 个无效等价类。根据分析设计等价类表，并为划分出的有效等价类和无效等价类编号，见表 4.1。

表 4.1　员工信息注册等价类表

输入信息	有效等价类规则	ID	无效等价类规则	ID
Name	[a~z][A~Z]space	①	除大小写字母和空格以外的字符	⑤
Age	1<age<150	②	age<=1	⑥
			age>=150	⑦
Gender	Female	③	除了 Female,male 以外的单词	⑧
	male	④		

根据弱健壮性等价类划分的原则，使用尽可能少的测试用例尽可能多地覆盖有效等价类， 使用单独的一个测试用例覆盖单独的一个无效等价类，但要保证其他数据皆为有效值。最后，直到所有的有效等价类和无效等价类均被覆盖，见表 4.2。

表 4.2　员工信息注册概要测试用例

输入	有效等价类	测试用例	ID	无效等价类	测试用例	ID
Name	[a~z][A~Z]space	Alex	①	除大小写字母和空格以外的字符	!@#	⑤
Age	1<age<150	25	②	age<=1	1	⑥
				age>=150	150	⑦
Gender	Female	Female	③	除了 Female,male 以外的单词	abc	⑧
	male	male	④			

对 4.2 表中的每一个输入数据进行取值，整理测试用例，见表 4.3。

表 4.3　员工信息注册详细测试用例

ID	输入数据			预期输出	覆盖等价类
1	name=Alice	age=25	Gender=Female	提示“注册成功”信息	①②③
2	name=Mary	age=50	Gender=male	提示“注册成功”信息	①②④
3	name=Ali$e	age=25	Gender=Female	提示“姓名错误”信息	⑤
4	name=Alice	age=0	Gender=Female	提示“年龄错误”信息	⑥
5	name=Alice	age=151	Gender=Female	提示“年龄错误”信息	⑦
6	name=Mary	age=50	Gender=mala	提示“性别错误”信息	⑧

【例 2】

某城市电话号码由 3 部分组成，分别是：

① 地区码：空白或 3 位数字；

② 前缀：非‘0’或非‘1’开头的 3 位数字；

③ 后缀：4 位数字。

假定被测程序能接受一切符合上述规定的电话号码，但拒绝所有不符合规定的电话号码。用等价类划分法设计测试用例。

【例题详解】

（1）划分等价类，列出等价类表，为所有等价类编号，见表 4.4。

表 4.4　电话系统等价类表

输入条件	有效等价类	无效等价类
地区码	空白①	有非数字字符⑤
	3 位数字②	小于 3 位数字⑥
		多于 3 位数字⑦
前缀	200～999③	有非数字字符⑧
		0 开头的 3 位数⑨
		1 开头的 3 位数⑩
		少于 3 位数字⑪
		多于 3 位数字⑫
后缀	4 位数字④	有非数字字符⑬
		小于 4 位数字⑭
		多于 4 位数字⑮

（2）设计测试用例，用尽可能少的测试用例覆盖尽可能多的有效等价类，分别设计测试用例覆盖每一条无效等价类，见表 4.5。

表 4.5　电话系统测试用例表

测试用例 ID	输入数据			预期输出	覆盖等价类
	地区码	前缀	后缀		
1	空白	321	4567	接受（有效）	①③④
2	123	805	9876	接受（有效）	②③④
3	20A	321	4567	拒绝（无效）	⑤
4	33	234	5678	拒绝（无效）	⑥
5	1234	234	4567	拒绝（无效）	⑦
6	123	2B3	1234	拒绝（无效）	⑧
7	123	013	1234	拒绝（无效）	⑨
8	123	123	1234	拒绝（无效）	⑩
9	123	23	1234	拒绝（无效）	⑪
10	123	2345	1234	拒绝（无效）	⑫
11	123	234	1B34	拒绝（无效）	⑬
12	123	234	34	拒绝（无效）	⑭
13	123	234	23345	拒绝（无效）	⑮

【例 3】

假设有一个档案管理系统，要求用户输入以年月表示的日期。日期限定在 1990 年 1 月～2049 年 12 月，并规定日期由 6 位数字字符组成，前 4 位表示年，后 2 位表示月。现用等价类划分法设计测试用例，来测试程序的“日期检查功能”。

【例题详解】

（1）分析题目要求。档案系统日期检查功能共 3 个输入，分别是年、月、日。考虑到数值类型的约束，还有日期类型和长度的格式限定，产生如表 4.6 所示的等价类划分表。

表 4.6　日期检查等价类表

输入数据	有效等价类	无效等价类
日期	6 位数字字符①	有非数字字符④ 少于 6 位数字字符⑤ 多于 6 位数字字符⑥
年份	在 1 990～2 049 之间②	小于 1 990⑦ 大于 2 049⑧
月份	在 01～12 之间③	小于等于 00⑨ 大于 12⑩

（2）设计测试用例覆盖有效等价类，见表 4.7。

表 4.7　日期检查功能有效等价类测试用例

测试数据	期望结果	覆盖的有效等价类
200211	输入有效	①②③

（3）设计测试用例覆盖无效等价类，见表 4.8。

表 4.8　日期检查功能无效等价类测试用例

测试数据	期望结果	覆盖的无效等价类
95June	无效输入	④
20036	无效输入	⑤
2001006	无效输入	⑥
198912	无效输入	⑦
210101	无效输入	⑧
200100	无效输入	⑨
200113	无效输入	⑩

4.2　边界值分析

4.2.1　边界值分析法定义

边界值分析法就是对输入或输出的边界值进行测试的一种黑盒测试方法。通常边界值分析法是作为对等价类划分法的补充，这种情况下，其测试用例来自等价类的边界。无数的测试实践表明，大量的故障往往发生在输入定义域或输出值域的边界上，而不是在其内部。因此，针对各种边界情况设计测试用例，通常会取得很好的测试效果。例如，一个循环条件为

“≤”时，却错写成“<”，计数器就会少计数一次。

边界值分析法通常作为等价类划分的辅助方法进行测试用例的补充，通常输入或输出等价类的边界就是应该着重测试的边界情况。可以选取正好等于、刚刚大于或刚刚小于边界的值作为测试数据，而不是选取等价类中的典型值或任意值。

4.2.2　边界值分析法的形式

基于可靠性理论中称为“单故障”的假设，即有两个或两个以上故障同时出现而导致软件失效的情况很少，也就是说软件失效基本上是由单故障引起的，基于这种理论的边界值分析法称为一般边界值分析法。根据是否取无效区域的值，又可分为弱一般边界值分析法和强一般边界值分析法。

假设有两个变量 x 和 y 的程序，x、y 在下列范围内取值：$a \leqslant x \leqslant b$，$c \leqslant y \leqslant d$，区间$[a,b]$和$[c,d]$是 x、y 的值域。程序 F 的输入定义域如图 4.6 所示，即带阴影矩形中的任何点都是程序 F 的有效输入。

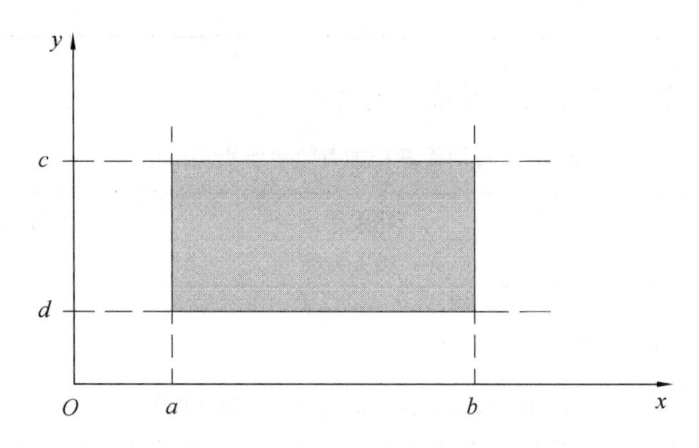

图 4.6　有两个变量 x、y 的程序输入域

1. 弱一般边界值测试

对于一个含有 n 个变量的程序，保留其中一个变量，让其余的变量取正常值，被保留的变量依次取 min、min+、nom、max−、max 值，对每个变量都重复进行。这样，对于一个有 n 个变量的程序，边界值分析测试程序会产生 $4n+1$ 个测试用例，如图 4.7 所示。

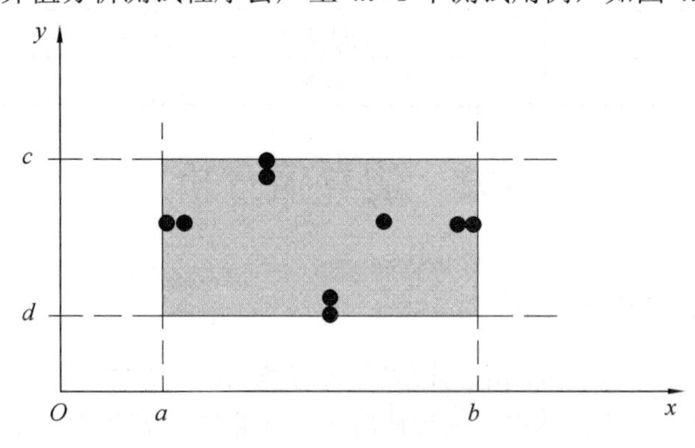

图 4.7　弱一般边界分析测试用例

【例 1】

有二元函数 $f(x,y)$，其中 $x\in[1,12]$，$y\in[1,31]$。请写出采用弱一般边界值分析法设计的测试用例。

【例题详解】

{ <1,15>, <2,15>, <11,15>, <12,15>, <6,15>, <6,1>, <6,2>, <6,30>, <6,31> }

2. 强一般边界值测试

强一般边界值分析测试是弱一般边界值测试的一种扩展，除了取有效范围内的 5 个边界值外，还需要考虑采用一个略超过最大值(max+)及略小于最小值(min−)的取值，以检查超过极限值时系统的情况。对于一个含有 n 个变量的程序，保留其中一个变量，让其余的变量取正常值，被保留的变量依次取 min、min+、min−、nom、max−、max、max+值，对每个变量都重复进行。这样，对于一个有 n 个变量的程序，边界值分析测试程序会产生 $6n+1$ 个测试用例，如图 4.8 所示。

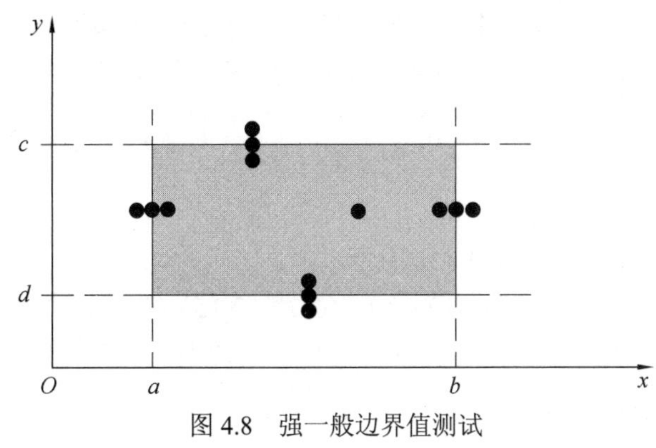

图 4.8　强一般边界值测试

【例 2】

有函数 $f(x,y,z)$，其中 $x\in[1\ 900,2\ 100]$，$y\in[1,12]$，$z\in[1,31]$。请写出该函数采用强一般边界值分析法设计的测试用例。

【例题详解】

{ <2 000,6,1>, <2 000,6,2>, <2 000,6,0>, <2 000,6,30>, <2 000,6,31>, <2 000,6,32>, <2 000,1,15>, <2 000,2,15>, <2 000,0,15>, <2 000,11,15>, <2 000,12,15>, <2 000,13,15>, <1 900,6,15>, <1 901,6,15>, <1 899,6,15>, <2 099,6,15>, <2 100,6,15>, <2 101,6,15>, <2 000,6,15> }

以上两种边界值分析法均采用可靠性理论中的单缺陷假设，在本节后面的例子中一般选择强一般边界值分析法设计测试用例。如果不考虑这种单缺陷假设，那么应该关心当多个变量同时取极值时会出现什么情况。因此又有了最坏情况边界值测试，最坏情况边界值测试一般也分为强、弱两种类型。

3. 弱最坏情况边界值测试

边界值分析采用首先对每个变量进行包含最小值 min、略高于最小值 min+、正常值 nom、略低于最大值 max−、最大值 max 5 个元素集合的取值，然后对这些集合进行笛卡尔积计算，以生成测试用例。n 变量函数的弱最坏情况边界值测试，会产生 5^n 个测试用例，而弱一般边

界值测试只产生 $4n+1$ 个测试用例，因此弱一般边界值分析测试用例是弱最坏情况边界值分析测试用例的真子集。弱最坏情况边界值测试如图 4.9 所示。

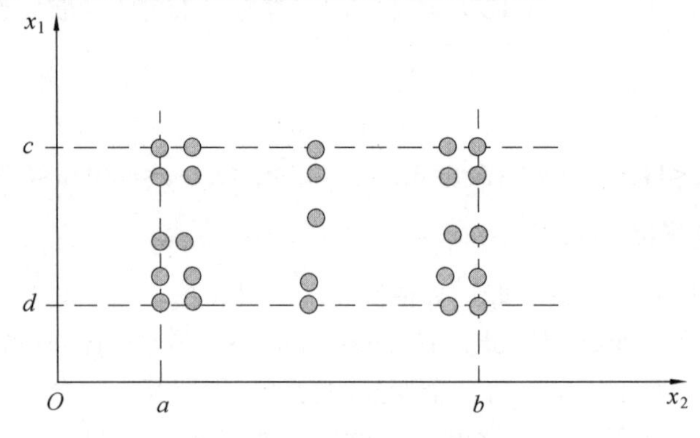

图 4.9 弱最坏情况边界值测试

【例 3】

有二元函数 $f(x,y)$，其中 $x\in[1,12]$，$y\in[1,31]$。请写出采用弱最坏情况边界值分析法设计的测试用例。

【例题详解】

x 变量在两个边界点取值的集合是：{1,2,6,11,12}。

y 变量在两个边界点取值的集合是：{1,2,15,30,31}。

两个集合进行笛卡尔积后生成的测试用例为：

{（1,1）（1,2）（1,15）（1,30）（1,31）（2,1）（2,2）（2,15）（2,30）（2,31）（6,1）（6,2）（6,15）（6,30）（6,31）（11,1）（11,2）（11,15）（11,30）（11,31）（12,1）（12,2）（12,15）（12,30）（12,31）}

4. 强最坏情况边界值测试

弱最坏情况边界值分析法，虽然考虑了多个条件都取极限值的情况，但仍然没有考虑各个变量极限之外的非法输入情况，其测试用例仍然有缺漏。

强最坏情况边界值测试法，首先对每个变量进行包含略小于最小值 min−、最小值 min、略高于最小值 min+、正常值 nom、略低于最大值 max−、最大值 max 和略大于最大值 max + 7 个元素集合取值，然后对这些集合进行笛卡尔积计算，以生成测试用例。这样 n 个变量函数的强最坏情况边界值测试，会产生 7^n 个测试用例，因此强最坏情况边界值分析法是 4 种分析法中生成边界值测试用例最全面的。强最坏情况边界值测试如图 4.10 所示。

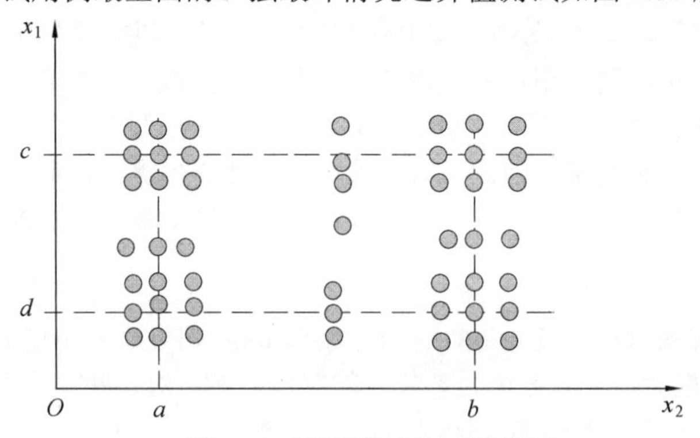

图 4.10 强最坏情况边界值测试

【例 4】

有二元函数 $f(x, y)$，其中 $x\in[1,12]$，$y\in[1,31]$。请写出采用强最坏情况边界值分析法设计的测试用例。

【例题详解】

x 变量在两个边界点取值的集合是：{0,1,2,6,11,12,13}。
y 变量在两个边界点取值的集合是：{0,1,2,15,30,31,32}。
两个集合进行笛卡尔积后生成的测试用例为：
{（0,0）（0,1）（0,2）（0,15）（0,30）（0,31）（0,32）
（1,0）（1,1）（1,2）（1,15）（1,30）（1,31）（1,32）
（2,0）（2,1）（2,2）（2,15）（2,30）（2,31）（2,32）
（6,0）（6,1）（6,2）（6,15）（6,30）（6,31）（6,32）
（11,0）（11,1）（11,2）（11,15）（11,30）（11,31）（11,32）
（12,0）（12,1）（12,2）（12,15）（12,30）（12,31）（12,32）
（13,0）（13,1）（13,2）（13,15）（13,30）（13,31）（13,32）}

4.2.3　边界值分析法的原则

边界值分析法的原则包括以下 5 个方面。

（1）如果输入条件规定了值的范围，则应按照强一般边界值分析法进行取值，取刚达到这个范围边界的值，以及刚刚超越这个范围边界的值，刚刚小于这个边界范围的值作为测试输入数据。

例如，如果程序的规格说明中规定：“质量在 10～50 kg 范围内的邮件，其邮费计算公式为……”。作为测试用例，我们除应取 10 及 50 外，还应取 10.01, 49.99, 9.99 及 50.01 等。

（2）如果输入条件规定了值的个数，则用最大个数、最小个数、比最小个数少一，比最大个数多一的数作为测试数据。

比如，一个输入文件应包括 1～255 个记录，则测试用例除取 1 和 255 外，还应取 0 及 256 等。

（3）将规则（1）和（2）应用于输出条件，即设计测试用例使输出值达到边界值及其左右的值。

例如，某程序的规格说明要求根据投保额和时间计算出“每月保险金扣除额为 1～1 166.25 元”，显然【1,1 166.25】是输出，应该合理设置投保额和时间这两个输入，使其输出可取 0.99、1、1.01 及 1 166.24、1 166.25、1 166.26 六个数值。

（4）如果程序的规格说明给出的输入域或输出域是有序集合，则应选取集合的第一个元素和最后一个元素作为测试用例。

（5）如果程序中使用了一个内部数据结构，则应当选择这个内部数据结构的边界上的值作为测试用例。

【例 5】

NextDate 函数包含 3 个变量 month、day 和 year，函数的输出为输入日期后一天的日期。

要求输入变量 month、day 和 year 均为整数值，并且满足下列条件：

① 条件 1　1≤ month ≤12

② 条件 2　1≤ day ≤31

③ 条件 3　1 912≤ year ≤2 050

【例题详解】

NextDate 函数有 3 个输入数据 month、day 和 year，month 的边界是 1 和 12，day 的边界是 1 和 31，year 的边界是 1 912 和 2 050。采用强一般边界值分析法，分别取每个边界的边界点的值、比边界点小一点的值和比边界点大一点的值，而保证在一个数据取边界值的同时其他输入数据为有效输入，可以产生表 4.9 所示的测试数据。

表 4.9　NextDate 函数的边界值分析测试用例

测试用例	month	day	year	预期输出
Test1	6	15	1911	year 超出[1912,2050]
Test2	6	15	1912	1912.6.16
Test3	6	15	1913	1913.6.16
Test4	6	15	1975	1975.6.16
Test5	6	15	2049	2049.6.16
Test6	6	15	2050	2050.6.16
Test7	6	15	2051	year 超出[1912,2050]
Test8	6	0	2001	day 超出[1,31]
Test9	6	1	2001	2001.6.2
Test10	6	2	2001	2001.6.3
Test11	6	30	2001	2001.7.1
Test12	6	31	2001	输入日期超界
Test13	6	32	2001	day 超出[1,31]
Test14	-1	15	2001	month 超出[1,12]
Test15	1	15	2001	2001.1.16
Test16	2	15	2001	2001.2.16
Test17	11	15	2001	2001.11.16
Test18	12	15	2001	2001.12.16
Test19	14	15	2001	month 超出[1,12]

在使用边界值分析法设计测试用例时，除了对输入数据考虑边界取值外，对于输出结果如果有明确的边界定义的话，也要通过构造不同的输入值，使得输出的结果达到边界值、比边界值小一点的值和比边界值多一点的值。

【例 6】

某信用卡消费返现优惠活动如下：

① 持卡人境外消费交易单笔金额满 2 000 元人民币或等值外币，即可享 20 元人民币或

等值外币返现。

② 境外消费单笔满 3 000 元人民币或等值外币，即可享 30 元人民币或等值外币返现。

③ 境外消费单笔满 5 000 元人民币或等值外币，即可享 50 元人民币或等值外币返现。

④ 每张卡片每个自然月最高返现 500 元人民币或等值外币，每笔消费交易返现一次，并且单笔消费额不包含货币转换费。

利用边界值分析法，分析测试需求并设计测试方案。

【例题详解】

消费卡返现问题中，输入数据是每月的单次消费金额及消费次数，输出数据是每月的具体返现。对于输入数据，单笔消费 2 000、3 000、5 000 元是边界点，对于输出数据每月最高返现 500 元是边界点。需考虑每月消费几次，每次消费多少才能使得返现达到 500、比 500 少一点，以及比 500 多一点（实际返 500），因此可以设计测试用例见表 4.10。

表 4.10　消费返现测试用例

测试用例标识	每月单笔消费及次数（RMB）	期望输出
Test1	一次 1 999	没有返现
Test2	一次 2 000	返回 20 元人民币或等值外币返现
Test3	一次 2 001	返回 20 元人民币或等值外币返现
Test4	一次 2 999	返回 20 元人民币或等值外币返现
Test5	一次 3 000	返回 30 元人民币或等值外币返现
Test6	一次 3 001	返回 30 元人民币或等值外币返现
Test7	一次 4 999	返回 30 元人民币或等值外币返现
Test8	一次 5 000	返回 50 元人民币或等值外币返现
Test9	一次 5 001	返回 50 元人民币或等值外币返现
Test10	9 次 5 000，2 次 2 000	返回 490 元人民币或等值外币返现
Test11	10 次 5 000	返回 500 元人民币或等值外币返现
Test12	9 次 5 000，2 次 3 000	应返 510 元但实际返回 500 元人民币或等值外币返现

4.3　决策表与决策树

4.3.1　决策表法定义

决策表是分析和表达多逻辑条件下执行不同操作情况的工具。在一些数据处理问题当中，某些操作的实施依赖于多个逻辑条件的组合，即针对不同逻辑条件的组合值，分别执行不同的操作。决策表很适合于处理这类问题。表 4.11 是关于阅读指南的决策表，该表由 4 个部分构成，左上部分是问题条件，左下部分是建议，右上部分是 3 个条件不同取值的组合，右下部分是在某种条件取值组合下的建议。

决策表能够将复杂的问题按照各种可能的情况全部列举出来，简明并可避免遗漏。因此，利用决策表能够设计出完整的测试用例集合，是最为严格、最具逻辑性的测试方法。

表 4.11　阅读指南决策表

动作 \ 选项		1	2	3	4	5	6	7	8
问题	觉得疲倦？	Y	Y	Y	Y	N	N	N	N
	感兴趣吗？	Y	Y	N	N	Y	Y	N	N
	糊涂吗？	Y	N	Y	N	Y	N	Y	N
建议	重读					√			
	继续						√		
	跳下一章							√	√
	休息	√	√	√	√				

4. 3. 2　决策表的组成

决策表通常由以下 4 部分组成，如图 4.11 所示。

① 条件桩：列出问题的所有条件。

② 条件项：针对条件桩给出的条件列出所有可能的取值。

③ 动作桩：列出问题规定的可能采取的操作。

④ 动作项：指出在条件项的各组取值情况下应采取的动作。

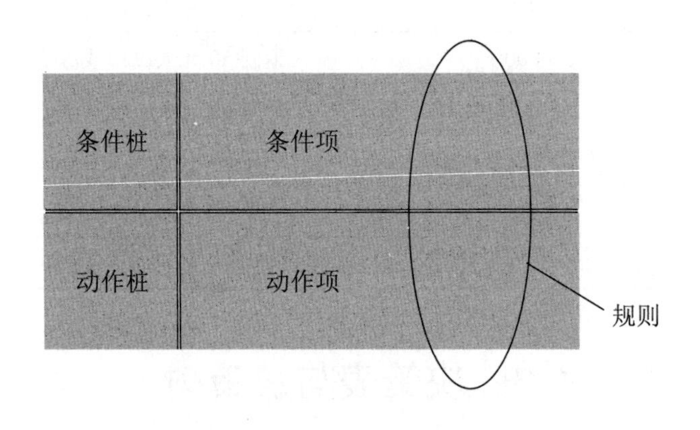

图 4.11　决策表的构成

将任何一个条件组合的特定取值及相应要执行的动作称为一条规则。在决策表中贯穿条件项和动作项的一列就是一条规则。例如，表 4.12 中第一列产生规则：若 c1、c2、c3 都为真，则采取动作 a1 和 a2；第二列产生规则：若 c1、c2 都为真，c3 为假，则采取动作 a1 和 a3；第三列属于两个相似规则的合并，其中“-”代表不关心项，也就是说只要 c1 为真，c2 为假，不管 c3 如何都采取动作 a4。

表 4.12　3 个条件的决策表

规则＼选项	1	2	3, 4	5	6	7, 8
条件：c1	T	T	T	F	F	F
c2	T	T	F	T	T	F
c3	T	F	—	T	F	—
动作：a1	√	√		√		
a2	√				√	
a3		√		√		
a4			√			√

合并规则需要满足如下两个条件。

（1）两条规则采取的动作相同。

（2）两条规则的条件项取值相似。

例如，图 4.12 中 3 个条件项中第一个和第二个条件都是一样的，只有第三个条件不一样。这说明条件项之间存在极为相似的关系，动作结果也是一样的，这两条规则称为相似规则，可以合并，并将第三个条件置为“不关注”项，用“-”表示。

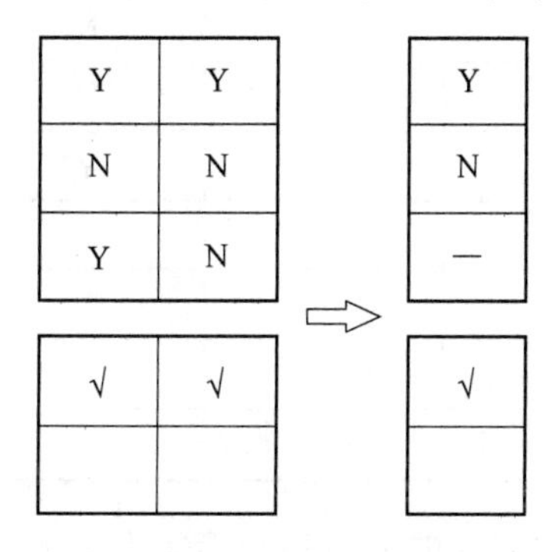

图 4.12　相拟规则的第一次合并

合并后的规则如果满足动作相同、条件组合相似这两条规则，仍然可以继续合并。例如图 4.13 中第一个和第三个条件相同，第二个条件一个为“不关注”，一个为“N”，结果相同，因此也为相似项，也可以合并。

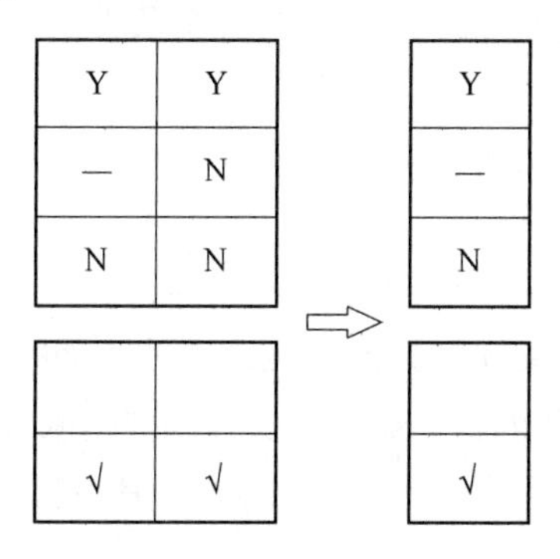

图 4.13　相似规则的第二次合并

以“阅读指南”决策表为例，初始决策表如表 4.11 所示，表中第一列与第二列，第三列与第四列，第七列与第八列是相似规则，可以合并。合并后的决策表见表 4.13。

表 4.13　第一次合并后的阅读指南决策表

		1	3	5	6	7
问题	觉得疲倦吗？	Y	Y	N	N	N
	感兴趣吗？	Y	N	Y	Y	N
	糊涂吗？	—	—	Y	N	—
建议	重读			√		
	继续				√	
	跳下一章					√
	休息	√	√			

表 4.13 中，第一列和第三列的三个条件中有两个相同，结果相同，也符合相似规则的定义，可以继续合并，第二次合并后的阅读指南决策表见表 4.14。

表 4.14　第二次合并后的阅读指南决策表

		1	5	6	7
问题	觉得疲倦吗？	Y	N	N	N
	感兴趣吗？	—	Y	Y	N
	糊涂吗？	—	Y	N	—
建议	重读		√		
	继续			√	
	跳下一章				√
	休息	√			

至此，决策表简化完成，将原来的 8 条规则简化为 4 条。

4.3.3　决策表设计测试用例

1. 决策表设计测试用例的步骤

（1）确定规则的个数，假如有 n 个条件，每个条件有两个取值（0，1），故有 2^n 种规则。

（2）列出所有的条件茬和动作桩（行动区）。

（3）填入条件项。

（4）填入动作桩（行动区）和动作项(行动指示区)。

（5）化简（简化、合并相似规则）决策表，查找相似规则时一般遵循从左向右的原则，一般从第 1 列开始，然后从第 2 列找到最靠近第 1 列的相似规则，以此类推。

（6）根据决策表的每一列生成规则，设计测试用例覆盖每一条规则。

2. 使用决策表设计测试用例，决策表需满足的属性

（1）决策表左上部分的条件排列顺序不影响执行的操作。

（2）决策表右上部分的规则排列顺序不影响执行的操作。

（3）决策表中的规则不能重复，规则间互不影响。

（4）如果某一规则的条件要执行多个操作任务，这些操作的执行顺序无关紧要。

【例 1】

“送货系统”规格说明：

“……如果在货架内有此商品可以出售，则发送此商品。此外，还要考虑客户以前的付款历史情况是否正常，如果以前有不良记录（如拖欠付款等），则采用货到立即付款的方式；如果以前没有不良记录，则允许货到后（两周内）转账。如果货架内没有客户要求的商品，则必须告知客户需要重新进货，根据客户遗忘的付款历史情况采用书面或电话两种通知形式，如此客户的付款历史情况正常，则采用电话通知形式，否则采用书面通知的形式……”

分析以上案例，划分出决策表。

【例题详解】

通过规格说明，可以确定该问题的条件和结果。

条件：

（1）商品是否有货。

（2）客户是否有不良付款记录。

结果：

（1）可以发货。

（2）货到立即付款。

（3）货到两周内转账。

（4）电话告知进货信息。

（5）书面告知进货信息。

2 个条件可以产生 4 种条件组合，根据条件及结果，生成“送货系统”决策表，见表 4.15。

表 4.15　送货系统决策表

ID	Text	R1	R2	R3	R4
B1	此商品可以发售	Y	Y	N	N
B2	此客户没有拖欠过付款	Y	N	Y	N
A1	发货后允许客户转账	X			
A2	货到后客户必须立即付款		X		
A3	重新组织货源			X	X
A4	电话通知			X	
A5	书面通知				X

表 4.15 所示的决策表中没有相似规则，因此不需要化简。最后根据规则列出测试用例。有些时候产生的决策表有很多相似项，这些相似项是需要合并的，例如下面的例 2。

【例 2】

机器报废系统规格要求：

“……对 CPU 为奔腾及以下系列的机器且内存小于 1 G 的机器或已运行 15 年以上的机器，应给予报废处理，不满足条件的机器继续使用……”。这里假定“奔腾及以下系列”在别处已另做定义。根据要求生成决策表并设计测试用例。

【例题详解】

按照步骤完成决策表。

（1）确定规则个数。

① CPU 为奔腾及以下系列？

② 内存小于 1G？

③ 运行超过 15 年？

最大规则个数计算公式为规则个数 $=2^{条件数}$，因此 3 个条件产生 8 条组合。

（2）列出所有的条件桩和动作桩，见表 4.16。

表 4.16　机器报废系统条件桩和动作桩

条件	CPU 为奔腾及以下系列？
	内存小于 1G？
	运行超过 15 年？
动作	进行报废处理
	继续使用

（3）填入条件项，生成表 4.17。

表 4.17　生成条件项

		1	2	3	4	5	6	7	8
输入条件	CPU 为奔腾及以下系列？	0	0	0	0	1	1	1	1
	内存小于 1G？	0	0	1	1	0	0	1	1
	运行超过 15 年？	0	1	0	1	0	1	0	1
结果	进行报废处理								
	继续使用								

（4）填入动作桩和动作项，生成表 4.18 的初始决策表。

表 4.18　机器报废系统初始决策表

		1	2	3	4	5	6	7	8
输入条件	CPU 为奔腾及以下系列？	0	0	0	0	1	1	1	1
	内存小于 1G？	0	0	1	1	0	0	1	1
	运行超过 15 年？	0	1	0	1	0	1	0	1
结果	进行报废处理		X		X		X	X	X
	继续使用	X		X		X			

（5）化简决策表。

第 1 列与第 3 列，第 2 列与第 6 列，第 4 列与第 8 列是相似规则，可以合并，形成表 4.19。

表 4.19　机器报废系统第一次合并

		1	2	4	5	7
输入条件	CPU 为奔腾及以下系列？	0	—	—	1	1
	内存小于 1G？	—	0	1	0	1
	运行超过 15 年？	0	1	1	0	0
结果	进行报废处理		X	X		X
	继续使用	X			X	

上表中第 2 列与第 4 列仍然为相似规则，可以继续合并，见表 4.20。

表 4.20　机器报废系统第二次合并

		1	2	5	7
输入条件	CPU 为奔腾及以下系列？	0	—	1	1
	内存小于 1G？	—	—	0	1
	运行超过 15 年？	0	1	0	0
结果	进行报废处理		X		X
	继续使用	X		X	

至此，决策表简化完毕，产生 4 条规则。按满足这 4 条测试规则分别设计测试用例，见表 4.21。

表 4.21　机器报废系统测试用例表

测试用例 ID	CPU 型号	内存	使用年限	结论
1	酷睿 i5	1 G	10	继续使用
2	酷睿 i3	2 G	16	报废
3	奔腾III	1 G	9	继续使用
4	奔腾III	512 M	14	报废

决策表最突出的优点是，能够将复杂的问题按照各种可能的情况全部列举出来，简明且避免遗漏。利用决策表能够设计出完整的测试用例集合。运用决策表设计测试用例可以将条件理解为输入，将动作理解为输出。

以上两个例子的条件都是单一条件，并且每个条件的取值只有真和假两种可能，实际问题中条件可能需要进一步细分，才能得到真和假两种取值。

【例 3】

某厂对一部分职工重新分配工作，分配原则是：

① 年龄不满 20 岁，文化程度是小学者脱产学习，文化程度是中学者当电工；

② 年龄满 20 岁但不足 50 岁，文化程度是小学或中学者，男性当钳工，女性当车工；文化程度是大学者当技术员；

③ 年龄满 50 岁及 50 岁以上，文化程度是小学或中学者当材料员，文化程度是大学者当技术员。

试分析规格说明书，建立决策表并简化，然后设计测试用例。

【例题详解】

该问题中的条件其实只有 3 个：年龄、文化程度和性别，但年龄分成了 3 个档次，文化程度也分成了 3 个档次，性别有两种，因此需要对各个条件继续细化。我们以字母和数字的代号代表不同的条件，即

年龄：N1：年龄<20

　　　N2：年龄在[20，50]之间

　　　N3：年龄>50

学历：M1：小学

　　　M2：中学

　　　M3：大学

性别：S1：男性

　　　S2：女性

3 个条件细化后的每个条件跟其他条件进行组合，例如 N1 和 M1，M2，M3 组合后再跟 S1 和 S2 分别组合，以此类推共可以产生 18 个组合项。

因此可以产生如表 4.22 所示的决策表。

表 4.22　职工工种分配决策表

	1	2	3	4	5	6	7	8	9	10	11	12	13	14	15	16	17	18
年龄	N1	N1	N1	N1	N1	N1	N2	N2	N2	N2	N2	N2	N3	N3	N3	N3	N3	N3
学历	M1	M2	M3	M1	M2	M3	M1	M2	M3	M1	M2	M3	M1	M2	M3	M1	M2	M3
性别	S1	S1	S1	S2	S2	S2	S1	S1	S1	S2	S2	S2	S1	S1	S1	S2	S2	S2
脱产学习	*			*														
电工		*			*													
钳工							*	*										
车工										*	*							
技术员									*			*			*			*
材料员													*	*		*	*	
未说明			*			*												

表中第 1、4 列，2、5 列，3、6 列，9、12 列，13、16 列，14、17 列，15、18 列为相似规则，将相似规则用相同颜色表示，得到职工工种分配相似规则决策表，见表 4.23。

表 4.23　职工工种分配相似规则决策表

	1	2	3	4	5	6	7	8	9	10	11	12	13	14	15	16	17	18
年龄	N1	N1	N1	N1	N1	N1	N2	N2	N2	N2	N2	N2	N3	N3	N3	N3	N3	N3
学历	M1	M2	M3	M1	M2	M3	M1	M2	M3	M1	M2	M3	M1	M2	M3	M1	M2	M3
性别	S1	S1	S1	S2	S2	S2	S1	S1	S1	S2	S2	S2	S1	S1	S1	S2	S2	S2
脱产学习	*			*														
电工		*			*													
钳工							*	*										
车工										*	*							
技术员									*			*			*			*
材料员													*	*		*	*	
未说明			*			*												

注意找相似规则时应按照从左向右的顺序，找离当前列最近的一条规则。相似规则合并后的决策表，见表 4.24。

表 4.24　职工工种分配相似规则合并后决策表

	1	2	3	7	8	9	10	11	13	14	15
年龄	N1	N1	N1	N2	N2	N2	N2	N2	N3	N3	N3
学历	M1	M2	M3	M1	M2	M3	M1	M2	M1	M2	M3
性别	—	—	—	S1	S1	—	S2	S2	—	—	—
脱产学习	*										
电工		*									
钳工				*	*						
车工							*	*			
技术员						*					*
材料员									*	*	
未说明			*								

分析表 4.24，没有再发现相似规则，表中的每一列都是一条最终的规则，根据规则设计测试用例，见表 4.25。

表 4.25　职工工种分配问题测试用例

测试用例 ID	输入数据			预期输出
	年龄	学历	性别	
1	18	小学	—	脱产学习
2	18	中学	—	电工
3	18	大学	—	未说明
4	25	小学	男	钳工
5	25	中学	男	钳工
6	25	大学	—	技术员
7	25	小学	女	车工
8	25	中学	女	车工
9	53	小学	—	材料员
10	53	中学	—	材料员
11	53	大学	—	技术员

4.3.4　决策树

决策树是用来表示逻辑判断问题的一种图形工具。它用“树”来表达不同条件下的不同处理，一般由决策表转化过来。决策树由根节点、子节点和叶子节点构成，一般由根节点出发，子节点代表了不同的条件，叶节点则代表在一系列条件组合下的动作，因此一个分支代表一条规则。如果一个动作的执行是由多个条件决定的，那么用决策树表示可以比决策表更加直观。决策树的一般形式如图 4.14 所示。

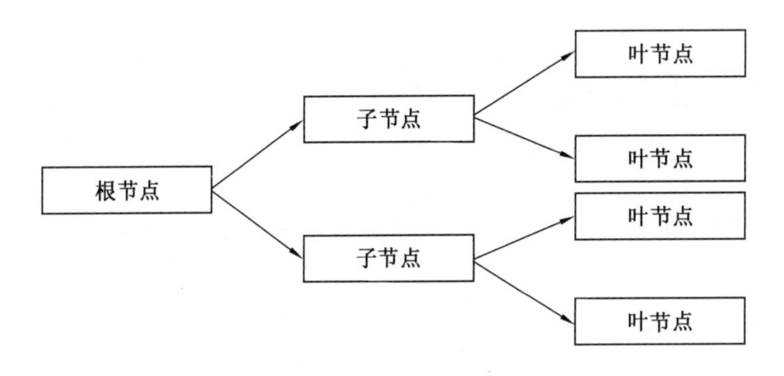

图 4.14　决策树构成

决策树是决策表的衍生物，一般根据决策表画出。可以选择有代表的条件作为根节点，每个节点向上的分支代表成立，向下的分支代表不成立，分别罗列条件来构造决策树。

【例 4】

学校奖学金的决策表见表 4.26，决策表提供了奖学金评选的条件及奖励政策，请根据决策表画出决策树。

表 4.26　奖学金分配决策表

		1	2	3	4
条件	平均分≥85	Y	Y	N	N
	平均分≥75	Y	Y	Y	Y
	英语四级已通过	Y	N	Y	N
奖励政策	一等奖学金	*			
	二等奖学金		*	*	
	三等奖学金				*

【例题详解】

由决策表生成决策树的过程中，根节点以及各种条件的选择顺序不同，生成的叶子节点数也不同。上表中 3 个条件中平均分大于等于 75 是必需项，也就是说平均分大于等于 75 是得到奖学金的基本条件，以此可以把该条件设为根节点，生成的决策树如图 4.15 所示。

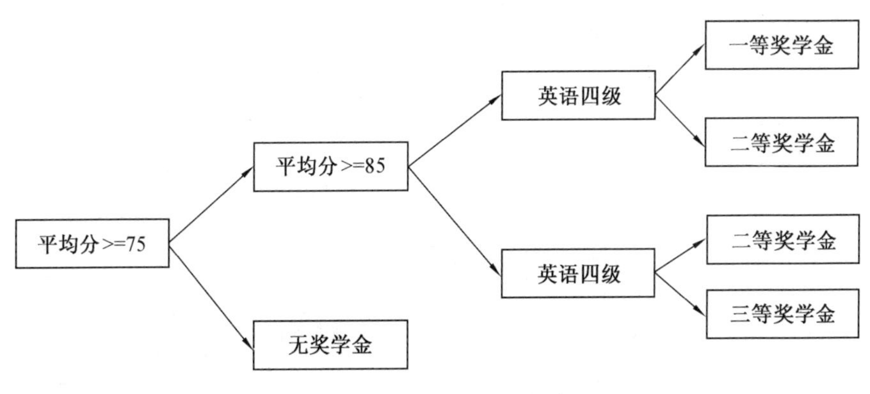

图 4.15　奖学金分配决策树

【例 5】

邮寄包裹收费标准如下：若收件地点在 1 000 km 以内，普通件 2 元/kg，挂号件 3 元/kg；若收件地点在 1 000 km 以外，普通件 2.5 元/kg，挂号件 3.5 元/kg；若质量大于 30 kg，超重部分加收 0.5 元/kg。

请绘制收费的原始决策表，并对其进行优化，得到优化后的决策表，再绘制出决策树（重量用 W 表示）。

【例题详解】

邮寄包裹收费标准跟 3 个条件有关系，即与距离、邮件类型（0：普通件，1：挂号件）及重量有关系，不同的条件组合产生的收费标准不同，由此产生的决策表见表 4.27。

表 4.27　邮包收费决策表

	1	2	3	4	5	6	7	8
质量 W>30 kg	0	0	0	0	1	1	1	1
邮件类型（0：普通件，1：挂号件）	0	0	1	1	0	0	1	1
距离>1 000 km	0	1	0	1	0	1	0	1
W*2	*							
W*2.5		*						
W*3			*					
W*3.5				*				
60+(W−30)*2.5					*			
75+(W−30)*3						*		
90+(W−30)*3.5							*	
105+(W−30)*4								*

以质量为根节点，距离为子节点，邮件类型为次子节点，每个节点的上分支代表真“1”，下分支代表假“0”，构造决策树如图 4.16 所示。

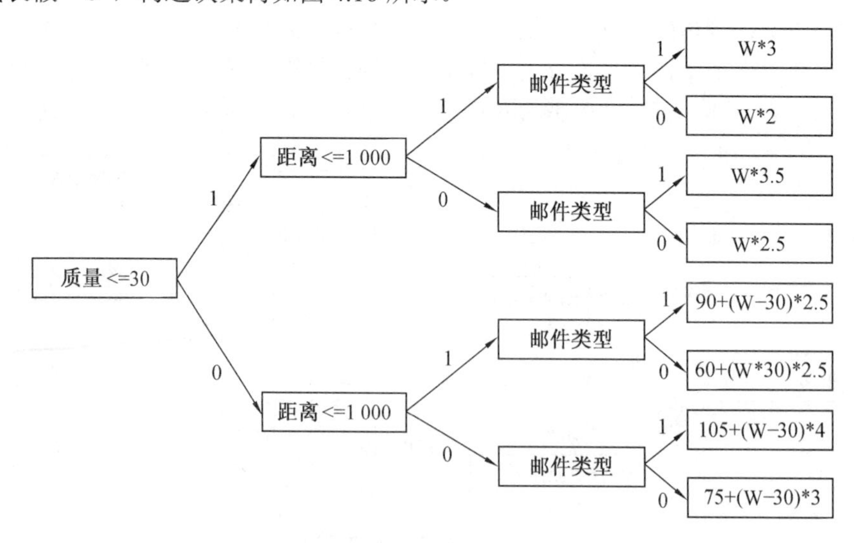

图 4.16　邮包收费决策树

4.4　因果图

4.4.1　因果图定义

等价类划分法和边界值分析方法都是着重考虑输入条件，但没有考虑输入条件的各种组合以及输入条件之间的相互制约关系。这样虽然各种输入条件可能出错的情况已经测试到了，但多个输入条件组合起来可能出错的情况却被忽视了。因果图法可解决这一问题。

因果图法设计测试用例思想：首先从程序规格说明书的描述中，找出因（输入条件）和果（输出结果或者程序状态的改变），然后通过因果图转换为判定表，最后为判定表中的每一列设计一个测试用例。

因果图是一种将文字描述转换为图形的工具，因果图中出现的基本符号，如图 4.17 所示。

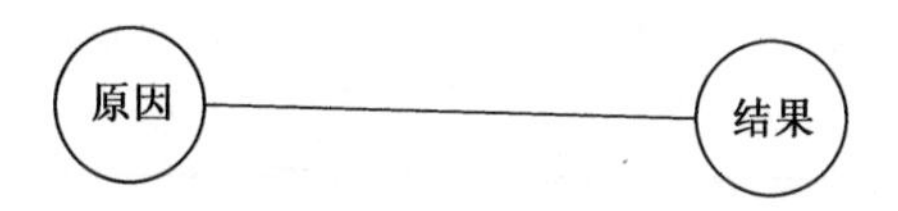

图 4.17　因果图

通常在因果图中用 C*i* 表示原因，用 E*i* 表示结果，各节点表示状态，可取值“0”或“1”。“0”表示某状态不出现，“1”表示某状态出现。

主要的原因与结果之间的关系，如图 4.18～4.21 所示。

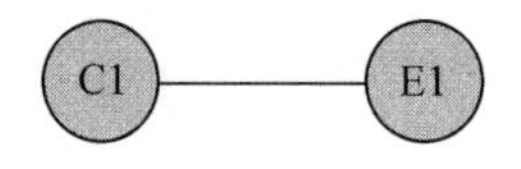

图 4.18　恒等关系

恒等：若 C1 是 1，则 E1 也为 1，否则 E1 为 0。

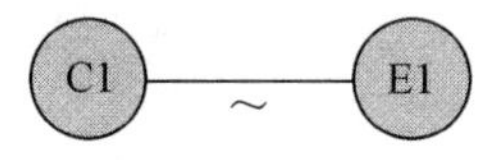

图 4.19　非关系

非：若 C1 是 1，则 E1 为 0，否则 E1 为 1，用符号“～”表示。

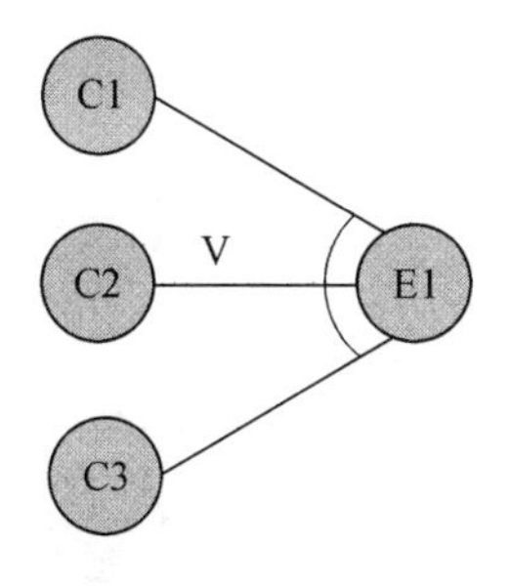

图 4.20　或关系

或：若 C1 或 C2 或 C3 是 1，则 E1 是 1，否则 E1 为 0。“或”可有任意个输入，用符号“V”表示。

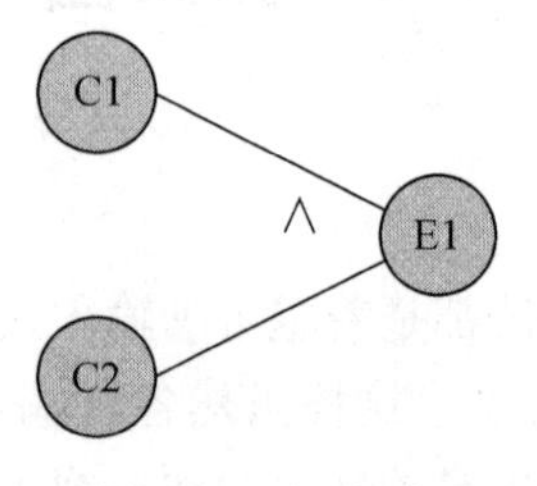

图 4.21　与关系

与：若 C1 和 C2 都是 1，则 E1 为 1，否则 E1 为 0。“与”也可有任意个输入，用符号“∧”表示。

在实际问题中输入状态相互之间还可能存在某些依赖关系，称为“约束”，如图 4.22～4.26 所示。

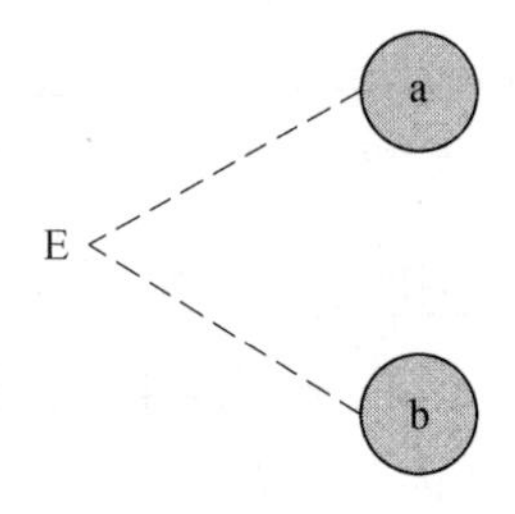

图 4.22　E 约束

E 约束（异）：a 和 b 中最多有一个可能为 1，即 a 和 b 不能同时为 1，但可以同时为 0。

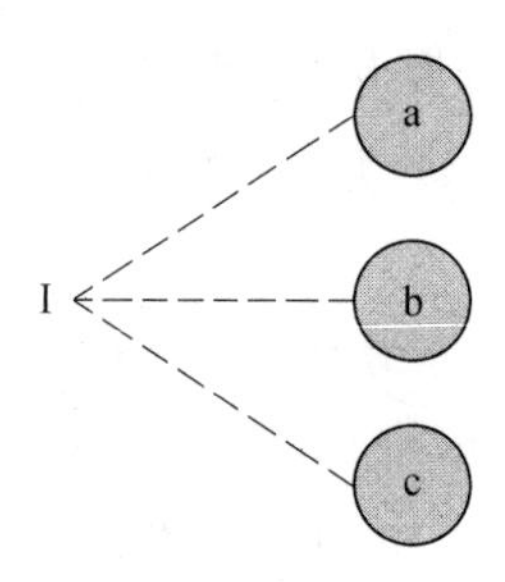

图 4.23　I 约束

I 约束（或）：a、b、c 中至少有一个必须是 1，即 a、b、c 不能同时为 0。

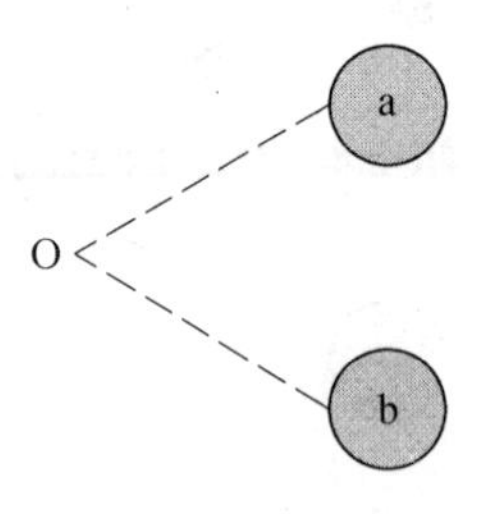

图 4.24　O 约束

O 约束（唯一）：a 和 b 必须有一个且仅有一个为 1；不可同时为 0，也不可同时为 1。

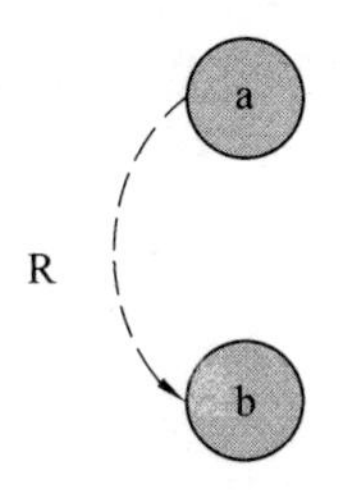

图 4.25　R 约束

R 约束（要求）：a 是 1 时，b 必须是 1。

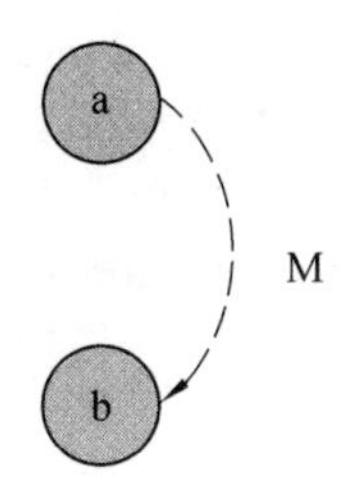

图 4.26　M 约束

M 约束（强制）：若结果 a 是 1，则结果 b 强制为 0。

4.4.2　因果图法设计测试用例

1. 因果图法设计测试用例步骤

（1）分析程序规格说明书描述的语义内容，找出“原因”和“结果”，将其表示成连接各个原因与各个结果的“因果图”。

（2）由于语法或环境限制，有些原因与原因之间或与结果之间的组合情况不可能出现，可用记号标明约束或限制条件。

（3）将因果图转换成决策表。

（4）根据决策表中每一列设计测试用例。

2. 使用因果图法的优点

（1）考虑到了输入情况的各种组合以及各个输入情况之间的相互制约关系。

（2）因果图的约束关系可以有效简化决策表，帮助测试人员高效率地开发测试用例。

（3）因果图法是将自然语言规格说明转化成形式语言规格说明的一种严格的方法，可以指出规格说明存在的不完整性和二义性。

【例 1】

地址查找系统规格说明书：在 OVI 地图查找项中，输入完全地址和模糊地址能查找出地址；输入错误或不输入地址则提示错误信息或不显示。

请使用因果图法设计测试用例。

【例题详解】

（1）找出规格说明书中汇总的原因和结果。

原因：

1——输入精确地址。

2——输入模糊地址。

3——输入非正常地址。

4——不输入地址。

结果：

21——出现地址。

22——不出现地址。

23——给出错误信息。

（2）不考虑约束关系的因果图如图 4.27 所示。

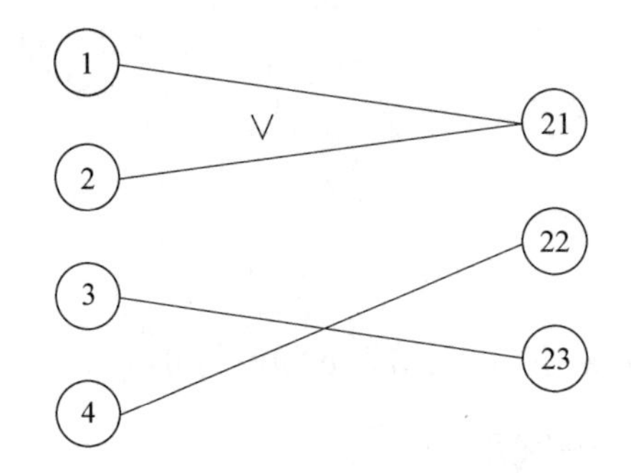

图 4.27　地址查找系统因果图

（3）考虑到原因之间必须有一个且仅有一个为 1，因此在因果图上施加 O 约束，如图 4.28 所示。

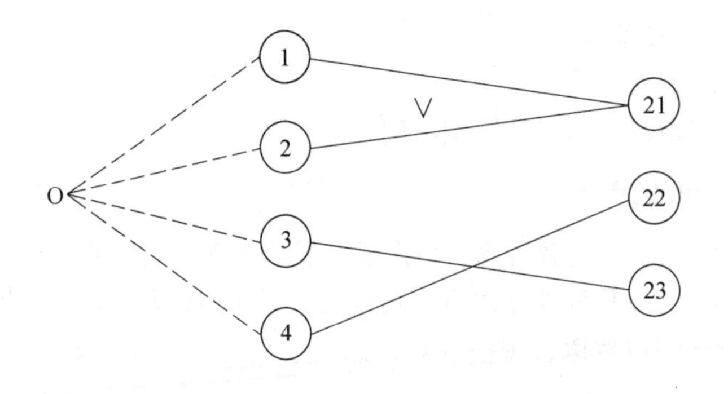

图 4.28　地址查找系统加约束后的因果图

（4）根据因果图，有 4 个条件，因此可以产生 2^4 个组合，建立如表 4.28 所示的判定表。

表 4.28　地址查找系统判定表

		1	2	3	4	5	6	7	8	9	10	11	12	13	14	15	16
条件	1	0	0	0	0	0	0	0	0	1	1	1	1	1	1	1	1
	2	0	0	0	0	1	1	1	1	0	0	0	0	1	1	1	1
	3	0	0	1	1	0	0	1	1	0	0	1	1	0	0	1	1
	4	0	1	0	1	0	1	0	1	0	1	0	1	0	1	0	1
动作	21		0	0		1				1							
	22		1	0		0				0							
	23		0	1		0				0							

（5）该因果图的 4 个条件因为是 O 约束，4 个条件有且只能有一个为真，因此，表 4.21 中阴影所在列是不可能出现的情况。最后剩下的 2, 3, 5, 9 列就是最终的规则，根据有效规则可以设计测试用例，见表 4.29。

表 4.29　地址查询系统测试用例

测试用例 ID	输入地址	预期输出
1	空白	不显示地址
2	外太空	显示错误信息
3	灵隐寺	显示地址
4	曲阜市曲阜师范大学	显示地址

【例 2】

文件修改软件规格说明书包含这样的要求：第一列字符必须是 M 或 N，第二列字符必须是一个数字，在此情况下进行文件的修改，但如果第一列字符不正确，则给出信息 P；如果第二列字符不是数字，则给出信息 Q。

请使用因果图法设计测试用例。

【例题详解】

（1）找出原因和结果。

原因：

C1——第一列字符是 M

C2——第一列字符是 N

C3——第二列字符是一数字

结果：

E2——修改文件

E1——给出信息 P

E3——给出信息 Q

（2）考虑 C1 和 C2 两个原因不可能同时为真，但可以同时为假，因此具有 E 约束关系，可以画出因果图，如图 4.29 所示。

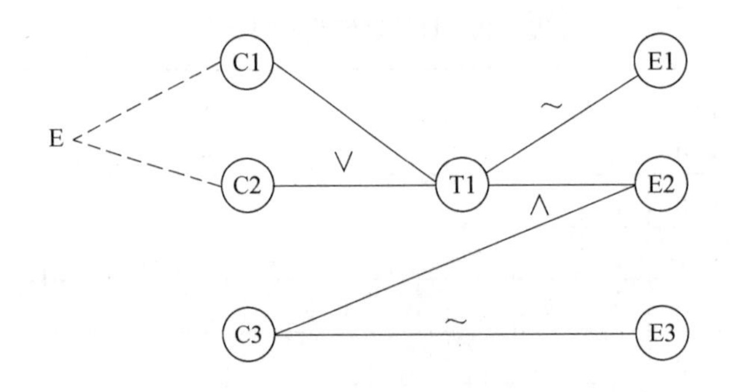

图 4.29　文件修改系统因果图

（3）该问题中有 3 个原因，即 3 个条件，因此可以有 2^3 种组合情况，可以得表 4.30 所示的决策表。

表 4.30　文件修改系统决策表

		1	2	3	4	5	6	7	8
条件（原因）	C1	1	1	1	1	0	0	0	0
	C2	1	1	0	0	1	1	0	0
	C3	1	0	1	0	1	0	1	0
	T1			1	1	1	1	0	0
动作（结果）	E2			1	0	1	0	0	0
	E1			0	0	0	0	1	0
	E3			0	1	0	1	0	1

（4）设计测试用例。

因果图中第 1, 2 列，原因 C1 和 C2 同时为 1 不可能，故排除掉，根据表中剩下的 6 条规则可设计出 6 个测试用例，见表 4.31。

表 4.31　文件修改系统测试用例

测试用例 ID	输入数据	输出结果
1	M3	修改文件
2	M*	给出信息 Q
3	N5	修改文件
4	N?	给出信息 Q
5	A4	给出信息 P
6	B&	给出信息 P 并给出信息 Q

4.5　场景法

4.5.1　场景法定义

场景法一般包含基本流和备用流，从一个流程开始，通过描述经过的路径来确定过程，经过遍历所有的基本流和备用流来完成整个场景，如图 4.30 所示。

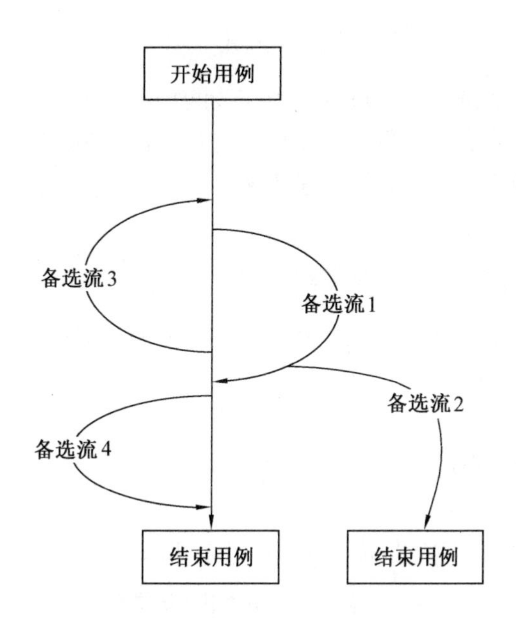

图 4.30　场景法基本流程

（1）基本流：采用直黑线表示，是经过用例的最简单的路径（无任何差错，程序从开始直接执行到结束）。

（2）备选流：采用不同颜色表示，一个备选流可能从基本流开始，在某个特定条件下执行，然后重新加入基本流中；也可以起源于另一个备选流，直接终止用例，不再加入到基本流中（各种错误情况）。

每个经过用例的可能路径，可以确定不同的用例场景。从基本流开始，再将基本流和备选流结合起来，可以确定以下用例场景。

场景 1：基本流

场景 2：基本流→备选流 1

场景 3：基本流→备选流 1→备选流 2

场景 4：基本流→备选流 3

场景 5：基本流→备选流 3→备选流 1

场景 6：基本流→备选流 3→备选流 1→备选流 2

场景 7：基本流→备选流 4

场景 8：基本流→备选流 3→备选流 4

4.5.2 场景法设计测试用例

场景法设计测试用例的基本设计步骤如下所示。

（1）根据说明，描述出程序的基本流及各项备选流。

（2）根据基本流和各项备选流生成不同的场景。

（3）对每一个场景生成相应的测试用例。

（4）对生成的所有测试用例重新复审，去掉多余的测试用例。测试用例确定后，对每一个测试用例确定测试数据值。

【例 1】

有一个在线购物的实例：用户进入一个在线购物网站进行购物，选购物品后，进行在线购买，这时需要使用帐号登录；登录成功后，进行付钱交易；交易成功后，生成订购单；完成整个购物过程。请使用场景法设计测试用例。

【例题详解】

（1）确定基本流和备选流。

基本流：登录在线购物网站，选择物品，登录账号，付钱交易，生成订购单。

备选流 1：账号不存在。

备选流 2：密码错误。

备选流 3：货物库存不足。

备选流 4：账号余额不足。

（2）根据基本流和备选流来确定场景，见表 4.32。

表 4.32 购物系统场景表

场景 1：成功购物	基本流
场景 2：账号不存在	备选流 1
场景 3：密码错误	备选流 2
场景 4：货物库存不足	备选流 3
场景 5：用户账号余额不足	备选流 4

（3）根据每一个场景，设计需要的测试用例。可以采用矩阵或决策表来确定和管理测试用例。下面介绍一种通用格式，其中各行代表各个测试用例，而各列则代表测试用例的信息。本例中，对于每个测试用例，存在一个测试用例 ID、条件（或说明）、测试用例中涉及的所有数据元素（作为输入或已经存在于数据库中）以及预期结果。

从确定执行用例场景所需的数据元素入手构建矩阵。然后，对于每个场景，至少要确定包含执行场景所需的适当条件的测试用例。例如，在下面的矩阵中，V（有效）用于表明这个条件必须是 VALID（有效的）才可执行基本流，而 I（无效）用于表明这种条件下将激活所需备选流。下表中使用的“n/a”（不适用）表明这个条件不适用于测试用例。购物系统场景矩阵见表 4.33。

表 4.33　购物系统场景矩阵

测试用例 ID	场景	账号	密码	购买物品数量	物品库存数量	用户账号余额	预期结果
1	场景 1：成功购物	V	V	V	V	V	成功购物
2	场景 2：账号不存在	I	n/a	n/a	n/a	n/a	提示账号不存在
3	场景 3：密码错误	V	I	n/a	n/a	n/a	提示密码输入有误
4	场景 4：购买物品库存不足	V	V	V	n/a	n/a	提示库存不足
5	场景 5：用户号余额不足	V	V	V	V	I	提示账号余额不足

（4）设计具体的测试用例数据，考虑到以上场景内容，可能的输入及需要验证的数据有账号、密码、购书数量、库存数量、用户账号余额等。假设所购物品单价为 30 元，把数据填入表 4.34 中就生成了最终的测试用例表。

表 4.34　购物系统具体测试用例

测试用例 ID	场景	账号	密码	购买数量	库存数量	用户账号余额	预期结果
1	场景 1：成功购物	Qfnu_edu	Test12	10 件	50 件	2 000 元	成功购物，账号余额扣除 300
2	场景 2：账号不存在	Ifnu_edu	n/a	n/a	n/a	n/a	提示账号不存在
3	场景 3：密码错误	Qfnu_edu	Tast12	n/a	n/a	n/a	提示密码输入有误
4	场景 4：购买物品库存不足	Qfnu_edu	Test12	60 件	50 件	n/a	提示库存不足
5	场景 5：用户账号余额不足	Qfnu_edu	Test12	10 件	50 件	200 元	提示账号余额不足

场景法适用于业务比较复杂的软件系统测试，要求测试人员在使用场景法设计测试用例时把自己当成最终用户，尽可能真实地模拟用户在使用此软件时的操作情形，因此场景法又被称为业务流程测试法。在测试的过程中，测试人员需要模拟两个方面的业务：正确的操作流程及可能出现的错误操作。场景法要求熟悉被测功能的需求和业务逻辑，对技术的要求反而不高，经常与其他测试技术结合起来进行测试用例的设计。

4.6　正交试验法

4.6.1　正交试验法简介

正交试验法是研究多因素、多水平的一种试验法，它是利用正交表来对试验进行设计，通过少数的试验替代全面试验，根据正交表的正交性从全面试验中挑选适量的、有代表性的点进行试验。利用正交试验法进行测试用例的设计，可以很有效地减少测试用例的个数。

1. 正交表的构成

（1）行数（Runs）：正交表中的行的个数，即通过正交试验法设计的测试用例的个数。

（2）因素数（Factors）：正交表中列的个数，即我们要测试的功能点。

（3）水平数（Levels）：任何单个因素能够取得的值的最大个数。正交表中包含的值为从 0 到“水平数-1”或从 1 到“水平数”，即要测试功能点的输入数据的个数，如图 4.31 所示。

因数　　水平值

	列号						
		1	2	3	4	5	6	7
行号	1	1	1	1	1	1	1	1
	2	1	1	1	0	0	0	0
	3	1	0	0	1	1	0	0
	4	1	0	0	0	0	1	1
	5	0	1	0	1	0	1	0
	6	0	1	0	0	1	0	1
	7	0	0	1	1	0	0	1
	8	0	0	1	0	1	1	0

图 4.31　4 因素 2 水平正交表

（4）正交表的形式：$L_{\text{行数}}(\text{水平数}^{\text{因素数}})$，一般用 $L_n(m^k)$表示，L 代表是正交表，n 代表试验次数或正交表的行数，k 代表最多可影响指标因素的个数或正交表的列数，m 表示每个因素水平数，且有 $n=k*(m-1)+1$。

例如，问题描述中有 7 个功能点，每个功能点有 2 个取值，利用正交试验法进行测试用例的编写，如何选取正交表？$k=7$，$m=2$，$n=7*(2-1)+1=8$，正交表可表示为 $L_8(2^7)$，因此可以选择 7 因素 2 水平的正交表。

2. 正交表的特点

正交表具有以下两个特点。

（1）每列中不同数字出现的次数相等。

（2）在任意 2 列其横向组成的数字对中，每种数字对出现的次数相等。

特点（1）表明每个因素的每个水平与其他因素的每个水平参与试验的概率是完全相同的，从而保证了在各个水平中最大限度地排除了其他因素水平的干扰，能有效地比较试验结果并找出最优的试验条件。特点（2）保证了试验点均匀地分散在因素与水平的完全组合之中，因此具有很强的代表性。

4.6.2 用正交试验法设计测试用例

1. 用正交表设计测试用例的步骤

用正交表设计测试用例的步骤如下。

（1）确定因素数和水平数。

因素数：确定测试中有多少个相互独立的考察变量。

水平数：确定任何一个因素在试验中能够取得的最多个值。

（2）根据因素数和水平数确定 n 值(行数)。

① 对于单一水平正交表 $L_n(m^k)$，用 $n=k*(m-1)+1$ 公式计算。

② 对于混合水平正交表 $L_n(m_1^{k_1}m_2^{k_2}\cdots m_x^{k_x})$，用 $n=k_1*(m_1-1)+k_2*(m_2-1)+\cdots+k_x*(m_x-1)+1$ 公式计算。

（3）选择合适的正交表。

① 单一水平正交表。

如果存在试验次数等于 n，并且水平数等于 m、因素数等于 k 的正交表，可以把这个正交表直接拿过来套用。

如果不存在试验次数等于 n 的正交表，就得找出满足试验次数大于 n 并且水平数大于等于 m、因素数大于等于 k 的正交表。

② 混合水平正交表。

如果存在试验次数等于 n，并且水平数大于等于 $\max(m_1, m_2, m_3,\cdots)$、因素数大于等于 $(k_1+k_2+k_3+\cdots)$的正交表，可以把这个正交表直接拿过来套用。

如果不存在试验次数等于 n 的正交表，就得找出满足试验次数大于 n 并且水平数大于等于 $\max(m_1, m_2, m_3,\cdots)$、因素数大于等于$(k_1+k_2+k_3+\cdots)$，行数最少的正交表来套用。

（4）根据正交表把变量的值映射到表中。

（5）把每一行的各因素水平的组合作为一个测试用例。

2. 设计测试用例时的 3 种情况

用正交表设计测试用例时具有以下 3 种情况。

（1）因素数（变量）、水平数（变量值）相符。

（2）因素数不相同。

（3）水平数不相同。

下面结合具体的案例，分别说明一下这 3 种情况下如何用正交试验法设计测试用例。

（1）因素数、水平数相符。

水平数（变量的取值）相同，因素数（变量）刚好符合正交表。

【例 1】

现在如下测试需求。

某所大学通信系共 2 个班级，刚考完某一门课程，想通过“性别”“班级”和“成绩”这 3 个查询条件对通信系这门课程的成绩分布、男女比例或班级比例进行人员查询，即

① 根据“性别”=“男，女”进行查询。

② 根据“班级”=“1 班，2 班”进行查询。

③ 根据“成绩”=“及格，不及格”进行查询。

请用正交试验法设计测试用例。

【例题详解】

① 确定因数数和水平数。

因素数 k=3。

水平数 m=2。

② 确定行数：$n=k*(m-1)+1=3*1+1=4$。

③ 选取正交表。

对于 3 因素 2 水平，刚好有 $L_4(2^3)$的正交表可以套用，见表 4.35。

表 4.35　3 因素 2 水平正交表

因素 / 试验号	A	B	C
1	1	1	1
2	1	2	2
3	2	1	2
4	2	2	1

设“性别”=“男，女”，“班级”=“1 班，2 班”，“成绩”=“及格，不及格”，分别填入表 4.36 中，得到测试用例表。

表 4.36　正交表导出成绩分布测试用例表

序号	性别	班级	成绩
1	女	1 班	及格
2	女	2 班	不及格
3	男	1 班	不及格
4	男	2 班	及格

思考：如果使用传统的全部测试方法来设计测试用例，需要有多少个测试用例？

分析上述测试需求，有 3 个被测元素，可称为因素，每个因素有两个取值，称之为水平值，所以全部测试用例个数是 2*2*2=8。

（2）因素数不相同。

水平数（变量的取值）相同，但在正交表中找不到相同的因素数（变量）（取因素数最接近但略大的实际值的表）。

【例 2】

114 系统查询企业单位，查询界面如图 4.32 所示。

单位基本信息查询	查询参数：音形码[;类别码附属名] 拼音码[;类别码附属名] 路名码 行业类别 特征码		
音形码[;类别码附属名][F7]		拼音码[;类别码附属名][F11]	
路名码[F9]		行业类别[F12]	
特征码[F8]			

图 4.32　企业查询界面

请用正交试验法设计测试用例。

【例题详解】

① 分析该问题因素数和水平数。

有 5 个因素：音形码、拼音码、路名码、行业类别和特征码。

每个因素有 2 个水平：

音形码：填、不填

拼音码：填、不填

路名码：填、不填

行业类别：填、不填

特征码：填、不填

② 选择正交表。

★ 表中的因素数＞＝5。

★ 表中至少有五个因素的水平数＞＝2。

★ 行数取最少的一个。

★ 结果：$L_8(2^7)$。

可以套用 7 因素 2 水平的正交表，见表 4.37。

表 4.37　4 因素 2 水平正交表

试验号 \ 因素	1	2	3	4	5	6	7
1	1	1	1	1	1	1	1
2	1	1	1	2	2	2	2
3	1	2	2	1	1	2	2
4	1	2	2	2	2	1	1
5	2	1	2	1	2	1	2
6	2	1	2	2	1	2	1
7	2	2	1	1	2	2	1
8	2	2	1	2	1	1	2

③ 变量映射。

★ 音形码：2→不填写，1→填写。

★ 拼音码：2→不填写，1→填写。

★ 路名码：2→不填写，1→填写。

★ 行业类别：2→不填写，1→填写。

★ 特征码：2→不填写，1→填写。

填充后的正交表见表4.38，第6列和第7列因为不需要，可以删掉。

表4.38　填充后的企业查询正交表

		列号						
		音形码	拼音码	路名码	行业类别	特征码	6	7
行号	1	填写	填写	填写	填写	填写	1	1
	2	填写	填写	填写	不填	不填	0	0
	3	填写	不填	不填	填写	填写	0	0
	4	填写	不填	不填	不填	不填	1	1
	5	不填	填写	不填	填写	不填	1	0
	6	不填	填写	不填	不填	填写	0	1
	7	不填	不填	填写	填写	不填	0	1
	8	不填	不填	填写	不填	填写	1	0

④ 用 $L_8(2^7)$ 设计的测试用例如下。

音形码填写、拼音码填写、路名码填写、行业类别填写、特征码填写

音形码填写、拼音码填写、路名码填写、行业类别不填、特征码不填

音形码填写、拼音码不填、路名码不填、行业类别填写、特征码填写

音形码填写、拼音码不填、路名码不填、行业类别不填、特征码不填

音形码不填、拼音码填写、路名码不填、行业类别填写、特征码不填

音形码不填、拼音码填写、路名码不填、行业类别不填、特征码填写

音形码不填、拼音码不填、路名码填写、行业类别填写、特征码不填

音形码不填、拼音码不填、路名码填写、行业类别不填、特征码填写

⑤ 增补测试用例如下。

音形码不填、拼音码填写、路名码不填、行业类别不填、特征码不填

音形码不填、拼音码不填、路名码填写、行业类别不填、特征码不填

音形码不填、拼音码不填、路名码不填、行业类别填写、特征码不填

音形码不填、拼音码不填、路名码不填、行业类别不填、特征码填写

音形码不填、拼音码不填、路名码不填、行业类别不填、特征码不填

测试用例减少数：32→13。

（3）水平数不相同。

因素（变量）的水平数（变量的取值）不相同，可以取最接近因素数和水平数的正交表。

【例3】

PowerPoint软件打印功能描述如下。

★ 打印范围：分为全部、当前幻灯片、给定范围共3种情况。

★ 打印内容：分为幻灯片、讲义、备注页、大纲视图共4种方式。

★ 打印颜色/灰度：分为颜色、灰度、黑白共3种设置。

★ 打印效果：分为幻灯片加框和幻灯片不加框2种方式。

请用正交试验法设计测试用例。

【例题详解】

分析题目，可知打印功能与范围、内容、颜色和效果有关系，因此可列出因素状态表，见表 4.39。

表 4.39　打印功能因素状态

状态/因素	A 打印范围	B 打印内容	C 打印颜色/灰度	D 打印效果
0	全部（A1）	幻灯片（B1）	颜色（C1）	幻灯片加框（D1）
1	当前幻灯片（A2）	讲义（B2）	灰度（C2）	幻灯片不加框（D2）
2	给定范围（A3）	备注页（B3）	黑白（C3）	
3		大纲视图（B4）		

① 选择正交表。

A. 表中的因素数和水平数分别为：$m_1=3$，$k_1=2$，$m_2=4$，$k_2=1$，$m_3=2$，$k_3=1$。

B. 选择合适的正交表，按照公式计算行数。

$n=k_1*(m_1-1)+k_2*(m_2-1)+k_3*(m_3-1)+1=2*(3-1)+1*(4-1)+1*(2-1)+1=4+3+1+1=9$。

因数数>= $k_1+k_2+k_3=2+1+1=4$。

水平数>=$\max(m_1, m_2, m_3)=4$。

C. 满足条件的正交表有：$L_{16}(4^5)$，$L_{25}(5^6)$。

D. 最后选中行数最少的正交表公式 $L_{16}(4^5)$，见表 4.40。

表 4.40　5 因素 4 水平正交表

试验号	1	2	3	4	5
1	1	1	1	1	1
2	1	2	2	2	2
3	1	3	3	3	3
4	1	4	4	4	4
5	2	1	2	3	4
6	2	2	1	4	3
7	2	3	4	1	2
8	2	4	3	2	1
9	3	1	3	4	2
10	3	2	4	3	1
11	3	3	1	2	4
12	3	4	2	1	3
13	4	1	4	2	3
14	4	2	3	1	4
15	4	3	2	4	1
16	4	4	1	3	2

② 关系映射：A1—1，A2—2，A3—3，B1—1，B2—2，B3—3，B4—4，C1—1，C2—2，C3—3，D1—1，D2—2，分别填入表 4.40 中，得到表 4.41，第 5 列不需要，因此删除。

表 4.41　第一次填充后的打印功能正交表

	1	2	3	4
1	A1	B1	C1	D1
2	A1	B2	C2	D2
3	A1	B3	C3	2
4	A1	B4	3	3
5	A2	B1	C2	2
6	A2	B2	C1	3
7	A2	B3	3	D1
8	A2	B4	C3	D2
9	A3	B1	C3	3
10	A3	B2	3	2
11	A3	B3	C1	D2
12	A3	B4	C2	D1
13	3	B1	3	D2
14	3	B2	C3	D1
15	3	B3	C2	3
16	3	B4	C1	2

③ 对于表格中剩余的内容，按照映射顺序分别填充，比如第 1 列从 13 到 16 行，分别填充为 A1，A2，A3，A1；第 3 列 4，7，10，13 行，分别填充为 C1，C2，C3，C1；第 4 列的 3，4，5，6，9，10，15，16 行，分别按照 D1，D2 的顺序循环填充。完全填充后的打印功能正交表，见表 4.42。

表 4.42　完全填充后的打印功能正交表

	1	2	3	4
1	A1	B1	C1	D1
2	A1	B2	C2	D2
3	A1	B3	C3	D1
4	A1	B4	C1	D2
5	A2	B1	C2	D1
6	A2	B2	C1	D2
7	A2	B3	C2	D1
8	A2	B4	C3	D2
9	A3	B1	C3	D2
10	A3	B2	C3	D1
11	A3	B3	C1	D2
12	A3	B4	C2	D1
13	A1	B1	C1	D2
14	A2	B2	C3	D1
15	A3	B3	C2	D2
16	A1	B4	C1	D1

④ 通过分析，由于 4 个因素里有 3 个的水平值小于 3，所以从第 13 行到 16 行的测试用例可以忽略。将每个字母代表的含义带入表 4.42 后得到最终的正交表，见表 4.43。

表 4.43　打印功能最终正交表

	1	2	3	4
1	全部	幻灯片	颜色	幻灯片加框
2	全部	讲义	灰度	幻灯片不加框
3	全部	备注页	黑白	幻灯片加框
4	全部	大纲视图	颜色	幻灯片不加框
5	当前幻灯片	幻灯片	灰度	幻灯片加框
6	当前幻灯片	讲义	颜色	幻灯片不加框
7	当前幻灯片	备注页	灰度	幻灯片加框
8	当前幻灯片	大纲视图	黑白	幻灯片不加框
9	给定范围	幻灯片	黑白	幻灯片不加框
10	给定范围	讲义	黑白	幻灯片加框
11	给定范围	备注页	颜色	幻灯片不加框
12	给定范围	大纲视图	灰度	幻灯片加框

3. 正交试验法的优缺点

正交试验法作为设计测试用例的方法之一，也有其优缺点。

（1）优点：根据正交性从全面试验中挑选出部分有代表性的点进行试验，这些有代表性的特点具备了“均匀分散，整齐可比”的特点。通过使用正交试验法减少了测试用例，合理地减少测试的工时与费用，提高测试用例的有效性。正交试验法是一种高效率、快速、经济的试验设计方法。

（2）缺点：对每个状态点同等对待，重点不突出，容易造成在用户不常用的功能或场景中，花费不少时间进行测试设计与执行，而在重要路径的使用上反而没有重点测试。

虽然正交试验法具有上述不足，但它能通过部分试验找到最优水平组合，因而很受实际工作者的青睐。

4.7　黑盒测试的使用策略

在测试用例的设计过程中，通常为了达到最优的覆盖，要采用多种不同的测试用例设计方法。如何更好地应用各种黑盒测试方法设计出更有效的测试用例，一般需要遵循下列测试策略。

（1）对于独立变量的测试，尽可能使用等价类划分法设计测试用例。

（2）在任何情况下都需要考虑边界值分析方法，经验表明用这种方法设计出的测试用例发现程序错误的能力最强，因此边界值分析法可以补充必要的测试用例。

（3）如果需求中涉及大量业务流程，应选择场景法设计测试用例，场景法通常与其他方法相结合进行测试用例的设计。

（4）如果程序的功能说明中含有输入条件的组合情况，则一开始就可选用决策表法或因果图法。

（5）正交试验法可以很好地优化和平衡测试用例。

（6）综合利用多种方法设计测试用例来增强测试用例发现缺陷的能力。

4.8　小结

黑盒测试是测试技术中的重要方法，一般用在系统与验收测试中对系统是否完成了需求中要求的功能进行测试。本章主要介绍了黑盒测试的定义、原理和方法，并重点介绍了等价类划分、边界值分析、决策表与决策树、因果图、场景法、正交试验法等方法设计测试用例的过程，并举例进行了应用介绍，最后又给出了黑盒测试方法在测试过程中的选择策略。

课后习题

1. 什么是黑盒测试？举出 3 种黑盒测试的方法。

2. 某登录界面对用户名功能的输入要求是：

（1）用户名为 6～8 位。

（2）用户名必须是字母和数的组合。

如输入正确，则输出正确的信息。否则，输出相应的错误信息。

请综合使用等价类划分法和边界值分析法设计出相应的测试用例。

3. 假设中国某航空公司规定：

（1）中国去欧美的航线所有座位都有食物供应。每个座位都可以播放电影。

（2）中国去非欧美的国外航线都有食物供应，只有商务仓可以播放电影。

（3）中国国内航班的商务舱有食物供应，但是不可以播放电影 。

（4）中国国内航班的经济舱如果飞行时间大于 2 h 就有食物供应，但是不可以播放电影。

请使用因果图法设计测试用例。

4. 分析 ATM 自动取款机的场景流程并设计测试用例和测试数据。

5. 手机照相机的拍摄模式为普通模式，针对对比度（正常，极低，低，高，极高）、色彩效果（无，黑白，棕褐色，负片，水绿色）、感光度（自动，100，200，400，800）、白平衡（自动，白炽光，日光，荧光，阴光）、照片大小（5 M，3 M，2 M，1 M，VGA）、闪光模式（关，开）各个值用正交试验法设计测试用例。

第 5 章　软件缺陷及缺陷管理

5.1　软件缺陷概述

5.1.1　缺陷的定义

一般来说，软件测试的流程如图 5.1 所示。

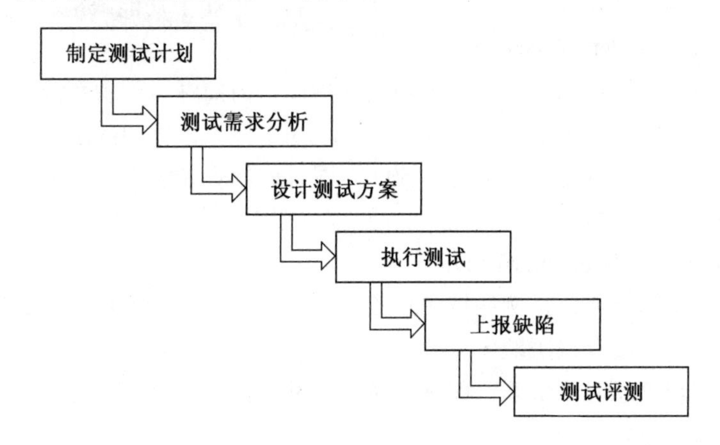

图 5.1　软件测试流程

执行测试的过程中，需要记录测试结果，如果发现缺陷，应该以报告的形式提交上报。

软件缺陷（Software Defect）简单说就是存在于软件（文档、数据、程序）之中的那些不希望或不可接受的偏差，而导致软件在某种程度上不能满足用户的需求，产生的质量问题。从产品内部看，缺陷是软件产品开发或维护过程中存在的问题、错误。从产品外部看，缺陷是系统所需要实现的某种功能的失效或违背。

从发现缺陷的时间点看，又可以分为检测缺陷和残留缺陷。检测缺陷是指软件在进入用户使用阶段之前被检测出的缺陷；残留缺陷是指软件发布后存在的缺陷，包括在用户安装前未被检测出的缺陷以及检测出但未被修复的缺陷。用户使用软件时，因残留缺陷引起的软件失效症状称为软件故障。

测试人员如何去界定软件缺陷？一般来说只要符合下面 5 个规则中的一个，就可以称为软件缺陷。

（1）软件未达到软件规格说明书中规定的功能。

（2）软件超出软件规格说明书中指明的范围。

（3）软件未达到软件规格说明书中指出的应达到的目标。

（4）软件运行出现错误。

（5）软件测试人员认为软件难于理解，不易使用，运行速度慢，或者最终用户认为软件使用效果不好。

5.1.2 软件缺陷分类及属性

1. 缺陷分类

软件缺陷种类的划分有很多种，从缺陷的自然属性划分有功能问题、性能问题、界面问题、算法问题、文档问题、接口问题等，下面将结合具体的例子说明这些缺陷类型。

（1）功能缺陷（F-Function）。

软件中的某项功能不起作用，如菜单、超链接、按钮等不起作用；功能缺失，如需求中规定的功能项，在软件中没有实现；软件实际的功能与需求规格中定义的功能不符合，例如一个管理系统软件，后台使用的 Oracle 数据库，测试过程也没有什么异常，但用户要求使用 SQL 数据库，功能虽然实现了，但与用户的需求不符，也属于功能缺陷。

（2）性能缺陷（P-Performance）。

软件效率方面的指标项未达到需求中规定的指标，例如对于购物系统需求分析中规定支付功能的忙时响应时间为 5 秒，而实际响应时间为 10 秒；再例如登录界面需求中规定可以满足 1 000 人并发，而实际测试中发现当 500 人同时进行登录操作时，大量用户出现长时间等待现象。这些都属于性能缺陷。

（3）界面缺陷（U-User Interface）。

软件在使用上操作不方便，例如按 F1 没有提供帮助；没有提供热键或快捷键；按 Tab 键后，菜单中的各元素没有按照顺序排列等。

软件在提示用户信息时不准确，如操作者填写网页信息，点击提交后反馈信息有误，但没有具体定位错误信息。

界面按钮排列不整齐，大小不一致，界面风格与功能不一致等也属于界面缺陷。

（4）算法缺陷（G-Algorithm）。

由于程序采用了不合理或者不适合的算法导致运行问题，例如数据库的信息查找方式如果采用顺序查找方法，随着时间推移，信息量越来越大，查找时间越来越长，最后达到用户不能接受的查询时间。

（5）版本错误（B-Build）。

由于测试版本更替，导致某些缺陷没有被修改而造成错误，例如软件在最初版本中发现有安全漏洞，迫于发布的时间压力，没有修改缺陷，而是为用户打了补丁来解决问题，但在该软件的高版本发布时，开发人员没有将此问题更改，用户升级后老毛病反而又出现了。

（6）检查缺陷（C-Checking）。

采用了错误的数学公式而导致错误，例如分母不能为 0，程序并未做是否为零的检查；数组越界问题。

（7）文档缺陷（D-Documentation）。

文档缺陷包括文档描述含糊、描述不完整、描述不正确、不符合标准、与需求不一致、文字排版错误、文档信息错误、程序缺少注释等。文档缺陷会影响发布和维护，而且会误导用户。

（8）接口缺陷（I-Interface）。

接口缺陷是指与其他组件、模块或设备驱动程序、调用参数、控制块或参数列表相互影响的缺陷，例如一些游戏软件对显卡的要求特别高，如果显卡要求不达标就达不到好的影视效果。

2. 缺陷属性

（1）缺陷的严重度。

缺陷严重度是指软件缺陷一旦发生将对软件造成何等程度的破坏，即此软件缺陷的存在将对软件的功能和性能产生什么程度的影响。软件测试中，软件缺陷严重度的判断应该从软件最终用户的角度来进行判断，即从缺陷会对用户使用造成的恶劣后果的严重性来判断。一般来说，影响越大，缺陷的严重度等级越高。

① 非常严重的缺陷。

非常严重的缺陷是指缺陷导致软件无法给用户提供服务，或者软件失效会造成人身伤害甚至危及人身安全。例如，软件的意外退出导致操作系统崩溃，造成数据丢失；软件系统意外重启，造成大量数据丢失并无法修复；软件主要功能无法使用，造成业务瘫痪等。

② 严重的缺陷。

严重的缺陷是指缺陷导致软件无法给用户提供部分服务，但不影响系统数据处理和功能处理。例如，缺陷导致系统中的某些模块重启，但不影响系统数据的处理和传输；软件的某个菜单不起作用，或者产生错误的结果。

③ 一般的缺陷。

一般的缺陷是指缺陷导致系统非主要部分无法提供给用户功能服务，但有相应的补救方法来解决这个缺陷。例如，系统的某个模块失效了，但系统没有上报相应的告警；功能特征设计不符合系统的需求，不影响系统的业务；本地化软件的某些字符没有翻译或者翻译错误等。

④ 轻微的缺陷。

轻微的缺陷是指软件中存在的细小问题，不影响系统的整体运行。例如，缺陷导致操作不方便或容易使用户误操作，但不影响执行基本功能；错误提示信息描述不精确或可能对用户有些误导；GUI 界面问题，某个空间没有对齐，某个标点符号丢失等。

（2）缺陷产生的可能性。

缺陷产生可能性是指缺陷发生的频率，一般分为：总是（产生频率为 100%），通常（产生频率为 80%～90%），有时（产生频率为 30%～50%），很少（产生频率为 1%～5%）。

（3）缺陷的优先级。

优先级是用于处理和修正软件缺陷的先后顺序的指标，由高到低可以分为 4 个等级。

① 紧急的(Emergency)：缺陷必须被立即解决，比如，软件中公司的名称或者公司 LOGO 拼写错误，系统经常重启、崩溃等。

② 必须的（Must）：缺陷需要正常排队等待修复或列入软件必须修改的清单，比如购物系统添加数量按钮不起作用。

③ 应该的（Should）：缺陷可以在发布之前修改完成，比如界面有乱码存在，但不影响

功能实现。

④ 可选的（Optional）：缺陷可以修正也可以不修正，比如界面命令按钮排列不一致。

缺陷的严重度和优先级是含义不同但相互联系密切的两个概念，从不同的侧面描述了软件缺陷对软件质量、最终用户、开发过程的影响程度和处理方式。一般来说，严重度高的缺陷具有较高的优先级。严重度高说明缺陷对软件造成的质量危害性大，需要优先处理，而严重度低的缺陷可能只是软件不尽善尽美，可以稍后处理。 但是优先级和严重度并不总是一一对应的，也存在低优先级、高严重度的缺陷，或者高优先级、低严重度的软件缺陷。

（4）缺陷状态。

不同的自动化缺陷管理系统，对缺陷状态的分类不同，但按缺陷的生命周期划分，大致有如下几种状态。

① New：每一个缺陷都是由测试人员发现并提交的，这个状态标注为 New（新建）。

② Open：缺陷被提交后，由相应的负责人进行接受，即 Open 状态。

③ Fixed：相应的负责人员解决了该缺陷后，该缺陷的状态就改为 Fixed（已解决）。并且将其发给测试人员进行回归测试，防止产生其他错误。

④ Closed：测试人员对已解决的缺陷进行回归测试，如果确定已经解决，那么缺陷的状态就改为 Closed（关闭），否则就需要返还给该缺陷的负责人重新修正。

⑤ Reopen：有的缺陷在以前的版本中已经关闭，但是在新的版本中又重新出现，则需要将其状态改为 Reopen（重新打开）。

（5）软件缺陷的起源。

软件缺陷的起源是指缺陷引起的故障或事件第一次被检测到的阶段，比如有些缺陷是在测试阶段发现的，但起源于需求分析阶段。软件缺陷的起源有如下几种情况。

① Requirement：起源于需求阶段的缺陷。

② Architecture：起源于构架阶段的缺陷。

③ Design：起源于设计阶段的缺陷。

④ Code：起源于编码阶段的缺陷。

⑤ Test：起源于测试阶段的缺陷。

5.2　软件缺陷的状态转换

软件缺陷从被测试人员发现后报告，到被开发人员修复、最后关闭，经历了一个特有的生命周期。一般来说，一个最简单的周期要经历 3 个阶段，如图 5.2 所示。

（1）测试人员找到并登记软件缺陷，软件缺陷被移交到程序修复人员。

（2）程序修复人员修复软件中的缺陷，然后移交到测试人员。

（3）测试人员确认软件缺陷被修复，然后关闭软件缺陷。

在许多情况下，软件缺陷生命周期的复杂程度不仅表现为软件缺陷被打开、解决和关闭的过程，在实际情况下，生命周期还会变得更复杂一些，如图 5.3 所示。

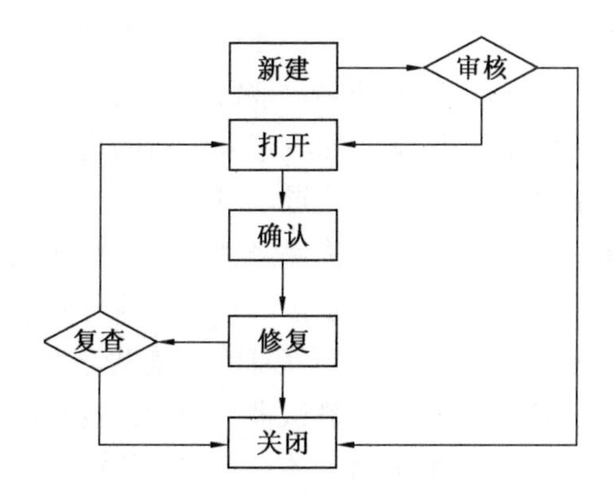

图 5.2　缺陷状态转换

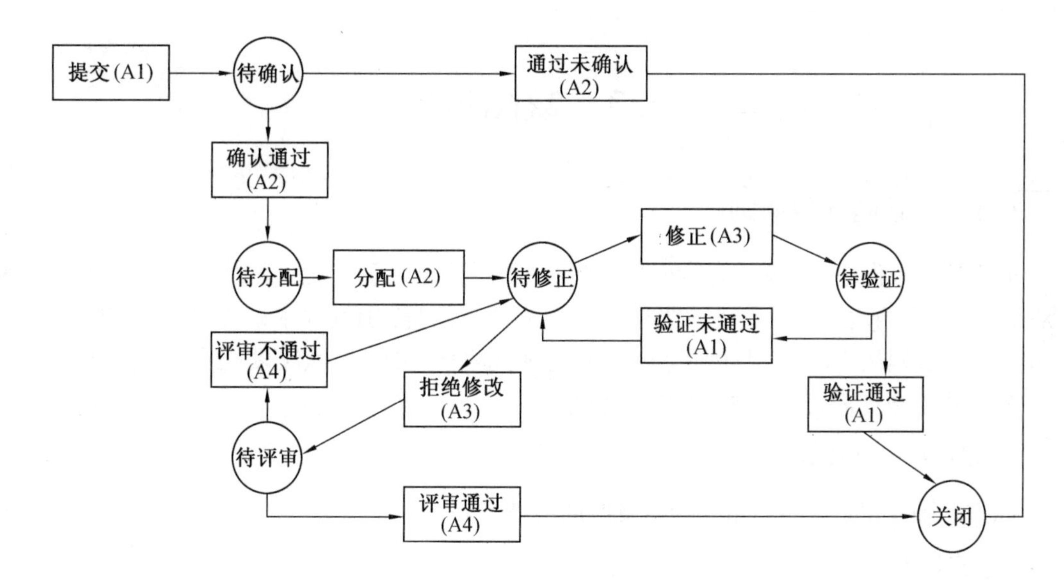

图 5.3　复杂缺陷状态转换

图中涉及角色有 4 种，分别是 A1 测试人员、A2 项目经理、A3 开发人员、A4 评审委员会。

涉及的状态如下。

① 待确认：缺陷等待经理确认。

② 待分配：缺陷等待分配给相关开发人员处理。

③ 待修正：缺陷等待开发人员修正。

④ 待验证：开发人员已完成修正，等待测试人员验证。

⑤ 待评审：开发人员拒绝修改缺陷，需要评审委员会评审。

⑥ 关闭：缺陷已被处理完成。

从图 5.3 中可以看出，一个软件缺陷首先由测试人员发现后，将缺陷的基本信息以报告的形式提交，该缺陷处于新建状态；项目经理审核后缺陷被认可，处于已确认状态；已确认的缺陷正常排队等待分配给开发人员修改，缺陷进入待分配状态；项目经理将缺陷分配给相应的开发人员后，缺陷处于待修复状态；开发人员有权利拒绝缺陷的修改，一旦缺陷被开发人员拒绝，其状态变为待评审；如果评审委员会通过，即缺陷被评定为可以不修复，则缺陷状态直接被设置为关闭；如果评审委员会评审不通过，缺陷被恢复到待修复状态，开发人员此时应该无条件根据缺陷报告的信息修复缺陷；被修复后的缺陷状态变为待验证，等待测试人员的再验证；如果验证没通过，说明新的修改带来了新的错误，缺陷将重新被设置为待修复状态，等待开发人员修复；如果二次验证通过，测试人员提交验证信息，缺陷被关闭。

在软件测试过程中，软件测试人员必须确保测试过程发现的软件缺陷得以关闭。软件测试人员需要从综合的角度考虑软件的质量问题，对找出的软件缺陷保持一种平常心态。并不是测试人员辛苦找出的每个软件缺陷都是必须修复的。测试是为了证明程序有错，而不是证明程序没错。不管测试计划多么完善和执行测试多么努力，也不能保证所有软件缺陷发现了就能修复。有些软件缺陷可能会完全被忽略，还有一些可能推迟到软件后续版本中修复，因此测试人员在上报缺陷时应该尽量提供充足的证据，以保证缺陷被测试经理及开发人员承认并修复。

5.3 缺陷报告

5.3.1 缺陷报告原则

软件缺陷报告是软件测试过程中最重要的文档。它记录了缺陷发生的环境，如各种环境配置情况，缺陷的再现步骤以及缺陷性质的说明，更重要的是它还记录着缺陷的处理过程和状态。缺陷的处理进程从一定角度反映了测试的进程和被测软件的质量状况以及质量改善情况。

软件缺陷报告需要遵守如下的基本原则。

1. 尽快报告软件缺陷

软件缺陷发现得越早，留下的修复时间就越多。

2. 有效地描述软件缺陷

一个好的描述需要使用简单、准确、专业的语言来抓住软件缺陷的本质。软件缺陷报告的描述规则：

（1）简洁易懂：对测试步骤的描述简洁且易懂。

（2）可重现：提供出现这个缺陷的精确步骤，使开发人员能看懂，可以再现并修复缺陷。

（3）可定位：清楚地定义发现的缺陷，用推广法确定系统其他部分是否可能也出现这种问题，尽量做到可定位。

（4）清楚地定义测试执行的环境：测试对象的版本、在什么平台、怎样的系统组合等。

（5）详细记录使用的测试数据及得到的实际结果。

（6）单一性：一个报告只描述一个缺陷。

（7）不作评价：报告只描述事实，不作评价。

5.3.2 缺陷报告内容

1. 缺陷标识

缺陷标识是缺陷标识是可以唯一识别缺陷的编号，一般以 DF 开头，比如 DF_001。一般自动化缺陷管理平台会自动生成此缺陷号。

2. 缺陷标题

缺陷标题要求简明扼要，需要提供准确的有关缺陷的全面总结。标题不宜过长，但应包含关键信息。标题中至少要包括什么环境或状态下，做了什么操作得到什么结果。有些情况下迫于字数的限制，无法包含太多信息，但至少应该写清楚做了什么，得到什么。比如，系统在低内存情况下无法打印大型报表。

3. 缺陷说明

缺陷说明需要补充标题中不便展开的细节描述，例如缺陷发生的环境，包括对环境和情景的描述、软件的测试版本、期望结果和实际结果、必要的附件（截屏、日志、存储文件）。描述应尽量客观，勿带感情色彩。例如这样一段缺陷描述：打开很多应用程序，当系统变慢时，办公自动化软件可以打开一个大型报表，但是死活就是不能打印这个报表，系统还弹出报错对话框“无法创建对象”，让人完全看不懂什么意思，很不友好。这段描述不太像缺陷描述，更像一个操作者因为无法打印报表而发的牢骚。另外，说明中不应使用不确定因素，比如“很多应用程序”，多少算很多？还有很多带有感情色彩的词汇以及网络用语，这些都不应该出现在缺陷说明中。

较好的缺陷说明应该这样写：当系统物理内存耗尽时，办公自动化软件可以打开一个大型报表，但打印这个报表时，软件弹出报错对话框“无法创建对象”。

4. 分类属性

（1）状态：新建、认可、已确认、反馈、已修改、已关闭。

（2）严重度：致命、非常严重、严重、一般、轻微。

（3）优先级：1-紧急、2-必须、3-应该、4-可选。

（4）可重复性：随机、可重现。

（5）可能的问题源：分析、设计、编程。

5. 测试用例的描述，应给出所使用测试用例的标识号 ID、输入数据、预期结果等

6. 重现步骤

重现步骤是一份缺陷报告中最重要的部分，因为它直接决定开发人员通过操作能否得到跟测试人员相同的错误结果。一般在提交缺陷报告之前测试人员至少要重现 3 次缺陷。对于重现步骤的描述一般要做到以下 3 点。

（1）重现步骤要分条描述。

（2）步骤清晰，尽量精简。

（3）重点突出，避免烦琐。

以上面“系统低内存状态下无法打印大型报表”为例，分别列出了较差的重现步骤和较好的重现步骤，以便对比阅读。

（1）较差的重现步骤。

① 打开软件。

② 打开若干个 word 文档。

③ 打印一个大报表。

（2）较好的重现步骤。

① 确认测试用计算机与打印机链接并设置好打印机。

② 打开办公自动化软件。

③ 打开多个应用软件或使用相关工具占用大量内存，使系统处于低内存状态。

④ 单击主界面中“导入报告”按钮。

⑤ 导入附件 Test.xls 文件。

⑥ 导入完毕后单击主界面上“打印报告”按钮。

7. 问题隔离与推广

所谓隔离就是通过变换配置环境、操作步骤、操作类型等确定是否存在同样错误，比如医院挂号系统有普通号和老年号两种，普通号 6 元，老年号 3 元，如果先挂普通号再挂老年号，显示老年号也是 6 元的错误，如果先挂老年号再挂普通号则没有这种错误。这种通过变换操作方式确定是否有同样错误出现的方法就称为隔离。

所谓推广是确定系统其他部分是否也会出现同样错误。比如在职称申请一览表个人简介模块中出现不能添加文字的错误，那么经过测试在一览表的其他模块中也有这种错误，这种测试方法就称为推广。

下面是一份冗长混乱的缺陷报告，见表 5.1，报告存在如下问题。

（1）错误概要描述不清晰，对 3 个运行平台没有说明哪个有错误问题。

（2）在问题描述中使用了第一人称。

（3）重现步骤太烦琐，语言不精练。

（4）隔离描述太含糊。

表 5.1　冗长的缺陷报告

错误概要：在 Solaris、Windows98 和 Mac 上运行 Note，一些数据在设置成某种格式时会出现显示异常
重现步骤：（1）我在 Windows98 下打开 Note 程序，编辑一个已存在的文件，该文件有多行，且包括多种字体格式； （2）我选择文件打印，工作正常； （3）我新建并打印一个包含图形的文件，工作正常； （4）我新建一个新文件； （5）接着我输入一连串随机文本； （6）高亮选中几行文本，选择右键弹出菜单中 Font 选项，并选择 Arial 字体； （7）文本显示变得异常； （8）我试着运行了 3 次，每一次都出现同样问题； （9）我在 Solaris 上运行了 6 次，没有看到任何问题； （10）我在 Mac 上运行了 6 次，没有看到任何问题。 隔离：我尝试选择其他字体形式，但只有 Arial 有这个问题出现。然而，该问题可能仍然在我没有测试的其他字体下出现

缺陷报告要求语言精练，但也不能过于简单，再来看一份含糊不清的缺陷报告，见表 5.2。错误概要没有写清楚运行平台，重现步骤中没有说明异常情况的表现。

表 5.2 含糊不清的缺陷报告

错误概要：Note 程序在使用 Arial 字体时出问题
重现步骤：（1）打开 Note 程序； （2）键入一些文本； （3）选择 Arial 字体； （4）文本显示异常。

衡量上面两份缺陷报告，可知缺陷报告要写清楚运行平台、重现步骤、错误表现、隔离过程等内容。再来看一份优秀的缺陷报告，见表 5.3。

表 5.3 优秀的缺陷报告

错误概要：Windows98 下 Note 在新建文件中选择设置 Arial 字体时出现乱码
错误描述： 重现步骤：（1）打开 Note 创建一个新文件； （2）随意输入两行或多行文本； （3）选中一段文本，在右键弹出菜单中选中格式选项，选择 Arial； （4）文本被改变成无意义的乱写符号； （5）尝试了 3 次该步骤，同样的问题出现了 3 次。 隔离：（1）保存新建文件，关闭 Note，重新打开该文件，问题仍然存在； （2）如果在把文本改成 Arial 字体前保存文件，该错误不会出现； （3）该错误只存在于新建文件时，不出现在已存在的文件； （4）该现象只在 Windows98 下出现； （5）该错误不会出现在其他字体改变中。

【例 1】

问题描述：

测试人员 Anay 在对职称申报系统进行测试时发现，在 Win10 系统下使用 Microsoft Edge 浏览器打开申报一览表页面，如图 5.4 所示，在工作简历一栏按照默认格式录入一段文字保存后，出现不能继续添加文字只能删除文字的现象，关闭界面重新打开后该现象仍然存在。利用 IE 浏览器打开该界面偶尔会出现这种现象，但谷歌浏览器和火狐浏览器没有该现象。

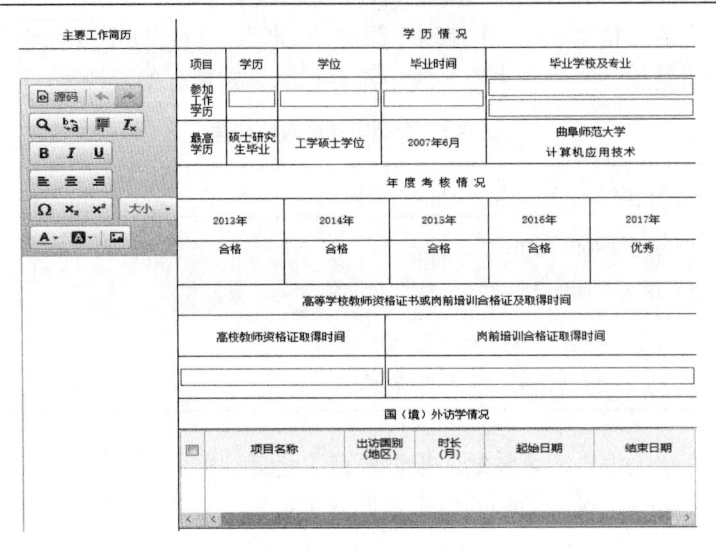

图 5.4　职称一览表

请根据描述，以表格的形式报告缺陷。

【例题详解】一份好的缺陷报告至少包括缺陷 ID、缺陷标题、缺陷说明、报告者、报告时间、缺陷状态、类型、严重度、优先级、重现步骤及必要的隔离和推广，缺陷报告表见表 5.4。

表 5.4　缺陷报告表

缺陷报告	
缺陷 ID	DF-001
缺陷标题	职称申报系统中工作简历一栏不能添加文字
缺陷说明	Win10 平台下，使用 Microsoft Edge 浏览器打开职称申报系统，在一览表的工作简历一栏中输入文字保存后，无法再添加文字
报告者	Anay
报告时间	2018.12.05
缺陷状态	新建
缺陷类型	功能
严重度	严重
优先级别	1
重现步骤	1. 打开 Microsoft Edge 浏览器，地址栏输入网址； 2. 在工作简历一栏中输入相关文字； 3. 单击“保存”按钮； 4. 在工作简历一览中继续输入文字。
缺陷隔离	1. 新建一览表，未保存之前可以添加文字，保存以后只能删除文字，不能继续添加文字； 2. 使用 IE 浏览器打开偶尔会发生这种现象； 3. 使用谷歌和火狐浏览器未出现该现象。

5.4　软件缺陷管理

5.4.1　缺陷管理系统

软件缺陷跟踪管理系统一般采用 B/S 架构，通过前台网页可以添加、修改、排序、查寻缺陷，后台数据库用来储存缺陷，因此一般包括前台用户界面、后台缺陷数据库以及中间数据处理层。软件缺陷跟踪数据库最常用的功能，除了添加软件缺陷信息之外，就是通过执行查询来获得需要的软件缺陷清单以及相关缺陷汇总。在测试工作中应用软件缺陷管理系统具有以下优点。

（1）保持高效率的测试过程。

（2）提高软件缺陷报告的质量。

（3）实施实时管理，安全控制。

（4）有利于项目组成员间的协同工作。

5.4.2　自动化缺陷管理平台 Mantis

Mantis 是一款开源的软件缺陷管理工具，是一个基于 PHP 技术的轻量级缺陷跟踪系统，以 Web 操作的形式来提供项目管理及缺陷跟踪服务。Mantis 包括客户端浏览器、Web 服务器和数据库服务器。Mantis 基于 Appach+MySQL，可以运行于 Windows/Unix 平台上，是 B/S 架构的 Web 缺陷管理系统。

Mantis 系统将缺陷的处理状态分为 New（新建）、Feedback（反馈）、Acknowledged（认可）、Confirmed（已确认）、Assigned（已分派）、Resolved（已解决）、Closed（已关闭） 7 种。

（1）新建：缺陷报告一旦被提交，状态自动为新建。

（2）反馈：如果开发人员对 Bug 存有异议，有权利将状态置为反馈，测试人员和开发人员讨论评估后，决定是否将其关闭。

（3）认可：项目经理对缺陷进行第一道审核，如果认为该缺陷是一个 Bug，将缺陷状态置为认可，缺陷可以排队等待分配给开发人员。

（4）已确认：开发人员承认存在此 Bug，并准备修改，将状态设为已确认。

（5）已分派：经理将认可的缺陷，分派给某个开发人员。

（6）已解决：开发人员已经修改了缺陷，该缺陷等待测试人员进行验证测试，确认 Bug 已经解决。

（7）已关闭：最终已经修改并经过验证测试，确认没有引入新错误的缺陷，评审委员会针对有异议的缺陷协商后，对没有定义为缺陷的报告，经项目经理同意后，设置为关闭状态。

在 Mantis 系统中一共设置了 6 种角色：管理员、经理、开发员、修改员、报告员、复查员。不同角色具有不同的操作权限，如图 5.5 所示，由左到右权限从大到小依次排列是：管理员→经理→开发人员→修改人员→报告人员→查看人员。

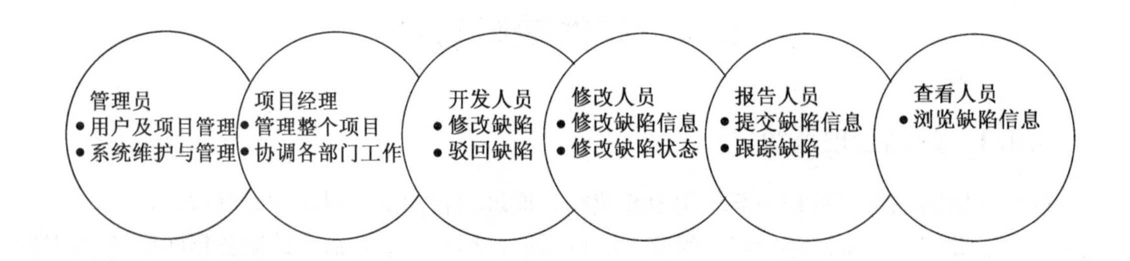

图 5.5 Mantis 角色权限

1. Mantis 的安装

首先安装 XAMPP Windows1.8.1 版（win10 以上操作系统需要安装高版本的 XAMPP-Win32-7.3.0-0），安装完后运行 XAMPP。启动 Apache 和 Mysql 后，在 IE 浏览器输入 http://localhost/xampp/网址，或者在如图 5.6 所示的界面中点击 appach 一行的“Admin”，在弹出的页面中选择中文，即可看到服务器主页面。

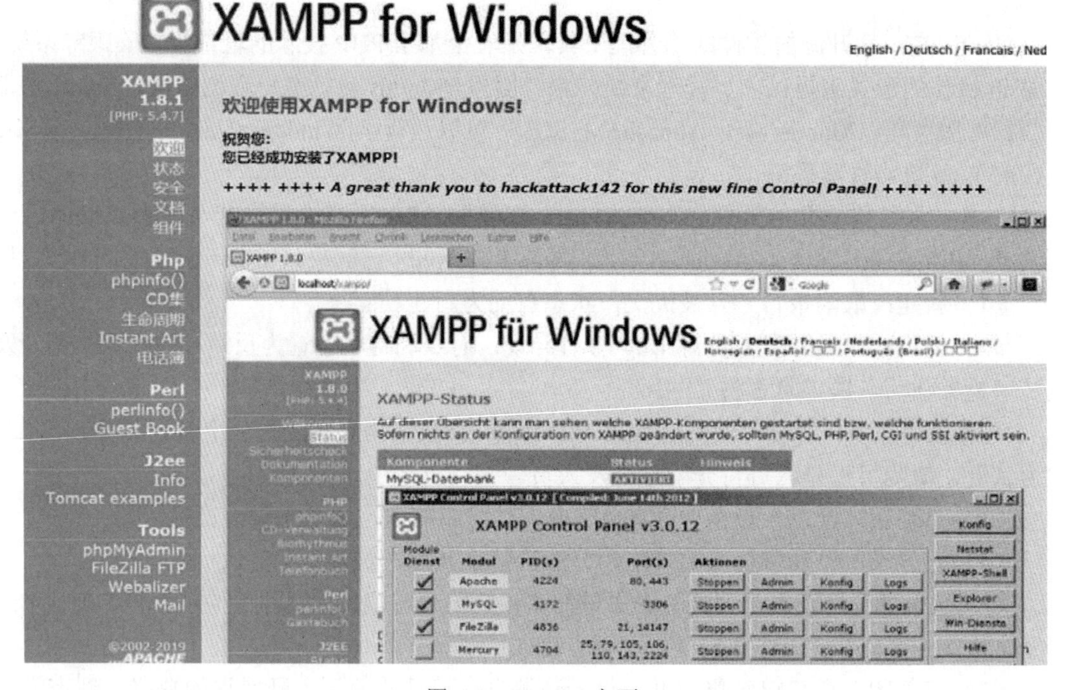

图 5.6 XAMPP 主页

选择左侧菜单栏中的“安全”选项，进入安全设置，设置数据库的用户名和密码全为 root(如果安装 TestLink 时已经设置用户名和密码，这里不再需要设置，在安装时直接使用即可)。

将 Mantis1.2.15（最新版本为 Mantisbt-2.18.0）的压缩文件，解压到 XAMPP 的 htdocs 文件夹下，重命名为 Mantis，访问 http://localhost/mantis/admin/install.php 即可出现 Mantis 的安装界面，如图 5.7 所示。

Checking Installation...	
Checking PHP version (your version is 5.4.7)	GOOD
Checking if safe mode is enabled for install script	GOOD
Installation Options	
Type of Database	MySQL (default)
Hostname (for Database Server)	localhost
Username (for Database)	root
Password (for Database)	••••
Database name (for Database)	bugtracker
Admin Username (to create Database if required)	root
Admin Password (to create Database if required)	••••
Print SQL Queries instead of Writing to the Database	☐
Attempt Installation	Install/Upgrade Database

图 5.7 Mantis 安装界面

安装界面中的选项按以下数据设置。

Username（for Database）：root。

Password（for Database）：root。

Admin Username（to create Database if required）：root。

Admin Password（to create Database if required）：root。

安装完成后，进入到登录界面，如图 5.8 所示，这样 Mantis 的安装就完成了。

2. Mantis 的使用

Mantis 处理缺陷流程从创建项目开始，可以提供提交问题、查看问题、更新问题、创建自定义字段、查看缺陷、统计报表等功能。

（1）创建用户。

以管理员（用户名：Administrator，密码：root）身份进入 Mantis 主页面，单击“管理”菜单项，在级联菜单中选择“用户管理”，创建新用户，如图 5.8 所示。

首页 | 我的视图 | 查看问题 | 提交问题 | 变更日志 | 路线图 | 统计报表 | 管理 | 个人资料 | 注销

[用户管理] [项目管理] [标签管理] [自定义字段管理] [平台配置管理] [插件管理] [配置管理]

创建用户帐号	
帐号	20071159
姓名	赵里
Email	
密码	••••••
确认密码	••••••
操作权限	报告员（复查员 / 报告员 / 修改员 / 开发员 / 经理 / 管理员）
启用	
保护	
	创建用户

图 5.8 Mantis 创建用户界面

只有管理员身份才能创建用户，Mantis 默认创建用户时需要添加邮箱号以获取密码，对此可以做如下修改，免去邮箱激活密码。在 config_inc.PHP 中添加：

$g_send_reset_password = OFF; #是否通过 EMAIL 发送密码

$g_allow_blank_email = ON; #是否允许不填写 EMAIL

这样用户就可以不通过邮箱申请注册了。

（2）创建项目。

管理员可以创建项目并对项目进行管理。单击“管理”菜单项，在级联菜单中选择“项目管理”，单击“创建新项目”按钮，在项目名称中输入项目名，其他保持默认，如图 5.9 所示。

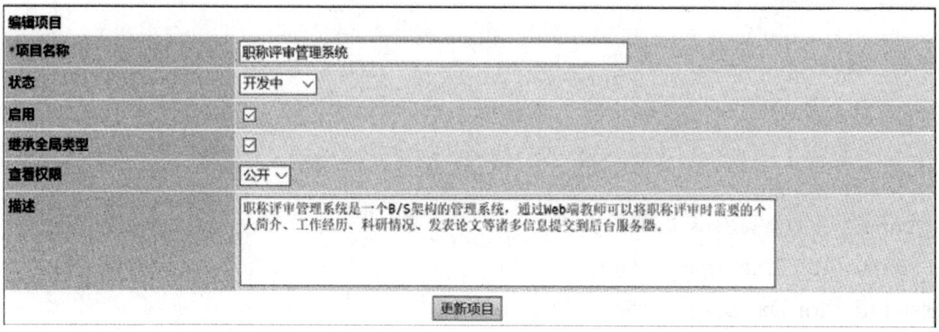

编辑项目	
*项目名称	职称评审管理系统
状态	开发中
启用	☑
继承全局类型	☑
查看权限	公开
描述	职称评审管理系统是一个B/S架构的管理系统，通过Web端教师可以将职称评审时需要的个人简介、工作经历、科研情况、发表论文等诸多信息提交到后台服务器。
	更新项目

图 5.9　项目管理页面

Mantis 采用多项目管理机制，创建好项目后需要将用户添加到所属项目中，还可以修改项目数据、添加子项目、设置项目版本、修改项目状态等。

单击新添加的项目职称评审管理系统，在分类中单击“添加分类”，用以确定测试分类，如图 5.10 所示。

图 5.10　添加分类界面

项目经理除了可以编辑项目、添加分类外还可以设置项目用户域、设置项目测试版本。

（3）提交问题。

一般报告员身份拥有提交问题的权限，单击“提交问题”菜单项，填写图 5.11 所示的资料。

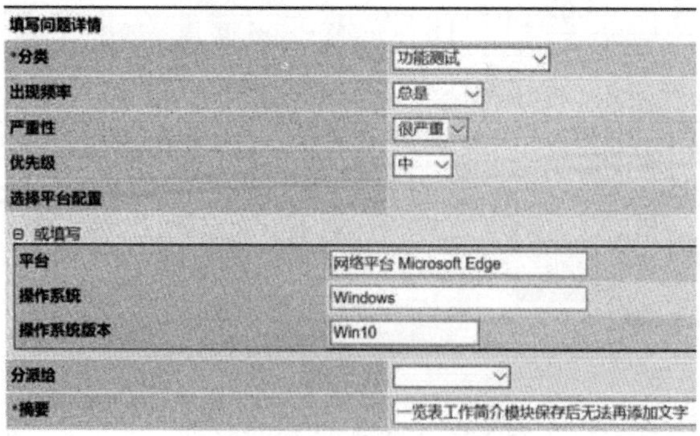

填写问题详情	
*分类	功能测试
出现频率	总是
严重性	很严重
优先级	中
选择平台配置	
或填写	
平台	网络平台 Microsoft Edge
操作系统	Windows
操作系统版本	Win10
分派给	
*摘要	一览表工作简介模块保存后无法再添加文字

图 5.11　问题提交界面

单击“提交问题”按钮，问题提交成功，单击工具栏中的“查看问题”按钮，可以随时查看已经提交的问题报告，如图 5.12 所示的页面。

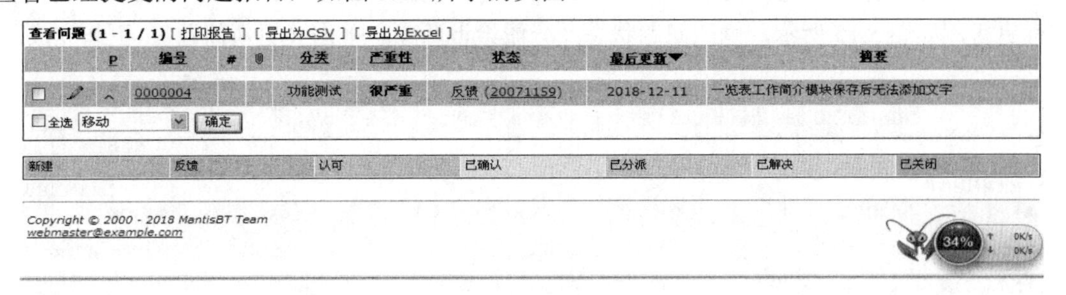

图 5.12　查看问题界面

如果想自定义提交问题和查看问题界面，可以使用管理员身份登录，单击“管理”→“自定义字段管理”菜单项，比如想在报告员报告缺陷的界面添加“隔离”这一选项，并在提交报告界面显示，管理员可以创建该字段，如图 5.13 所示。

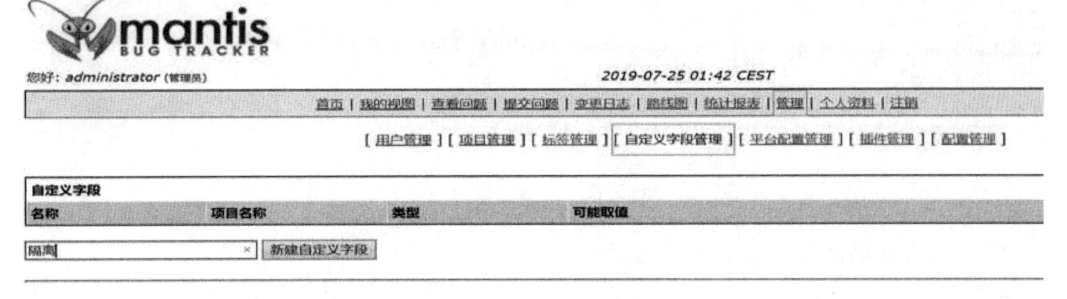

图 5.13　自定义字段界面

创建好字段后，修改字段的权限，读写权限设置为“报告员”，并选择“创建界面时显示”，这样报告员在提交缺陷报告的界面就可以看到“隔离”这一选项了。还可以将这一应用关联到某一项目，只在某一项目中显示该自定义的字段。如图 5.14 所示。

修改自定义字段	
名称	隔离
类型	字符串
可能取值	
默认值	
正则表达式	
读权限	报告员
写权限	报告员
最小长度	0
最大长度	0
添加到过滤器	☑
在创建问题时显示	☑
在更新问题时显示	☑
解决问题时显示	☐
关闭问题时显示	☐
报告问题时必需	☐
修改问题时必需	☐
解决问题时必需	☐
关闭问题时必需	☐
	修改自定义字段

图 5.14　设置字段权限界面

（4）更新问题。

修改员拥有更新问题的权限，单击问题编号进入问题详情页面，单击“编辑”，对问题进行更新，如图 5.15 所示，修改问题状态及分派给谁两项，单击“更新问题”，更新完成。

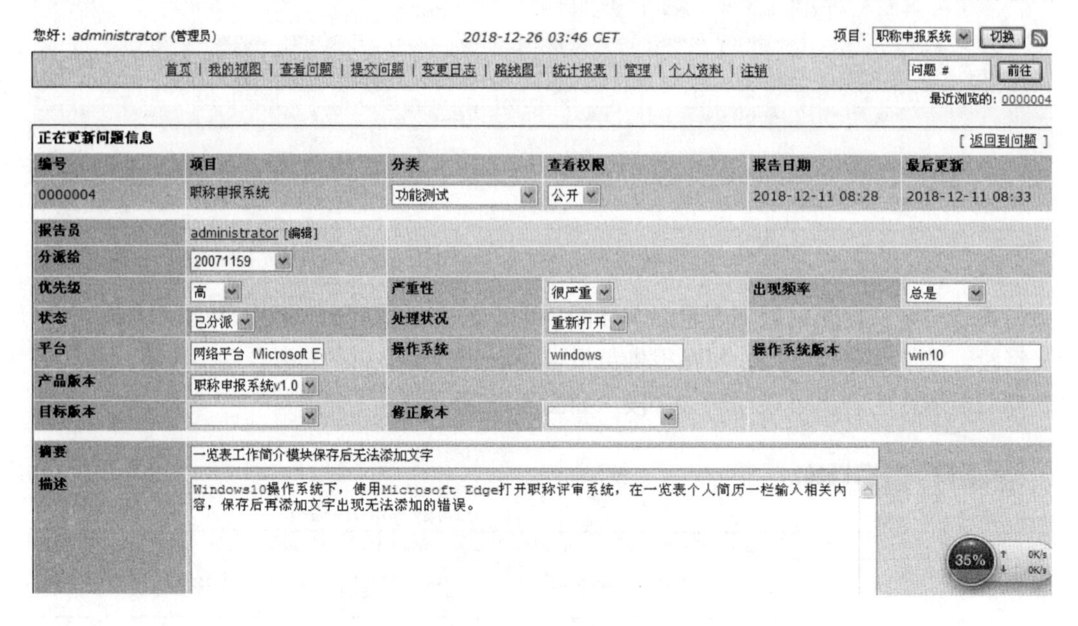

图 5.15　更新问题界面

（5）查看缺陷情况。

单击“我的视图”，可以看到图 5.16 所示的页面，但对于不同的身份，“我的视图”界面显示的内容不同，即不同的身份具有不同的操作权限。

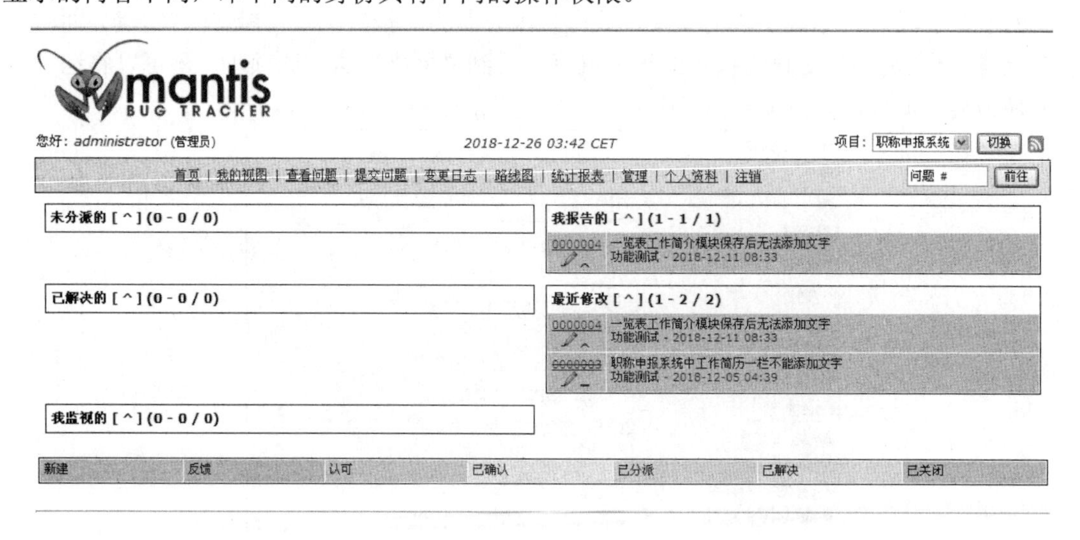

图 5.16　查看缺陷界面

（6）统计报表。

单击工具栏上的“报表统计”，以表格形式对问题进行统计，可“按问题状态”“按严重性”“按项目”进行统计，如图 5.17 所示。

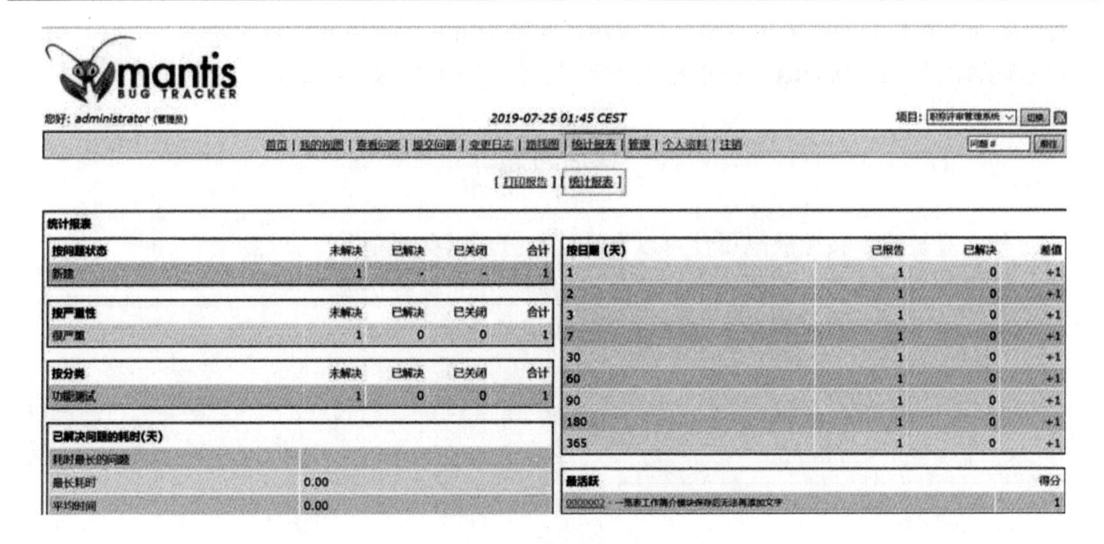

图 5.17　报表统计界面

同时可将提交的问题导出生成 word 文档。单击“打印报告”→“选择打印类型”→“选择保存位置”，或者直接在查看问题界面单击“打印报告”，生成如图 5.18 所示的报告。

MantisBT - 职称申报系统

查看问题详情

编号	项目	分类	查看权限	报告日期	最后更新
0000004	职称申报系统	功能测试	公开	2018-12-11 08:28	2018-12-26 03:46

报告员 administrator
分派给 20071159
优先级 高　　**严重性** 很严重　　**出现频率** 总是
状态 已分派　　**处理状况** 重新打开
平台 网络平台 Microsoft Edge　　**操作系统** windows　　**操作系统版本** win10
产品版本 职称申报系统v1.0
目标版本　　**修正版本**
隔离 使用火狐和谷歌浏览器没有发现这种错误

摘要 0000004: 一览表工作简介模块保存后无法添加文字
描述 Windows10操作系统下，使用Microsoft Edge打开职称评审系统，在一览表个人简历一栏输入相关内容，保存后再添加文字出现无法添加的错误。
问题重现步骤 1.在Microsoft Edge 地址栏中输入网址，打开职称评审系统界面
2.在一览表的个人简历中输入相关内容。
3.单击"保存"按钮，保存成功。
4.继续在个人简历一览输入文字。
5.单击"保存"按钮
6.保存失败，新添加的文字丢失
附注
标签 没加标签.
关联
附件

图 5.18　打印缺陷报告

Mantis 其功能与商用的 Jira 系统类似，都是以 Web 操作的形式来提供项目管理及缺陷跟踪服务。Mantis 在功能上可能没有 Jira 那么专业，界面也没有 Jira 漂亮，但在实用性上足以满足中小型项目的缺陷管理及跟踪需求。Mantis 系统包括客户端浏览器、Web 服务器和数据库服务器。当然，Web 服务器和数据库服务器也可以是同一台主机。不过 Mantis 目前的版本还存在一些问题，这些问题将在实验中为大家解决。

5.5　小结

本章主要介绍了缺陷的定义、缺陷的分类、缺陷的种类等与缺陷相关的概念，重点介绍了缺陷报告的书写方法、报告中主要包括的内容、每项内容的具体描述形式，并通过对比优

秀的缺陷报告和较差的缺陷报告进一步说明了缺陷报告对于内容和语言的要求，最后介绍了自动化缺陷管理系统 Mantis，并通过案例介绍了具体的功能使用方法。

课后习题

1. 什么是缺陷？按照缺陷属性可以将缺陷划分成哪些类型？
2. 缺陷状态有哪些？简述一个缺陷全生命周期中可能经历哪些状态。
3. Mantis 有哪些功能模块？每个模块的作用是什么？

第6章　软件测试度量及测试报告

软件测试过程从测试需求分析着手，以制订测试计划为纲要，通过测试设计、测试执行到发现缺陷并上报，最后编写测试总结报告，完成测试过程。那么什么时候可以停止以上测试活动？如何衡量这一过程的好坏？又如何评价被测系统？这就需要对测试过程进行可计量的度量，通过评价测试过程，找到测试的出口，收集评价被测系统质量的相关指标。本章重点介绍软件测试中度量的相关概念及度量方法，如何根据度量结果对测试活动进行评价，如何总结测试活动的结果以及如何编写测试总结报告。

6.1　软件测试度量的定义

随着软件生产规模的日益扩大，保证软件产品质量的软件测试工作越来越得到人们的重视，为更好地保证软件产品质量、更有效地执行软件测试工作，迫切需要对软件测试过程进行有效管理并逐步改善。目前，软件生产过程的管理模式也经历了从完全依据管理者的经验到以数据为依据的量化管理这样一个逐步转化的过程。要对软件测试过程进行有效的管理就需要有反映过程本质特性的过程数据，通过这些数据，测试过程的执行状况才能得到监控，测试过程改进的决策才能有的放矢。由于软件测试过程的不可见性，软件测试过程度量则成为对软件测试过程进行量化管理不可或缺的一个环节。

软件测试过程度量指通过提取软件测试过程中可计量的属性，在测试过程进行中以一定频度不断地采集这些属性的值，然后采用适当的分析方法对得到的这些数据进行分析，从而量化地评定测试过程的能力和性能，提高测试过程的可视性，帮助软件测试的组织管理以及改进软件测试过程的活动。

软件测试过程度量的作用主要体现在如下几个方面。

（1）发现。通过度量对过程、产品、资源和环境进行分析和理解，在此基础上建立过程基线。过程基线是进行过程评价和过程改进的基准。

（2）评价。通过评价比较实际软件过程与标准或计划间的差异，过程评价是衡量过程好坏和过程改进效果的有效手段。

（3）控制。通过度量所反映的产品状态信息、项目状态信息和过程状态信息，可以帮助制订合理的管理控制措施，使产品偏离度、项目偏离度和过程偏离度处在可控制的范围内，使项目过程的性能表现稳定，并且项目过程性能满足需求。

（4）预测。历史度量数据的积累能帮助预测当前项目的相关属性数据，有助于计划和决策的制订。

（5）改进。度量并不能直接改进过程，但基于度量的理解和评价为过程改进提供了有效的线索。根据这些线索再结合度量所记录的过程场景信息分析过程偏差的原因，帮助过程改进来制订有效的变更措施。过程改进既是度量的结果，又是度量的动因。

6.2　软件测试度量指标

从软件生存周期模型来看，人们常常直观地认为软件测试仅仅是软件生存周期中软件编码完成之后的一个或几个阶段。而实际上，软件测试本身也是一个过程，它可以进一步具体地分成若干个阶段性活动，如测试计划、测试设计、测试执行和测试总结。对测试过程的度量必须涉及到测试过程中的各个阶段的度量，包括规模、工作量、进度、缺陷等。下面着重介绍测试设计和测试执行阶段与效率和质量相关的度量。

1. 测试设计

软件测试设计阶段的主要工作是测试用例的设计与开发，在这个阶段可度量项包括测试用例生产率和测试用例质量。

（1）测试用例生产率。

测试用例生产率=测试步骤总数/设计用例的时间（h）。

例如，测试人员 A，在 8 h 内设计了 5 个测试用例，每个测试用例的步骤数见表 6.1。

表 6.1　每个测试用例的步骤数

测试用例名称	步骤数
Test-1	30
Test-2	32
Test-3	40
Test-4	36
Test-5	45

则该测试人员的测试用例生产率=183/8=22.8。通常可以通过计算项目组成员的测试用例生产率来衡量测试人员的工作效率，也可以得到项目组不同时间段的测试用例生产率，从而来衡量团队效率。

（2）测试用例质量。

在测试用例写完进入测试执行阶段之前或是写测试用例的过程中，都会有对测试用例进行评审的过程，测试用例质量可以通过评审中发现的问题来评价：测试用例质量=评审问题个数/测试用例个数。

2. 测试执行

软件测试执行阶段，是在准备好的测试环境上依次执行各测试用例并详细记录每一步测试结果，提交缺陷记录的过程。在这个阶段，可度量项包括测试用例执行率、测试用例有效率和测试用例覆盖率。

（1）测试用例执行率。

测试用例执行率=执行的测试用例个数/执行测试的时间。通过这个派生度量即可以得到项目组每个成员的测试用例执行率，同样也可以得到项目组的平均测试用例执行率。

（2）测试用例有效率。

测试用例有效性=发现的缺陷个数/测试用例个数。测试用例有效性的可比性在项目之间不是很大，因为各个软件项目质量的好坏会直接影响到测试用例的有效性。若项目质量较好，则同样的测试用例个数发现的缺陷较少；若项目质量较差，则同样的测试用例个数发现的缺陷较多。但若在同一个项目中进行比较，还是有一定的可比性可言的。

（3）测试用例覆盖率。

测试用例覆盖率=已设计测试用例的需求数/需求的总数。在测试需求分析中，每个功能点的需求都有相对应需要的测试用例数。测试用例覆盖率反映了测试用例设计的充分性。

3. 用例执行分析

在执行测试用例的过程中，出于种种原因不一定执行到所有的测试用例，被执行的测试用例结果有 3 种可能：通过、失败、中断。因此，对测试用例的执行进行有效分析可以在一定程度上反映出测试过程的充分度，一般可以对测试用例做表 6.2 所示的分析。

表 6.2　用例分析指标项

指标名称	定　义
用例执行百分比	（执行的用例个数/总的用例个数）*100%
未执行用例的百分比	（未执行用例个数/总的用例个数）*100%
通过用例百分比	（用例通过个数/总的已测试用例数）*100%
用例失败百分比	（失败用例个数/总的已测试用例个数）*100%
中断用例百分比	（中断用例个数/总的已测试用例个数）*100%

举个简单的例子，假设项目组共设计了 100 个测试用例，执行了 65 个，被执行的测试用例中有 30 个顺利通过，有 9 个在执行的过程中意外中断，则

用例执行百分比=（65/100）×100%=65%

未执行用例的百分比=（35/100）×100%=35%

通过用例百分比=（30/65）×100%=46%

用例失败百分比=（26/65）×100%=40%

中断用例百分比=（ 9/65）×100%=14%

4. 缺陷分析

（1）缺陷发现率。

缺陷发现率=缺陷个数/执行测试的时间。前面提到测试用例执行率可以看出项目组成员的工作效率，但并不能保证其质量。通过项目组成员各自发现的缺陷个数除以各自所花的时间，即可通过缺陷发现率这个指标来关注项目组成员的工作质量。如果将项目组发现缺陷的数量作为时间的函数，可创建出缺陷趋势图，如图 6.1 所示。

从图中可看出，在测试初期，缺陷发现率呈上升趋势，随着测试时间的推移，缺陷发现率到达顶峰，开始呈较慢的速度下降。当发现的新缺陷的数量呈下降趋势时，如果假定工作量是恒定的，那么每发现一个缺陷所消耗的成本也会呈现出上升的趋势。因此到某个点后，

继续进行测试，需要的成本将增加。因此可以设定一个阈值，当缺陷发现率低于该阈值时，就可以考虑停止测试活动，准备系统发布了。

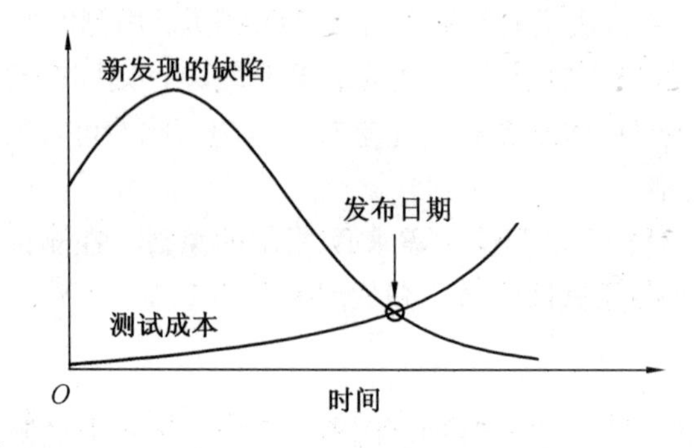

图 6.1　缺陷发现趋势

（2）缺陷等级分布。

对项目组发现的缺陷，按缺陷等级进行分类统计，可得到系统的各个等级的缺陷分布情况。

（3）模块缺陷率。

模块缺陷率=该模块发现的缺陷个数/该模块的测试用例个数。这样可以得到它与其他模块的横向比较。

（4）缺陷密度。

缺陷密度是以平均值估算法来计算出软件缺陷分布的密度值，缺陷密度可以被计算为每 1 000 行代码含有多少缺陷或者每个模块含有的缺陷数量。

缺陷密度=软件缺陷数量/代码行或功能点的数量。

例如，某系统模块共 5 000 行代码，共发现 30 个缺陷，那么缺陷密度为

$$\text{缺陷密度} = 30/5 = 6$$

（5）缺陷排除率。

缺陷排除率=测试发现的缺陷数/（测试发现的缺陷数+用户使用发现的缺陷数）×100%

缺陷排除率用于判定系统的测试效果，一般缺陷排除率越高，说明测试效果越好。

假如，在开发阶段发现了 40 个缺陷，在测试阶段测试人员共发现 60 个缺陷，在测试之后，用户/客户使用过程中发现的缺陷为 40 个，那么，缺陷排除率为

缺陷排除率=[（40+60）/（40+60+40）]×100%=71%

（6）漏测率。

漏测指标用于定义测试过程的测试效果，用来衡量在测试过程中有多少缺陷被漏测，该指标越小，说明测试的效果越好。

漏测率=（非测试阶段发现的缺陷数/测试阶段发现的缺陷数）×100%

以上面缺陷排除率的例子计算漏测率，则

漏测率=（40/100）×100%=40%

（7）缺陷修复率。

缺陷修复率=（已经修复的缺陷数/缺陷总数）×100%

缺陷修复率反映了测试人员与开发人员协同工作的良好度，同时也反映了测试过程的效率。

（8）二次故障率。

二次故障率=（Reopen 的缺陷数/缺陷总数）×100%

该指标用到了缺陷的状态，当一个发现的缺陷被修复后，一般还需要进行再测试以确保新的修正没有引入新的缺陷，如果再测试没有通过，缺陷状态将被置为 Reopen 状态。因此该指标在一定程度上反映了开发质量，同时也能反映测试质量。

测试过程中的度量指标还有很多，这里不一一介绍，为方便大家理解，将各个指标项名称、定义及度量范围列成表格，见表 6.3。

表 6.3 测试度量指标

指标名称	定　义	度量范围
工作量偏差	((实际工作量-计划工作量）/计划工作量）×100%	进度
测试执行率	（实际执行的测试用例数/测试用例总数）×100%	测试进度
测试通过率	（执行通过的测试用例数/测试用例总数）×100%	开发质量
测试用例对需求的覆盖率	（已设计测试用例的需求数/需求总数）×100%	测试设计质量
需求通过率	（已测试通过的需求数/需求总数）×100%	进度
测试用例命中率	（缺陷总数/测试用例数）×100%	测试用例质量
二次故障率	（Reopen 的缺陷数/缺陷总数）×100%	开发质量
NG 率	（验证不通过的缺陷数/缺陷总数）×100%	开发质量
缺陷有效率	（有效的缺陷数/缺陷总数）×100%	测试
缺陷修复率	（已解决的缺陷数/缺陷总数）×100%	开发
缺陷生存周期	缺陷从提交到关闭的平均时间	开发、测试
缺陷修复平均时长	缺陷从提交到修复的平均时间	开发
缺陷关闭平均时长	缺陷从修复到关闭的平均时间	测试
缺陷排除率	（测试者发现的缺陷数/(测试者发现的缺陷数+客户发现的缺陷数)）×100%	测试质量

在测试设计及测试执行过程中，通过对各项指标进行计算，可以判断测试的有效性及完整性，可以衡量被测系统的质量及测试过程的质量，为分析和改进测试过程及生成测试总结报告提供有效依据。

6.3 软件测试度量难度

软件测试可以通过发现缺陷进而修正缺陷，达到提高系统质量的目的，反过来如果被测对象的质量不佳，就直接判定测试过程的质量不好，测试人员工作效率不佳吗？当然不能如此笼统的判断。开发人员开发产品，产品质量好坏直接反映开发人员的工作业绩好坏，但不能因为被测系统的质量不好就判断测试人员的工作业绩不好。测试度量的难度在于，不能直接从产品的质量反映测试的效果。

例如，一个公司有两个测试项目组，分别负责 A 和 B 两个系统的测试工作。A 项目的研发时间充分，开发人员结构配置合理，公司也配备了充足的资源，开发过程中与用户沟通良好。而 B 项目因为开发人员的离职，一度陷入了开发瓶颈，后多方协调才勉强完成开发工作，工作人员的情绪因此一度非常低落。在测试的过程中，负责 A 项目的测试人员很快完成了测试，通过测试度量，给出系统质量很高、工作效率很高的评价；负责 B 项目的测试人员虽然发现了大量的缺陷，但通过测试度量，给出系统质量的评价并不高，但不能因此评价 B 组测试人员的工作效率低于 A 组测试人员。

该例子充分说明测试可以有效提高系统的质量，但系统质量不能完全依赖测试去保障，测试人员只能通过测试评估产品质量。软件的质量是固有特性，影响其质量的因素很多，如图 6.2 所示，除了软件测试程度外，其他所有因素都与开发过程相关，因此产品质量的提高主要依赖开发人员的努力；另外，测试人员的工作成果不能从软件的产品质量或软件的最终成果来评估。正确地评价测试过程或测试人员的工作水平，需要考虑测试过程的诸多因素。

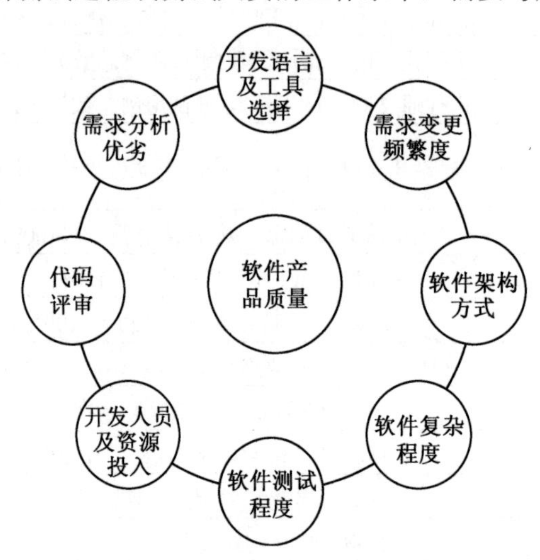

图 6.2　影响产品的质量因素

很显然，软件测试只是影响产品质量的其中一个因素，测试过程做得不好会影响产品质量的改进和提高，但测试过程不能决定产品的质量。

测试度量可以在一定程度上反映测试过程的优劣，测试度量不应该停留在软件产品质量的度量上，而应该更关注测试产出物的度量，如图 6.3 所示。

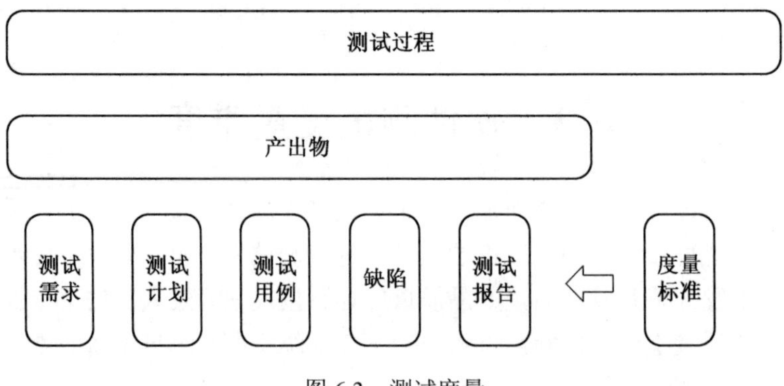

图 6.3　测试度量

6.4　测试总结报告

测试总结是对发现的问题和缺陷进行分析，为纠正软件存在的质量问题提供依据，同时为软件验收和交付打下基础。测试总结活动最终产生测试报告，测试报告是指把测试的过程和结果写成文档，是测试阶段最后的文档产出物，优秀的测试经理或测试人员应该具备良好的测试报告编写能力。

一份详细的测试报告应包含足够的信息，包括产品质量和测试过程的评价。测试报告基于测试中的数据采集和度量，是对最终的测试结果的分析报告。测试总结报告是测试计划的拓展，起着“封闭回路”的作用，与测试计划首尾呼应，将测试过程构成一个圆环。另一方面，测试总结报告是一个展示自己工作的机会，缺陷列表太繁杂了，测试用例又过于专业，测试总结报告是很多人会看的一份文档，因此做好该文档是测试人员的必修课。关于测试总结报告，不同的公司有不同的模板，图 6.4 是国标 GB/T 9386—2008 中给出的测试总结报告模板。

GB/T 9386—2008 测试总结报告模板

目录

1. 测试总结报告标识符
2. 摘要
3. 差异
4. 测试充分性评价
5. 结果汇总
6. 评价
7. 活动总结
8. 批准

图 6.4　国标 GB/T 9386—2008 中给出的测试总结报告模板

1. 测试总结报告标识符

测试总结报告标识符为该测试总结报告规定唯一的标识符，以便于管理、定位和应用。

2. 摘要

在摘要中，总结对测试项的评价，标识已经测试的各个项，指出其版本或修订级别，并指出执行测试活动所处的环境。

对于每个测试项，如果存在测试计划、测试设计说明、测试规程说明、测试项传递报告、测试日志和测试事件报告文档，则应提供对相关信息的引用。

3. 差异

差异包括报告测试项与其设计说明之间的任何差异，还包括与测试计划、测试设计或测试规程之间的任何差异，并详细说明每种差异产生的原因。

4. 测试充分性评价

测试充分性评价是指对照在测试计划中制定的规则，对测试过程的全面性进行评价。这些数据来自于测试设计、测试执行及缺陷分析的综合结果。该部分还应该确定未作充分测试的特征和特征组合，并说明理由。

5. 结果汇总

在结果汇总部分中，汇总测试结果，标识已经发现并解决的缺陷事件，总结其解决方法，并指出尚未解决的缺陷事件。

6. 评价

在评价部分中，应对每个测试项进行总结评价。该评价必须以测试结果和测试项级别的通过准则为依据，客观地给出系统存在的功能及性能方面的局限性，同时对系统的可靠性、稳定性、易用性、可移植性等方面也应该给出相应评价。应对测试过程中发现的失败或失效测试，进行风险性评估。

7. 活动总结

活动总结内容中应总结主要的测试活动和事件，总结资源消耗数据，例如，人员的总体配备水平、花费的总机器时间、每个测试项花费的具体时间等。这部分数据可为今后的测试活动提供成本依据。

8. 批准

在批准项中应详细说明对该报告享有审批权的人员名字和职务，并留出签名和日期的位置。原则上参与审批的人员应该与制订计划的人员有绝大部分的一致性，这样可以更客观地对测试过程给出评价。

上述各项内容应按照一定的顺序排列。另外，为了使总结更富有说服力，可以以附件的形式将测试用例清单、缺陷清单及各个度量项附在最后。在测试总结报告中引用的内容也必须以文字形式附在测试报告的最后，以便有据可依。

6.5 小结

本章主要介绍了软件测试度量的定义、度量的目的、度量的好处，从不同软件度量类型的角度分析了各种测试度量指标，最后给出了软件测试报告的模板并详细介绍了模板中各相关项的具体内容。

课后习题

1. 什么是测试过程度量？
2. 测试过程度量的目的是什么？
3. 列出 5 个测试度量的指标项并加以说明。
4. 简单描述测试总结报告所包含的内容。

第7章　开发者测试

软件开发时期，主要由设计→编码→测试3个阶段组成，测试几乎贯穿了整个开发时期。总体设计阶段需要完成测试计划、测试策略等相关工作；编码阶段往往会遇到很多问题，例如单个模块功能能否正确实现，模块间接口的消息通信是否合理等，如何及时解决这些问题，也是必须要考虑的；测试阶段需要验证整个系统的各类需求是否得到满足，例如性能需求、安全性需求、约束等，最后需要用户对系统进行验收测试，保证该软件就是最终想要的产品。

在设计阶段，已经完成了整个测试计划的设计，但多半对系统测试和验收测试更有效，对于开发者来说，则更关注单元与集成测试活动。下面介绍如何针对编码过程中的代码结构进行测试，主要分为单元测试与集成测试两部分，具体的测试内容均使用Junit框架进行实现。

7.1　单元测试

首先，需要解决的是如何在编码的过程中保证每个模块功能的正确性，往往这部分工作是由开发人员完成的。但是大部分模块之间通常存在着依赖关系，在测试单个模块时，需要一个相对独立的环境，可以通过单元测试以及一些测试工具来完成这项工作。

7.1.1　单元测试定义

所谓单元测试，是针对软件设计中的最小单位——模块，进行正确性检查的测试工作，也称为模块测试。通常而言，一个单元测试是用于判断某个特定条件（或者场景）下某个特定函数的行为。在编码实现阶段，当源程序代码通过编译程序的语法检查后，应以详细设计的程序处理流程作指南，对重要的执行通路进行测试，以便发现模块内部的错误。

单元测试主要使用的是白盒测试技术，需要从程序内部结构出发设计测试用例，多个模块可以平行地独立进行单元测试。一般从以下几个方面进行测试。

（1）模块接口测试。对所有通过所测模块的数据流进行测试，例如，用所测模块时输入参数、输出参数的顺利，属性等是否匹配，全局变量的定义在各个模块中是否一致。

（2）局部数据结构测试。局部数据结构是最常见的错误来源，如不一致的数据类型、错误的初始值或错误的缺省值等。

（3）路径测试。由于不可能进行穷尽测试，所以在单元测试期间选择最有代表性、最可能发现错误的执行通路进行测试是十分关键的。应该设计测试方案来发现由于错误的计算、不正确的比较或不适当的控制流而造成的错误。

（4）错误处理测试。不仅需要预见出错的条件，也要设置适当的出错处理。

（5）边界测试。边界测试是单元测试中最后的、也是最重要的任务，因为软件常常在边界失效，例如 i 次循环的过程中，往往在第 i 次循环时发生错误。所以应该使用刚好小于、等于或刚好大于边界值的数据进行测试。

7. 1. 2　单元测试的目标

其实开发人员每天都在做单元测试。例如编写一个函数，无论逻辑简单还是复杂，都需要执行从而确认功能是否正常，或者仅仅输出一些数据、弹出信息窗口，这也是单元测试，而这类测试可以称为临时单元测试。只进行临时单元测试的软件，往往是不完整的，代码覆盖率很难超过 70%，未覆盖的代码可能遗留错误，若错误相互影响，那么当后期错误暴露时，会增加后期测试和维护成本。所以，进行充分的单元测试，是提高软件质量，降低开发成本的必由之路。

首先，单元测试可以保证代码质量。一般我们编写的代码，通过编译器可以保证各类语法的正确，但对于程序的处理逻辑是没办法验证的，所以我们可以通过单元测试，验证程序中是否存在逻辑错误。在这个过程中，一定要保证逻辑代码的可测性，从而提升了代码质量。

其次，单元测试可以保证代码的可维护性。软件中的各个模块之间不可能是完全松耦合的，很多时候它们之间存在各种依赖关系，若修改了其中某一个模块的处理逻辑，有可能会对其他的模块产生影响，此时该如何处理呢？由于在编码过程中对某个模块的测试使用了单元测试，那么当修改该模块功能后，可以重新运行当前模块及所有可能受到影响模块的测试代码，进行回归测试，保证没有新的错误引入。这对于后期的维护工作会有很大的帮助。

最后，单元测试可以保证代码的可扩展性。模块独立的一个重要指标是松耦合，而单元测试间接地降低了模块之间的耦合程度，从而后期可以很轻松地对软件功能进行扩展。

7. 1. 3　单元测试中常见的问题

在单元测试的编写过程中，会遇到很多问题，有内部因素，也有外部因素，大概有以下几种情况。

（1）编写/运行单元测试要花费较多的时间。如果为了验证程序的正确性，会执行代码，通过一些输出信息的提示来验证结果状态的正确性，速度会比较快；但是如果编写单元测试，那么我们需要增加额外的代码，从而增加了时间成本。

（2）待测模块不是完全独立的。世界上不存在完全独立、不与外界发生关联的事物，也意味着不存在完全独立的模块，那么在单元测试的过程中，会出现如下问题：待测模块所依赖的模块尚未实现，或模块内部逻辑比较复杂，不容易被实现等，而待测模块必须与其交互才能进行测试，这时该如何处理？

（3）开发与测试人员权责不明确。单元测试需要由开发人员编写，只有他们最清楚一个模块的内部逻辑，但有些人认为这不是他们的工作；若由测试人员编写单元测试，或许他们不知道代码的内部结构，而无从测试。

除上述一些问题外，还存在其他问题，如单元测试编写的代码，在真实的产品环境中不会被使用，导致代码资源的浪费……针对以上各类问题，现在都已经找到相应的方式进行处理，如依赖模块的问题，在测试中可以使用 Mock 对象进行模拟，保证一个相对独立的测试环境。无论如何，单元测试是软件测试领域不可或缺的，它带来的优势完全可以忽略这些问题。

7.2　Junit 在单元测试中的应用

现在有很多单元测试工具，针对不同的开发语言 ，有不同的选择，如 C++相关的 Catch，Java 相关的 Junit，Python 相关的 Doctest 等。可以根据不同的开发环境选择适当的工具，从而使得单元测试变得更加方便。下面我们重点介绍一下 Junit 框架的基础知识，以及在 Eclipse 中的使用。

7.2.1　Junit 简介

Kent Beck 在很多年以前用 SmallTalk 语言编写了一个称为 Sunit 的单元测试框架，随后几乎所有的语言都有了自己的移植版本。对于 Java 开发者来说，Junit 是标准的单元测试工具，也是由 Sunit 移植而来的。所有参照 Sunit 设计的单元测试框架都相似，因此统称为 xUnit。

Junit 是一个开发源代码的 Java 测试框架，用于编写和运行可重复的测试，提供了许多基类供开发人员扩展，还提供了一些比较执行结果的类和接口等；框架还会提供不同的测试执行器（Test Runner）来运行单元测试，这个类会收集所有的测试类，并执行之，然后收集测试结果，最后用文本或图形的形式将测试结果展示给开发人员。Junit 主要用于白盒测试、回归测试。

7.2.2　Eclipse 中使用 Junit 进行单元测试

本章节将使用 Eclipse 进行开发，并通过一个实际的例子：任意给定 3 个点，判断是否可以组成三角形，来介绍单元测试的具体执行过程。

下面是需要测试的类 Triangle（建立 Java Project，并新建类 Triangle，添加如图 7.1 所示的代码）。

从代码中可以看出，该类包含 3 个变量，1 个有参构造方法，4 个普通方法，下面我们进行单元测试，测试 getDistance（Triangle）方法是否正确实现了功能，具体步骤如下。

（1）配置 Junit 框架，准备相应的 Junit Jar 包（自行下载），在工程 Triangle 上点击右键，按如下路径“Build Path→Configure Build Path…”进行配置，具体操作见图 7.2。

说明：以上是通过添加外部 Jar 包的方式配置 Junit，除此之外，还可以通过下面的方式进行配置：不需要自行下载 Jar 包，而是使用 Eclipse 集成的 Junit，只需在图 7.2 中选择“Add Library…”，然后按照提示选择相应的 Junit 版本即可。

现在 Junit 环境已经配置好，可以使用 Junit 进行单元测试了。

```
public class Triangle {
	private int x;	//点的 X 坐标
	private int y;	//点的 Y 坐标
	private String name;	//点的名称
	public Triangle(int x, int y, String name) {
		super();
		this.x = x;
		this.y = y;
		this.name = name;
	}
	public void showInfor() {
		System.out.println("坐标：" + this.name + "(" + this.x + "," + this.y + ")" );
	}
	//两点之间的距离
	public double getDistance(Triangle t) {
		return Math.sqrt((x-t.x)*(x-t.x)+(y-t.y)*(y-t.y));
	}
	//三角形成立的判断：两条较小边之和大于第三边且两条较小边之差小于第三边
	public boolean judge(double a,double b,double c) {
		double[] arr = {a,b,c};
		Arrays.sort(arr);
		if(arr[0]+arr[1]>arr[2]&&arr[1]-arr[0]<arr[2]) {
			System.out.println("这三个坐标可以构成三角形");
			return true;
		}else {
			System.out.println("这三个坐标不可以构成三角形");
			return false;
		}
	}
	//计算三角形的面积
	public double getArea(Triangle t1,Triangle t2,Triangle t3) {
		return (t1.x*(t2.y-t3.y)+t2.x*(t3.y-t1.y)+t3.x*(t1.y-t2.y))*0.5;
	}
}
```

图 7.1　类 Triangle 代码

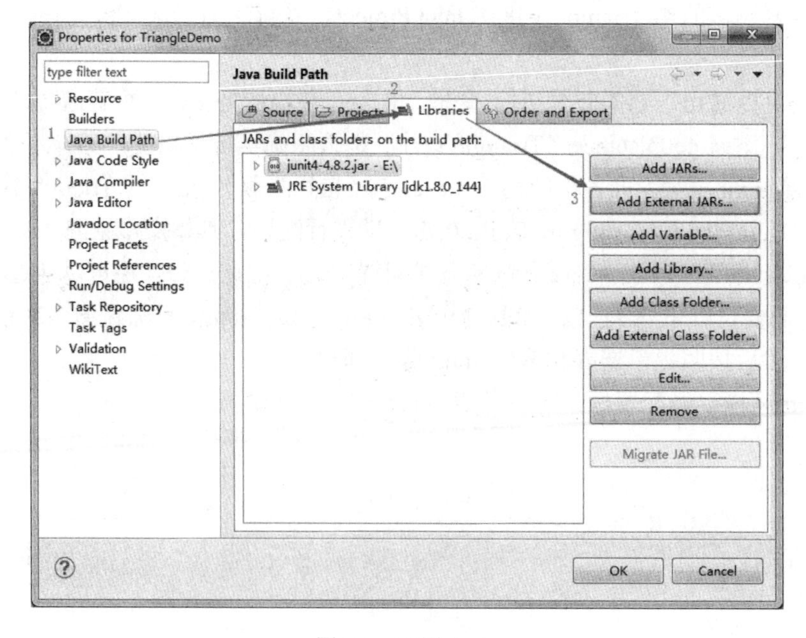

图 7.2　配置 Junit

（2）在 Triangle 类上点击右键，选择“new”→“Junit Test Case”，在弹出窗口中建立测试类 TriangleTest.java，并根据提示信息选择需要测试的函数，具体如图 7.3 和图 7.4 所示。

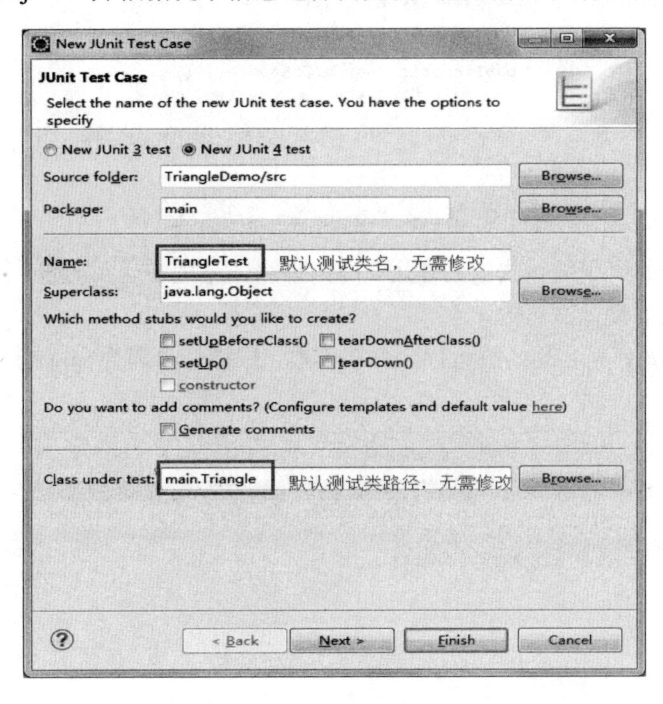

图 7.3　新建测试类

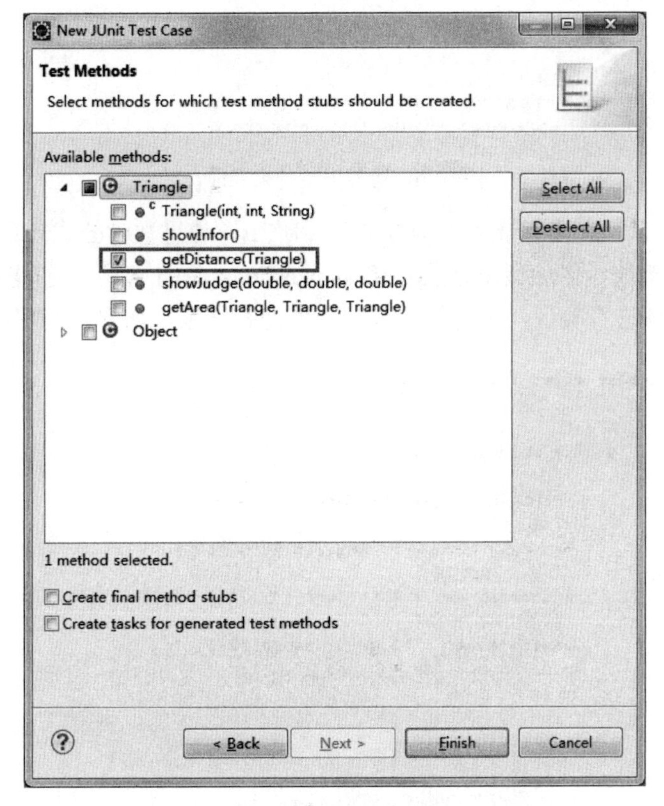

图 7.4　选择待测函数

完成以上步骤，则自动生成图 7.5 所示的测试代码。

```
public class TriangleTest {

    @Test
    public void testGetDistance() {
        fail("Not yet implemented");
    }

}
```

图 7.5　测试类 TriangleTest 自动生成代码

其中 fail()方法起到使测试失败的作用，即如果测试过程中遇到问题，测试运行器会直接执行 fail()方法，从而使测试失败。

到目前还没有做任何实现，故运行会直接失败，报错信息即为 fail()方法提示信息，弹出图 7.6 所示的界面。

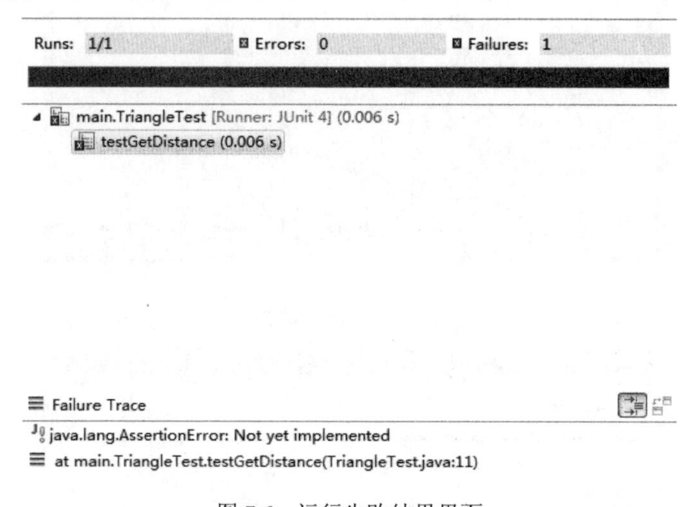

图 7.6　运行失败结果界面

（3）添加测试代码，实例化两个对象点 A 和点 B，通过数学公式计算 A, B 两点之间的距离，并设置为期望值，然后调用方法 getDistance(Triangle)计算两点之间的实际值，最后调用 assertEquals()方法进行验证，看实际值与期望值是否一致，如图 7.7 所示代码。

```
public class TriangleTest {

    @Test
    public void testGetDistance() {
        //点A
        Triangle t1=new Triangle(4,0,"A");
        //点B
        Triangle t2=new Triangle(3,2,"B");
        //A与B之间的期望距离
        double ab_exp = Math.sqrt((4-3)*(4-3)+(0-2)*(0-2));
        //A与B之间的实际距离
        double ab_ac = t1.getDistance(t2);
        assertEquals(ab_exp, ab_ac, 0);
    }

}
```

图 7.7　测试 getDistance(Triangle)方法

其中方法 assertEquals()是 Juint 框架自带的验证逻辑，可以传入期望值与实际值（即测试的预期结果与实际结果）。该方法自动对比，验证二者是否一致，若一致，则测试通过；若不一致，则测试失败，并提示相应报错信息。

（4）执行测试代码，右键选择“run as”→“Junit Test”，启动 Junit 测试运行器，此时测试通过，则表示为绿色条（若不通过则表示为红色条，可根据报错信息修改测试，类似图 7.6），如图 7.8 所示。

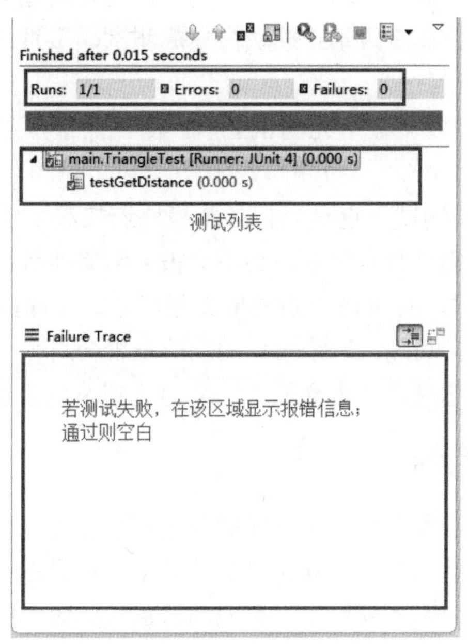

图 7.8　单元测试结果分析界面

单元测试可同时启动多个测试方法，即一个测试类中可包含多个@Test，那么就可以同时测试几个方法。具体测试结果，可通过 Runs，Errors 以及 Failures 几个参数进行分析。

以上是通过 Junit 进行单元测试的具体实例，将 Triangle 类中的每个方法作为单独模块进行测试，可以保证每个模块的代码逻辑正确。但方法之间彼此是有相互关联的，仅仅保证单个模块的正确性，并不能保证模块整合之后仍然是正确的，下面的章节就集成测试的进行展开具体介绍。

7.3　集成测试

软件中通常包含很多个模块，且模块之间存在各种相互联系，单元测试保证了每个模块的正确性，但是当多个模块组装在一起后，模块之间就会产生影响，这时往往会出现一些新的问题，例如：

（1）在把各个模块连接起来的时候，穿越各个模块的接口数据会丢失。

（2）一个模块的功能是否会对另一个模块的功能产生不利的影响。

（3）各个子功能组装完成后，能否达到预期的父功能。

（4）全局数据结构是否有问题。

（5）单个模块产生的误差累计起来是否会放大。

为了解决以上问题，在模块的组装过程中有必要进行测试，保证整个软件的正确性。

7.3.1　集成测试的定义

所谓集成测试，又称为组装测试或联合测试，是指在单元测试的基础上，需要将所有模块按照概要设计说明书和详细设计说明书的要求进行组装。一般单元测试针对最小的单元结构，系统测试对应于产品级，而当中的所有各层测试都需要通过集成测试来完成，根据集成力度不同，将集成测试划分为 3 个级别：模块内集成测试，子系统内集成测试（即模块间集成测试），以及子系统间集成测试。

（1）模块内集成测试，发生在单元测试之后，测试的重点是模块内各个函数之间的调用，以及数据的传递等。

（2）子系统集成测试的测试重点是当把各个模块连接起来的时候，穿越模块接口的数据是否会丢失，全局数据结构是否有问题，会不会被异常修改等。

（3）子系统间集成测试，发生在子系统集成测试之后，测试的重点是各个子功能组合起来，能否达到预期要求的父功能；一个模块的功能是否会对另一个模块的功能产生不利的影响；单个模块的误差积累起来，是否会放大，从而达到不可接受的程度等。

7.3.2　集成测试的目标

软件测试的目标，是为了发现程序中存在的问题而执行程序。所以无论是单元测试，还是集成测试，最终的目标都是为了保证软件产品的质量，提升软件的可维护性及可扩展性，只是不同的测试阶段所测的内容不同罢了。单元测试从代码内部的逻辑入手，而集成测试以模块与模块之间的相互关系入手，下面是集成测试所需要实现的目标。

（1）找出模块接口及整体体系结构上的问题。

（2）确保各组件组合在一起后能够按照既定意图协作运行，并确保增量的行为正确。

（3）集成测试属于灰盒测试，即验证接口是否与设计相符合，发现设计和需求中存在的错误。

7.3.3　集成测试策略

集成测试过程中，根据模块组装的方式不同，对应不同的策略，大致可分为非渐增式测试与渐增式测试。而渐增式测试在模块集成时，又可分为自顶向下和自底向上、混合渐增等几种不同的集成策略。不同的集成策略各有其优缺点，下面将对几种集成策略进行详细的介绍。

1. 非渐增式测试

非渐增式测试（Non-Incremental Integration）即一次性组装或整体拼装测试。该集成把所有系统组件一次性集合到被测系统中，不考虑组件之间的相互依赖性或者可能存在的风险，应用一个系统范围内的测试包来证明系统最低限度的可操作性。

采用非渐增式测试最终的目的是在最短时间内把系统组装出来，并且通过最少的测试来验证整个系统，其步骤大致为：首先对每个模块分别进行单元测试；然后再把所有单元模块组装在一起进行测试；最后得到要求的软件系统。

不难发现，该策略存在一定的优势，如集成方式相对简单，需要的测试用例比较少，集成过程中需要额外的驱动程序与存根程序也较少，而且测试活动相对集中，所以对于人力、物力的利用率较高；除此之外，该方式也存在很多的不足，如仅仅在单元测试的前提下进行一次性组装，那么程序中会存在模块间接口、全局数据结构等方面的问题，所以一次试运行成功的可能性不大；同时，在发现错误的时候，还存在定位问题和修改问题都比较困难等缺点。综上所述，该策略的适用范围比较有限，通常用在维护性项目或功能增强型项目，或已经过严格单元测试的小规模的系统上。

2. 自顶向下集成策略

自顶向下集成（Top-Down Integration）的方法，是指从主控模块开始，沿着程序的控制层次向下移动，逐渐把各个模块结合起来的方法。其集成步骤可大致描述如下。

（1）以主模块为所测模块兼驱动模块，所有直属于主模块的下属模块全部用存根模块替换，对主模块进行测试；

（2）采用深度优先（Depth-First）或者宽度优先（Width-First）的策略，用实际模块替换相应存根模块，再用存根模块替代它们的直接下属模块，与已测试的模块或子系统组装成新的子系统；

（3）进行回归测试，排除组装过程中引起错误的可能；

（4）判断所有的模块是否都已组装到系统中?如果是，则结束测试，否则转到步骤（2）去执行。

如图 7.9 所示，采用宽度优先的结合方式，即沿着软件结构水平移动，把处于同一个控制层次上的所有模块组装起来，其集成过程如下：首先组装模块 M_2、M_3、M_4，然后再组装下一个控制层次中的模块 M_5、M_6、M_7、M_8，如此继续，直到所有模块都被组装完成为止。

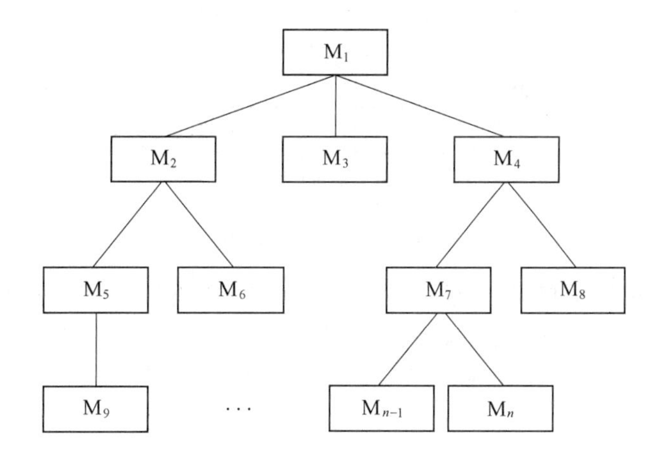

图 7.9　自顶向下集成例图

自顶向下的集成测试策略，有很多的优点，如较早地验证了主要的控制和判断，和设计的顺序一致，可以和设计同步进行等。相应地，该策略在集成的过程中，可能会需要很多的存根程序，增加了开发成本，同时，底层组件行为的验证推迟，并随着底层模块地增加，系统的复杂程度也会相应地增加。

3. 自底向上集成策略

自底向上集成（Bottom-Up Integration），与自顶向下集成刚好相反，组装和测试是从最底层的模块开始，所以在集成的过程中，不需要存根程序，其大致步骤如下。

（1）将底层模块组合成实现某个特定软件子功能的族；

（2）编写驱动程序，从而协调测试数据的输入和输出，对子功能族进行测试；

（3）去掉驱动程序，沿软件结构自上向下移动，从而形成新的更大的子功能族；

（4）判断所有的模块是否都已组装到系统中?如果是，则结束测试，否则转到步骤（2）去执行。

如图 7.10 所示，其集成过程如下：首先根据不同的特定功能将底层模块组合成族 1、族 2、族 3，编写驱动程序 D_1，D_2，D_3 对族进行测试；然后去掉 D_1，D_2，由族 1 和族 2 真实的上层模块 M_1 调用，如此继续，直到所有的模块都组装起来为止。

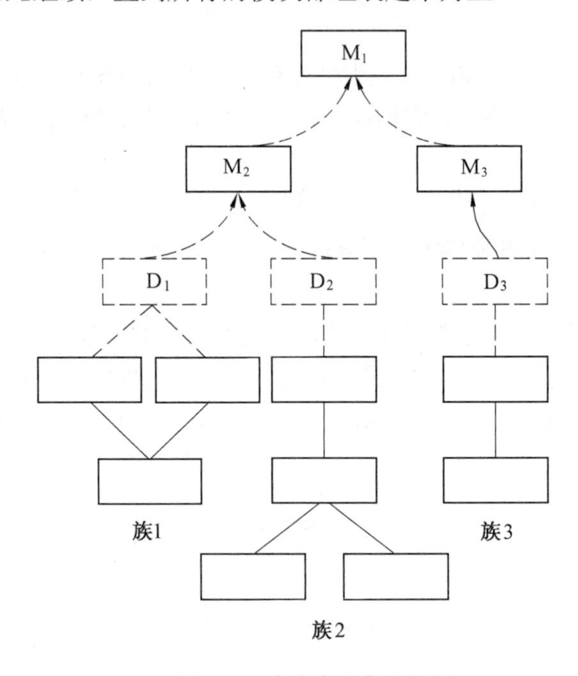

图 7.10　自底向上集成例图

自底向上集成策略的优缺点与自顶向下集成策略的刚好相反，可以提前组装测试底层模块的实现，减少了后期很多不必要的麻烦，而且随着组装的上移，所需要写的驱动程序也会减少，但上层模块的测试推后，不利于测试软件设计的整体结构。

4. 混合式集成策略

在测试实际的软件系统时，应该根据软件的特点以及工程进度的安排，选择适当的策略。通常，纯粹的自顶向下或自底向上都是不实用的，很多时候需要将两者结合使用。

对软件结构中较上层模块使用自顶向下的集成策略，而对软件结构中较下层的模块使用自底向上的集成策略，尤其当软件中关键模块比较多时，这种混合式集成策略是最好的折衷方式。

7.4　Junit 在集成测试中的应用

集成测试，简单理解，即同时测试多个模块，保证新添加模块不影响已测试模块的功能。如 Triangle 的例子，在 Triangle 类中，存在 4 个普通方法，除 showInfor()方法外，其余 3 个方法 getDistance（Triangle），judge（**double**，**double**，**double**），getArea（Triangle，Triangle，Triangle）不是完全独立的，它们彼此之间存在一定的关联。judge（**double**，**double**，**double**）方法的参数使用的是 getDistance(Triangle)方法的返回值，而方法 judge（**double**，**double**，**double**）的结果，又是方法 getArea（Triangle，Triangle，Triangle）可执行的条件。故仅仅保证每个模块内部的逻辑正确，并不能说明整个程序的逻辑是正确的。

下面基于 Triangle 的例子，介绍如何在 Eclipse 中使用 Junit 进行集成测试。关于类的源代码以及 Junit 环境的搭建，详见 7.2 小节，这里不再赘述。

下面以同时集成 getDistance（Triangle），judge（**double**，**double**，**double**）2 个方法为例，进行具体介绍。

（1）新建测试类 TriangleIntergrateTest，因为是集成测试，所以不需要具体指定要测试的方法。新建成功后生成如图 7.11 的代码。

```
public class TriangleIntergrateTest {
    @Test
    public void test() {
        fail("Not yet implemented");
    }
}
```

图 7.11　集成测试类

（2）添加测试代码，实现 getDistance（Triangle），judge（**double**，**double**，**double**）同时集成，具体代码如图 7.12 所示。

```
public class TriangleIntergrateTest {
    @Test
    public void test() {
        //实例化三个点A,B,C
        Triangle t1=new Triangle(1,0,"A");
        Triangle t2=new Triangle(4,2,"B");
        Triangle t3=new Triangle(-1,0,"C");

        //计算三条边的长度
        double a=t1.getDistance(t2);
        double b=t2.getDistance(t3);
        double c=t3.getDistance(t1);
        //判断是不是三角形
        boolean flag = t1.judge(a, b, c);
        assertTrue("可以组成三角形",flag);
    }
}
```

图 7.12　集成测试代码

其中 assertTrue()方法用于直接验证传入参数的状态，若 flag 状态为 true，则测试通过；若 flag 状态为 false，则测试失败。由于传入的 3 个点可以组成一个三角形，故测试通过，测试运行器运行结果如图 7.13 所示。

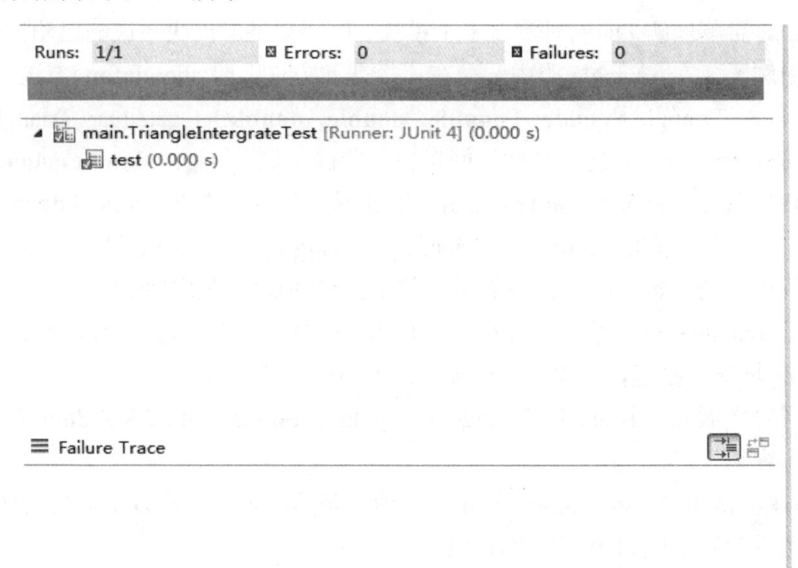

图 7.13　集成测试运行结果

以上是使用 Junit 进行集成测试的具体用例。集成测试过程中往往需要进行回归测试，当所有模块集成之后，要将 7.2 小节中涉及的单元测试重新执行，以保证没有新的错误引入。

7.5　小结

本章主要介绍了软件测试中的单元测试、集成测试，以及如何使用 Junit 进行具体的开发测试。单元测试，关注测试某个模块内部代码逻辑的实现；而集成测试，关注的是测试模块与模块间的接口和全局数据结构。从不同的角度测试软件，保证软件质量，可为后期的软件维护和扩展工作的进行打下基础。

课后习题

1. 简述单元测试以及单元测试的目标。
2. 简述集成测试的目标。
3. 简述自顶向下集成策略与自底向上集成策略的区别，以及优缺点。
4. 什么是系统测试？
5. 简述并比较集成测试的几种实施策略。

第 8 章　功能测试

软件测试是软件生命周期中非常重要的一个工作阶段。在第 1 章中已经讲到，软件测试可按照不同的维度划分为不同的测试类型，按照是否手工执行可划分为手工测试（Manual Test）和自动化测试（Automation Test），按照是否查看代码可划分为白盒测试（White-box Test）、黑盒测试（Black-box Test）和灰盒测试（Gray-box Test），其中黑盒测试主要包含功能测试（Functional Test）和性能测试（Performance Test）两个方面的工作。本章主要介绍功能测试的理论知识及相关工具应用，第 9 章将介绍性能测试的理论知识及相关工具应用。

8.1　功能测试的概述

软件产品的功能就是为了满足用户的实际需求而设计的，显然从用户的角度，其首先会关心软件产品的功能是否按照需求实现，因此对软件产品的功能测试工作也变得十分重要。同时，功能测试阶段也是测试职业生涯的基础阶段，该阶段可有效培养测试人员的测试思维，提升对需求和用户体验的理解把握能力以及增强测试工具的脚本开发能力。简单来说，功能测试是对产品的各功能进行验证，根据功能测试用例逐项测试，以确认产品是否满足了用户要求的测试活动。

8.1.1　功能测试的定义

具体来说，功能测试只需考虑需要测试的各个功能，不需要考虑整个软件的内部结构及代码，功能测试也称为黑盒测试或数据驱动测试。一般从软件产品的界面、架构出发，按照软件产品设计规格说明书设计功能测试用例，逐项测试以验证系统是否满足用户的功能性需求。

功能需求通常记录在软件需求规格说明书（SRS）中，SRS 定义了开发人员应实现的软件功能或服务。开发人员根据功能需求设计解决方案，在约束的条件范围内实现对应的功能。非功能性需求是对功能性需求的补充，通常开发人员也要结合非功能性需求综合考量，即在实现必需功能的同时也要达到规定的质量和性能指标。一般非功能测试包括但不限于：性能测试、负载测试、压力测试、可用性测试、可维护性测试、可靠性测试和可移植性测试。非功能测试中所涉及的性能测试技术将在第 9 章进行介绍，本章主要介绍功能测试相关技术。

8.1.2　功能测试类型

功能测试基于功能和特征（一般在需求规格说明、用户用例等文档中有相关描述或来自于测试人员通过和开发人员、用户等沟通后对需求的理解）以及专门的系统之间的交互，可以在各个级别的测试展开（例如单元测试可以基于单元的规格说明书）。功能测试通常主要考虑软件的外部表现行为，按功能测试类型可分为（但不限于）逻辑功能测试、界面测试、安装/卸载测试、易用性测试、兼容性测试、安全性测试等。

1. 逻辑功能测试

逻辑功能包括用户登录功能、邮箱的收发邮件功能、百度的搜索功能等。下面以百度的搜索服务举例来说明逻辑功能，功能需求为：提供一个输入框，提供一个“搜索”按钮，用户在输入框里输入关键字，单击“搜索”按钮后可以搜索出相应结果。逻辑功能测试就是测试其是否按照用户需求实现了上述功能。

2. 界面测试

界面测试简称 UI 测试，其主要目的是检查用户界面是否美观、布局是否合理，通常包含如下几个方面（但不限于）。

（1）界面显示内容的完整性、一致性、合理性以及友好性。

（2）界面中的文字是否正确、简洁易懂。

（3）界面提示信息的指导性。

（4）数据显示的规范性。

（5）功能模块的布局是否合理，2 个文本框和 1 个按钮是否对齐。

（6）文本框和按钮的长度、高度是否符合要求。

（7）界面的整体设计风格是否统一。

（8）界面是否美观。

（9）各个控件的放置位置是否符合用户使用习惯。

3. 安装/卸载测试

安装测试就是确保软件在正常情况和异常情况的不同条件下，如首次安装、升级、完整或自定义的安装等情况下都能进行安装。

安装测试通常包含如下几个方面。

（1）测试软件在不同操作系统（如 Linux、Win7 等）下安装是否正常。

（2）测试软件安装后是否能够正常运行，安装后的文件夹及文件是否已写到了指定的目录里。

（3）测试软件安装各个选项的组合是否符合概要设计说明。

（4）软件安装向导的界面测试。

（5）测试软件安装过程是否可以取消，单击取消后，写入的文件是否如概要设计说明进行处理。

（6）软件安装过程中意外情况的处理是否符合需求（如断电、死机、重启）。

（7）测试安装空间不足时是否有相应提示。

（8）检查安装后没有生成多余的目录结构和文件。

（9）对于需要通过网络验证之类的安装，测试断网情况下是否可以成功安装。

（10）还需要对安装手册进行测试，检查依照安装手册是否能顺利安装。

卸载测试通常包含如下几个方面。

（1）直接删除安装文件夹卸载是否有相应提示信息。

（2）测试使用系统自带的添加删除程序（以 Win7 为例）卸载的情况。

（3）测试软件自带的卸载程序。

（4）测试卸载后文件（注册表、安装文件夹、系统环境变量）是否全部删除。

（5）测试卸载过程中出现意外情况的处理（如断电、死机、重启）。

（6）测试卸载是否支持取消功能，单击取消后软件卸载的情况。

（7）软件自带卸载程序的界面测试。

（8）如果软件调用了系统文件，当卸载文件时，是否有相应的提示。

（9）还需要对卸载手册进行测试，检查依照卸载手册是否能顺利卸载。

4. 易用性测试

易用性测试是指用户使用软件时是否感觉方便，即软件使用过程中不能给用户工作制造障碍和困难。易用性主要体现在直观、灵活、舒适、实用这几个方面。例如能将用户的查询结果直观地显示出来，且清晰明了；能根据用户的操作灵活地切换到对应的操作界面；界面友好美观，色彩运用恰当；鼠标拖到相应的位置有对应的提示信息等。

5. 兼容性测试

软件兼容性测试是指检查软件之间能否正确地进行交互和共享信息。一般从硬件、操作系统和数据兼容 3 方面考虑测试问题，Web 系统还要考虑浏览器兼容性。

对于硬件主要是考虑 CPU，选择不同架构的 CPU。关于操作系统，就是选择常见的系统。对于数据兼容来说，就是考虑向前和向后兼容，如 Word2007 创建的文档在 Word2013 里是否可以正常打开。

浏览器兼容性问题，又称为网页兼容性或网站兼容性问题，是指网页在各种浏览器上的显示效果可能不一致，而产生浏览器和网页间的兼容问题。一般是选择 3 个左右的主流浏览器进行兼容性测试，同一浏览器的不同版本也要进行兼容性测试。兼容性测试最为重要的是测试范围，即测试各浏览器界面上元素功能是否正常，排版布局是否合理美观。

6. 安全性测试

安全性测试是指对安全性相关的功能（如不同用户权限的正确性，用户登录密码是否可见或可复制等）进行测试，从而检测系统和数据是否能够抵御外部恶意的威胁。

8.2　功能测试过程

面对一个全新的项目，如何开展功能测试？应包含哪几个阶段呢？项目立项后，基本上对每个阶段的所需时间都有了一个大概的评估，对功能测试阶段的整体时间节点也有一个大概的评估。一般情况下，规划功能测试过程通常需要规划人员先熟悉整个项目的计划，并积极参与到项目的每个环节，这对有效开展功能测试工作是非常重要的。对于具体的测试过程，每个公司需要结合公司自身实际情况来进行规划。其实不管采用了哪种软件开发过程模型，功能测试过程一般都要经过以下几个阶段。

（1）功能测试需求分析。

（2）功能测试计划制订。

（3）功能测试设计与开发。

（4）功能测试执行与缺陷跟踪。

（5）功能测试报告。

功能测试过程各阶段的输出都需要经过严格的评审，评审通过后方可进入下一阶段。需要注意一点，以上阶段往往不是一蹴而就的，中间也存在反复过程，例如测试计划制订和需求分析这两个阶段就会存在反复过程，不同的公司实施各阶段时也会有细微差别。通常，功能测试过程中首先进行功能测试需求分析，包括需求采集、需求分析、需求评审这 3 个过程，最终形成软件测试需求，这是下一阶段工作的重要依据。很多公司往往在项目立项后就会基于系统的需求，先制订粗略的功能测试计划初稿，其主要从测试工作实施的角度来进行设计考虑，以便为后续测试工作提供指南。当然，测试计划也会根据实际项目的开展进行动态调整。

功能测试计划制订阶段的主要工作内容是根据需求估算测试所需资源（人力、设备等）、选择功能测试工具、确定所需的测试环境、所需时间、功能点划分、如何合理分配安排资源等。功能测试设计与开发主要是指测试用例的设计和测试脚本的开发，测试用例的设计主要运用等价类划分方法、边界值分析、场景法等测试技术；测试脚本的开发主要是指功能自动化测试脚本的开发，依据选用的功能测试工具的不同，开发语言也有所不同。功能测试执行与缺陷跟踪主要指按照功能测试设计阶段内容执行测试（手工执行、自动化执行）以及对测试过程中发现的缺陷进行记录和跟踪。最后，基于本次功能测试实际实施情况编写功能测试报告，根据准出标准判定软件实现是否已达到与需求一致。

8.2.1 功能测试需求分析

功能测试需求分析是非常重要的一个阶段，测试需求分析是设计测试用例的依据，功能测试需求分析结果的好坏直接影响最终的测试效果。功能测试需求主要解决“测什么”的问题，即明确功能测试需求范围才能进一步决定测试的工作细节（如怎么测试，测试时间，团队人员如何构建等）。

测试需求分析首先需要测试人员依据一定的文档（软件需求规格说明书、概要设计文档、详细设计文档等），与客户、开发、架构等多方的沟通交流来理解需求，深入了解需求，通常包含以下几个方面。

1. 业务流程理解

测试人员首选要通过相关文档熟悉被测系统的业务流程，业务流程是主线，如果业务流程理解有误，会影响后期测试分析工作的准确性。业务流程测试重点考查系统不同模块、不同子系统之间的功能衔接、数据流向以及完成业务功能的正确性和便利性。业务流程测试是建立在功能点测试基础上的。首先要保证流程测试涉及的功能点实现正确，因而，流程测试应安排在功能测试的后面进行。

2. 功能理解

流程通畅的前提下就要进行具体功能的理解，主要是系统包含哪些主要功能，每个功能的期望值是什么。比如学籍管理系统包含用户登录功能，期望输入合法的用户名和正确的密码，单击“登录”按钮，系统能登录成功。

3. 界面的需求理解

软件界面是人与计算机之间的媒介，用户通过软件界面来与计算机进行信息交换。界面的美观程度较差会使用户整体感官较差，时间长了用户会产生厌倦情绪，可能会降低用户的访问量。通常优秀的软件界面有简便易用、界面美观、突出重点、容错高等特点。

4. 易用性的需求理解

系统能满足用户需求，但过于复杂的操作步骤或与用户经常使用的操作步骤相左，会使用户操作起来很不顺手，时间长了用户会觉得某个功能操作很难用、很别扭，这就需要需求分析时在系统功能分析完成后要考虑系统功能的易用性。

5. 兼容性的需求理解

如果软件只能在某种环境下部署，这就说明软件存在某种局限性。如果一个软件能在多种环境下使用，则能为软件带来更广阔的市场。

需要注意一点，对测试需求的理解不仅局限于以上几点，比如还有针对安全性需求的理解，因此不同的公司开展测试需求分析工作需要结合项目实际情况综合考虑。一般来说，软件测试需求分析工作以软件开发需求为基础进行分析，通过对开发需求的细化和分解，形成可测试的内容，即形成测试需求文档。测试需求特性等相关内容在第 2 章已经讲过，这里不再赘述。

具体的测试需求分析过程包括需求采集、需求分析、需求评审 3 个阶段。测试需求分析中非常重要的输出就是测试需求跟踪矩阵，测试需求跟踪矩阵是原始测试需求与测试要点的对应关系表，该表用于对测试需求进行有效管理。测试需求跟踪矩阵需要不断维护，是设计测试用例的一个重要输入文档。

8.2.2　功能测试计划制订

功能测试计划通常由测试组长根据项目的需求规格说明书来编写，通常公司的测试组都有自己的功能测试计划常用模板，其具体格式也可由测试组根据实际进行调整，但是内容上大致需包括以下几个方面。

1. 项目背景和目标

可通过相关文档和沟通的方式来获取项目背景信息，并明确本次测试目标或所要达到的目的。一般该文档的读者对象可能为：软件开发项目管理者、软件工程师、测试组、系统维护工程师。

2. 测试资源

测试资源通常包含测试环境和人力资源这两部分。人力资源通常涉及本次测试的进度安排和团队成员构成。测试进度安排需要描述各个阶段测试工作的时间节点、执行者、开始时间、完成时间等；团队成员构成部分需要说明团队成员的角色、职责以及所需的技能要求。测试环境主要是描述测试的软件环境（相关软件、操作系统等）和硬件环境等。某软件产品功能测试的测试环境配置见表 8.1。

表 8.1　测试环境配置

设备	硬件配置	软件配置
数据库服务器 Web 服务器	PC 机（一台） CPU：2 Core 2.4 GHz 内存：4 GB 硬盘：500 G	Windows Server 2003 MySQL5.6 Apache2.2
测试机	PC 机（一台） CPU：2 Core 1.7 GHz 内存：4 GB 硬盘：500 G	Windows 7 UFT11.5 IE9.0 以上 Microsoft Office

3. 测试范围和测试策略

测试范围即说明本次测试所需要测试的内容和不需要测试的内容。测试策略中通常需要说明本次测试过程、测试方法、测试工具的选型、测试开始前需要完成的数据准备工作等。

4. 缺陷管理

缺陷管理介绍本次测试过程中缺陷的管理控制方法，基本包含的内容有：缺陷类型、缺陷管理流程图、缺陷严重级与优先级。

5. 风险控制

风险控制主要是对测试过程中潜在风险进行描述及控制，通常以表格的形式列出风险控制详情，见表 8.2。

表 8.2　风险控制

质量风险描述	风险严重性	发生可能性	风险系数	规避措施
1. 开发人员代码完成自测力度不够	3	4	12	1. 产品组内部加强质量考核； 2. 测试人员对于修改引起的问题进行特别标注并统计，并由负责人定时反馈； 3. 内测通过并提交后，实际仍未通过，做打回处理，产品组需要重新提交
2. 测试人员经验不足	4	2	8	尽早安排新人培训，测试人员尽早熟悉产品，加强组内成员沟通

备注：1. 风险系数=风险严重性（1～5,5 最高）*发生可能性（1～5,5 最有可能发生）

6. 测试准入准出条件

（1）准入条件是指启动本次测试，测试环境需满足的条件。常见的准入条件如下。

① 开发人员编码结束，并已完成单元测试；

② 需求说明书规定的功能或开发人员提交的功能说明书的功能均已实现；

③ 被测系统的基本流程可以走通，界面上的功能均实现，符合设计文档规定的功能；

④ 开发人员提交被测系统的最新版本，安装测试通过；

⑤ 开发人员向测试部提交《测试申请》；

⑥ 开发人员提供完整的需求设计文档、概要设计文档、详细设计文档、接口设计文档、数据库文件、基础数据、用户操作手册（用户帮助文档）、单元测试报告等。

（2）准出条件是指结束本次测试，测试环境需满足的条件。常见的准出条件如下。

① 测试覆盖率达到 100%；

② 一、二级 Bug 修复率达到 100%，三、四级 Bug 修复率达到 95%以上；

③ 被测项目满足软件需求说明书的要求等。

以上的准入准出条件需要甲乙双方协商达成一致，实际实施时会根据实际状况，列出符合现实场景的准入准出条件。

7. 交付产物

交付产物是指本次测试结束后的产出物，比如测试计划、测试需求跟踪矩阵、测试用例、自动化测试脚本、缺陷报告、测试报告及改进措施等。

8.2.3　功能测试设计与开发

完成需求分析、测试计划制订及相关准备工作后，后面的主要工作是进行测试的设计与开发。测试的设计与开发主要是指测试用例的设计和自动化脚本的开发。测试用例通常可分为手工测试用例和自动化测试用例两部分，手工测试用例文档是后期手工测试的主要依据文档。自动化测试用例是后期开发自动化测试脚本的重要依据，自动化测试用例的范围往往是核心业务流程或者重复执行率较高的测试用例。自动化测试脚本代码必须严谨、规范。

功能测试用例设计在功能测试阶段中是非常重要的一项工作，是功能测试过程中的基础工作。可见，设计高质量的功能测试用例至关重要。通常定义完备而准确的功能测试场景和测试用例，需要测试人员充分地理解实际的用户需求和业务流程，这也进一步体现了需求分析工作的重要性。功能测试用例设计的主要来源通常有：需求说明及相关文档、相关的设计说明（概要设计、详细设计等）以及与开发人员沟通交流。

在第 4 章已经讲到了测试用例的定义，在这里需要注意一点，测试用例模板不是唯一的，不同的公司会根据项目实际情况考量定制其自用的测试用例模板，但是测试用例模板包含的核心要素是一致的。测试用例模板一般都包含项目/软件、版本、功能模块名、预置条件、用例编号（ID）、优先级、测试步骤、测试数据和预期结果。测试用例可以用文档进行描述，也可以使用表格进行表达，可根据实际需求选择合适的描述方式。测试用例模板见表 8.3。

表 8.3　测试用例模板

项目/软件		版本	
用例编号		功能模块名	
设计者		更新者	
设计时间		更新时间	
功能特性			
测试目的	测试用例的测试目的		
预置条件	对测试的特殊条件或配置环境进行说明		
测试数据	本次测试所用到的测试数据		
操作步骤	详细描述测试过程，测试步骤清晰		
期望结果			
其他备注			

功能测试属于黑盒测试范畴。在第 5 章已经讲到测试用例设计方法包含等价类划分方法、边界值分析方法、因果图法、决策表方法、场景方法、正交试验设计法。设计者需要根据项目实际情况考虑将以上几种方法结合起来设计功能测试用例。

功能测试用例设计的好坏直接影响了功能测试的测试效果。一个好的测试用例通常包含以下几点特性。

（1）测试用例覆盖度高。

（2）测试用例易于维护。

（3）测试用例中测试步骤描述清晰准确。

（4）测试用例已经达到工作量最小化。

8.2.4　测试执行与缺陷跟踪

测试设计与开发完成后，若满足测试执行入口准则后就进入测试执行阶段。软件测试执行阶段是要在测试计划的基础上有效地按照事先预定的测试计划、设计的测试用例、自动化测试运行、测试完成标准等具体操作过程，在执行过程中发现与测试用例预期结果的不一致，即认定为缺陷。若满足测试执行出口准则就结束测试执行阶段，最后报告测试结果。

测试执行入口准则是指允许软件系统或者软件产品进入测试执行阶段所必须具备的条件，即提交的软件系统或者软件产品必须满足入口准则定义的条件，测试团队才可以展开具体的测试执行工作。简单来说，入口准则定义了什么时候可以开始测试，入口准则主要包含如下内容。

（1）测试环境和相关的测试资源已经准备就绪并可用。

（2）测试工具在测试环境中已准备就绪。

（3）测试设计规格说明书和测试用例规格说明书已经编写完成，并且通过评审。

（4）自动化测试用例验证通过。

（5）测试数据可用。

（6）开发人员对提交的版本进行了预测试，并且预测试通过。

（7）开发人员提交版本说明，包括该版本中新增加的功能特性、修改的缺陷、没有修改的缺陷、可能存在的问题以及测试重点的建议等。

测试执行包括手工测试和自动化测试。手工测试就是在设计了测试用例并通过评审之后，由测试人员根据测试用例中描述的规程一步步执行测试，将得到的实际结果与期望结果进行比较，属于比较原始但是必需的一个步骤。通常在回归测试中，为了节省人力、时间或硬件资源，提高测试效率，便引入了自动化测试的概念。自动化测试是把以人为驱动的测试行为转化为机器执行的一种过程。不管是手工测试还是自动化测试，测试执行对每一项要测试的内容都必须有个结论，即测试是否通过，答案为“是（Pass）”或者“否（Fail）”。需要注意一点，测试结果的不一致或者失败并不一定是由于测试对象的缺陷引起的，也许是因为测试环境出错、测试人员执行测试时人为误差等。如果是由于测试对象引起的不一致，那么测试人员需要提交相应的缺陷报告，对缺陷进行跟踪管理。关于缺陷描述、缺陷级别、缺陷管理等部分在前面章节已介绍过，这里不再赘述。

8.2.5　功能测试报告

测试执行阶段结束后就要进入功能测试报告输出阶段。功能测试报告是功能测试阶段最后的产物，是指把功能测试的过程和结果写成文档，对发现的问题和缺陷进行分析，为纠正软件存在的质量问题提供依据，同时为软件验收和交付打下基础。功能测试报告是对功能测试工作和活动等相关信息的总结，主要包括：

（1）在测试周期内发生了什么（测试范围、测试过程等）？比如测试用例执行开始日期、达到测试入口准则的日期等。

（2）测试过程和产品质量的相关评价，即基于测试中的数据采集信息进行分析、度量并对最终的测试结果进行分析，比如对遗留缺陷的评估、继续进行测试的经济效益、未解决的风险以及被测软件的置信度等。

一般，不同公司的功能测试报告模板各不相同，但是通常主要包含以下内容：测试概述、测试过程、测试情况分析、测试结论及经验总结。

1. 测试概述

测试概述通常主要包含测试项目概述、术语和缩略语（名词解释、定义等）、参考文档等。

测试项目概述主要是指本次项目背景介绍、测试目标及测试范围。名词定义是描述本轮验证测试过程中涉及需求、更新的产品术语、新产品术语等。参考文档是描述参考的需求文档、设计文档等。测试目标是指本次测试任务期望达到的目的，比如检验本系统或模块与上下游系统的功能交互是否正常。测试范围主要描述本次测试任务的覆盖功能、模块、品牌、产品、规则、外围系统等因素的范围。一般会有一个本次测试任务涉及任务的影响分析，然后给出每部分的覆盖范围。对于受到影响但未覆盖的部分，需要给出相应解释。

2. 测试过程

测试过程主要描述本次测试任务执行整体过程的相关信息，第二级子目录可以根据实际的情况和信息进行增加，常见的信息有测试进度表、角色与分工、测试环境与配置、测试方法与用例设计、测试工具、入口准则/出口准则等。测试过程的信息大部分在测试计划中都有描述，在实际实施中可能会根据实际执行情况动态调整某些信息，测试报告以实际执行情况为依据。角色与分工是指实际执行时不同角色的职责和任务分配描述，例如每个模块的执行负责人和工程师人数、测试准备工作时每项任务负责执行人员名字等。除了测试团队成员还需其他角色配合，比如版本发布工程师、开发接口人、需求接口人、资料准备接口人、DBA等，一般以表格形式列出。测试环境与配置项主要描述本次测试任务实际投入并完成测试任务的软硬件环境信息、环境资料信息、管理工具的环境相关信息等。

3. 测试情况分析

测试情况分析主要包括测试用例执行情况、缺陷的统计与分析、测试覆盖率分析。测试用例执行情况是指按照详细执行计划统计的数据结果，比如：按照模块的测试用例执行结果数据统计、按照人员分配的测试用例执行结果数据统计等，见表8.4。

表8.4　按模块的测试用例执行情况

测试用例执行情况	执行者	模块	总计	阻塞	通过	失败	失败率
	tester1	登录模块	85	5	70	10	11.76%
	tester2	订票模块	135	0	130	15	11.11%
	总计		220	5	200	25	11.36%

缺陷的统计与分析是指缺陷相关维度的分析，例如按模块的缺陷分布和分析、按照缺陷严重程度的分布和分析、缺陷发生时间分布和分析、最后缺陷关闭趋势和分析、或未关闭缺陷/遗留缺陷的分析和当前处理建议等。按模块的功能缺陷统计见表8.5。测试覆盖率分析用于描述测试用例的个数、测试覆盖率、执行通过率等，以及因限制而未测试的原因分析。

表8.5　按模块的功能缺陷统计

功能缺陷统计				
统计类型	统计类型点	登录模块	订票模块	缺陷总计
缺陷级别	Urgent	0	0	0
	Very High	0	0	0
	High	3	5	8
	Medium	3	1	4
	Low	2	1	3
缺陷类型	设计问题	0	3	3
	文档问题	0	0	0
	程序问题	0	5	5
	人机交互问题	1	0	1
	其他问题	0	0	0
总计		10	15	25

4. 测试结论及经验总结

测试结论主要根据出口要求给出本阶段测试是否按计划完成的结论。比如，如果出口准则为测试用例通过率为 99%，High 以上问题遗留率为 0，那么就需要根据这个条件判断测试任务是否为通过或不通过。一般不允许给出模糊或有二义性的结论。测试报告通常也包含一定的测试建议，主要是对系统存在问题的说明，描述测试所揭露的软件缺陷和不足，以及可能给软件实施和运行带来的影响。经验总结主要总结本次测试准备、测试执行、缺陷跟踪等过程中的主要问题、问题解决经验等内容，比如环境和数据准备中的问题和解决方法、执行过程中的问题和经验等。

测试报告编写完成后，要组织开展测试报告评审活动，参与评审的主要角色有项目经理、需求分析人员、架构设计人员、运维人员、开发人员和测试人员等。评审时主要审查测试报告描述是否严谨、准确，内容是否清晰、完整，是否符合测试报告要求，结论与建议是否合理，评审小组人员是否有异议。具体来说，测试报告评审主要从完整性、准确性、可追溯性等方面进行审查。完整性评审主要审查测试报告能否充分覆盖测试报告常见组成要素。准确性评审主要审查所描述的内容能够得到相关各方的一致理解，各部分没有矛盾和冲突，没有二义性。可追溯性是指测试过程各阶段活动以及相关数据、文档等内容可追溯。

8.3　功能测试工具及 UFT 的应用

软件测试按照是否手工执行可分为手工测试和自动化测试。手工测试是传统的测试方法，由测试人员手工执行测试用例，缺点在于测试工作量大、重复多、代价昂贵、容易出错、无法做到覆盖所有代码路径；许多与时序、死锁、资源冲突、多线程等有关的错误很难捕捉到，而且回归测试难以实现。

自动化测试利用功能测试工具自动实现全部或者部分测试工作，可节省大量的测试开销，但不能消除手工测试这种工作的工作量，即自动化测试是对手工测试的一种补充。但自动化测试不可能完全替代手工测试，因为很多数据的正确性、界面是否美观、业务逻辑的满足程度等都离不开测试人员的人工判断。所以，自动化测试非常适用于回归测试，其仅仅是某些条件下手工测试的一种补充，而无法全面取代手工测试。

经验表明，测试过程中 80%以上的缺陷是手工测试发现的，仅有不到 20%的缺陷是靠自动化测试发现。手工测试和自动化测试对于项目来说同等重要，不存在自动化测试人员高级于手工测试人员。在项目前中期的时候，手工测试占据了核心地位；在后期的时候，自动化的全面覆盖保证了回归测试的有效进行。因此手工测试和自动化测试相辅相成，都非常重要。本章节后面主要介绍自动化测试技术及相关工具。

8.3.1　功能自动化测试概述

是不是所有的项目都要使用功能测试工具来开展自动化测试？显然，答案是否定的。一般需要根据测试项目实际情况综合考虑，通常主要考虑以下几个方面。

1. 选择合适的项目开展功能自动化测试

（1）如果一个项目是一次性的或短期的项目，那么该项目不适合使用功能测试工具开展自动化测试。因为功能自动化测试是一个长期的过程，自动化测试只有在多次运行后才能体现自动化的优势和价值，因而短期性的项目体现不出自动化的价值和作用。

（2）进度非常紧迫的项目不适合开展自动化测试。因为自动化测试需要测试人员开发自动化测试脚本，这相对比较耗时，往往容易适得其反。

2. 测试团队需有专业的自动化测试工程师

自动化测试需要由人使用自动化测试工具来开发自动化测试脚本，因而测试人员需要掌握必要的开发知识和编程技巧，即测试团队成员中应有专业的自动化测试工程师，故构建测试团队时需要选择合适的自动化测试工程师。通常自动化测试工程师需要熟练掌握自动化测试工具的使用，同时还需要建立自动化测试体系。

3. 循序渐进地开展功能自动化测试

开展功能自动化测试不是一蹴而就的，是循序渐进的过程。通常在界面稳定的时候才开始考虑实施自动化测试，一般先实现那些容易实现且相对稳定的功能模块的自动化测试，然后再考虑逐步扩展和补充其他相对较难实现的功能模块。

8.3.2　功能测试工具的选型

目前市场上有很多功能自动化测试工具，通常采用测试过程的捕捉和回放技术、脚本技术、虚拟用户等模拟用户的操作，然后将被测系统的输出记录下来同预先给定的标准结果进行比较，属于黑盒测试范畴。面对众多的功能自动化测试工具，如何选出合适的功能自动化测试工具变得尤为重要。功能自动化测试工具选型时通常主要考虑以下几个方面。

（1）测试工具的功能。

（2）对不同类型的应用平台和程序的支持。

（3）对不同类型的操作系统的支持。

（4）对不同的测试类型的支持。

（5）脚本语言、编译器和调试器。

（6）测试工具集成能力。

（7）测试多语言应用程序的能力。

（8）录制测试脚本的能力。

（9）对控件和对象的支持。

（10）测试工具的易用性。

（11）测试结果记录与导出报告。

（12）扩展性，应对变化的能力。

不同的功能自动化测试工具有其各自的特点和适用范围，因而作为测试管理者需要根据项目实际情况综合以上因素考量，选出适用的功能自动化测试工具。

8.3.3　自动化测试项目流程

一旦确定该项目需要开展自动化测试，测试负责人就要根据项目实际情况，确定本次自动化测试项目的流程。一般情况下自动化测试项目包含以下几个阶段。

1. 制订自动化测试计划

该阶段依据需求说明书制订测试计划，具体需要明确测试目的、测试对象、测试范围、测试方法、测试配置、测试周期、测试资源、测试风险分析等内容，并明确测试所需的人力资源、硬件资源、测试数据等都准备充分。测试计划评审通过后，将测试计划文档下发给测试团队成员。

2. 分析自动化测试需求

测试用例设计人员根据测试计划和需求规格说明书分析自动化测试需求，形成《自动化测试需求说明书》文档。《自动化测试需求说明书》是自动化测试用例设计的主要依据。

3. 设计自动化测试用例

首先设计测试用例来覆盖所有需求点，形成专门的测试用例文档，包括输入参数、测试数据、执行步骤、验证方法等；然后分析测试用例列表，将能够执行自动化测试的测试用例汇总成自动化测试用例。

4. 搭建测试环境

自动化测试人员在测试用例设计阶段即可同时开展测试环境搭建工作，可依据测试目的搭建测试环境。测试环境的搭建主要包括被测系统的部署、测试硬件的调用、测试工具的安全和设置、网络环境的布置等。测试环境的搭建一般有以下几点要求。

（1）测试环境尽可能模拟用户真实环境。

（2）确保测试环境无毒。

（3）营造独立的测试环境。

（4）构建可复用的测试环境。

5. 开发自动化测试脚本

该阶段按照设计好的自动化测试用例，在自动化测试工具中采用适当的脚本开发方法编写测试脚本。一般先通过录制的方式获取本次测试所需要的页面控件，然后用结构化语句控制脚本的执行，再进一步做脚本增强（如加入检查点、参数化等），将公共普遍的功能（如登录）独立成共享脚本。编写完脚本后需要反复调试，直到运行正常为止。

6. 自动化测试执行和生成报告

依据测试计划的进度要求执行自动化测试，并依据实际执行情况，记录缺陷、分析测试结果以及输出测试报告。通常，测试过程中发现的 Bug 要记录到缺陷管理工具中去，以便进行跟踪管理；开发人员修复该 Bug 后，需要再进行回归测试，即重复执行该 Bug 对应的脚本；执行通过就关闭该 Bug。

8.3.4　自动化功能测试工具 UFT 的应用

功能自动化测试工具有很多，一般可分为商业测试工具（QTP/UFT、WinRunner、Rational Robot、SilkTest 等）、开源/免费测试工具（UIAutomation、Autoit、Selenium、Appium 等）。

功能自动化测试工具 Quick Test Professional（QTP），现更名为 Unified Functional Testing（UFT）。UFT 是针对网络、移动、API 和应用程序的自动化测试软件，它可以在同一集成开发环境中进行手工测试、自动化测试和以框架为基础的测试。UFT 最初是 Mercury Interactive 公司开发的一种自动化测试工具，在2006年被HP公司花费45亿美元收购。UFT是以VBScript为内嵌语言的工具，其主要应用于功能测试、回归测试、Service Testing。使用 UFT 执行测试会仿真鼠标动作与键盘输入，并通过一定方式自动判断运行结果，从而实现自动化。

本节主要介绍 UFT 如何实施功能自动化测试。UFT 自动化测试的基本功能包括：

（1）创建测试。

（2）检验数据。

（3）增强测试。

（4）运行测试脚本。

（5）分析测试结果。

（6）维护测试。

1. UFT 的安装

（1）UFT 安装的环境要求。

UFT 支持在广泛的操作系统平台和测试环境下安装，并且仅需很少的设置就可以开始使用。读者可以从 HP 官网上下载 UFT 试用版，HP 提供 30 天的试用版本。安装 UFT 需要首先满足一定的硬件要求，包括如下几点。

① 内存：不低于 2 GB（建议使用 4 G 内存）。

② CPU：主频不低于 1.6 GHz。

③ 浏览器：IE7.0 及以上版本。

④ 显卡：64 MB 以上的内存显卡。

⑤ 磁盘：不低于 2 GB 的空闲磁盘空间。

UFT 支持广泛的测试环境，具体如下。

① 操作系统：Windows 7(SP1)、Windows 8/8.1、Windows 10、Windows XP、Windows Server 2003、Windows Vista、Windows Server 2008。

② 浏览器：支持 IE7、IE8、IE9、IE10、FireFox 3.0.X、FireFox 3.5、Chrome。

③ 支持虚拟机：VMWare ESX 3.0.1、VMWare ESX 3.5、VMWare ESX 4.0、Virtual PC VMM 2008、Virtual PC 2004、Virtual PC 2007、Citrix MetaFrame Presentation Server 4.0、Citrix MetaFrame Presentation Server 4.5、Citrix MetaFrame Presentation Server 5、VMWare Workstation 5.5、VMWare Workstation 6。

UFT 默认支持对以下类型的应用程序进行自动化测试。

① 标准 Windows 应用程序，包括基于 Win32 API 和 MFC 的应用程序。

② Web 页面。

③ ActiveX 控件。

④ Visual Basic 应用程序。

UFT 在加载额外插件的情况下，支持对以下类型的应用程序进行自动化测试。

① .NET 应用程序，包括.NET Windows Form、.NET Web Form。

② Delphi 应用程序。

③ Stingray 应用程序。

④ Java 应用程序。

⑤ Oracle 应用程序。

⑥ PeopleSoft 应用程序。

⑦ PowerBuilder 应用程序。

⑧ SAP 应用程序。

⑨ Siebel 应用程序。

⑩ VisualAge 应用程序。

⑪ Web 服务（Web Services）。

⑫ WPF 应用程序，包括 WPF 和 Silverlight。

⑬ 终端仿真程序（Terminal Emulators）。

（2）UFT 的安装步骤。

下面以 Windows 7 操作系统为例介绍 UFT11.50 的安装过程。获取安装包后，双击安装包中的“setup”文件，打开安装界面，如图 8.1 所示。

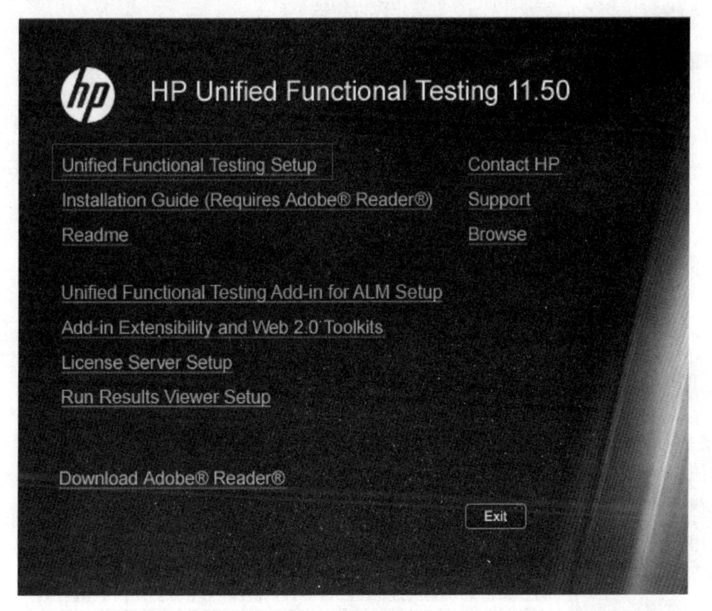

图 8.1　UFT 安装启动界面

本次为全新安装，单击“Unified Functional Testing Setup” 启动安装，在正式安装 UFT 之前，UFT 会检查所需的前置软件是否存在，如图 8.2 所示。本次安装检测出有 4 个组件未安装。单击“确定”按钮，会启动正式安装前置软件。

前置软件安装完成后，进入“Welcome”界面，单击“Next”按钮，进入“License Agreement”界面，如图 8.3 所示。

HP Unified Functional Testing 11.50

必须先安装以下必备程序才能安装本产品:
HP Unified Functional Testing 11.50:

Microsoft Office Access database engine 2007
Visual Studio Tools for the Office system 3.0 Runtime
Microsoft WSE 2.0 SP3 Runtime
Microsoft WSE 3.0 Runtime

描述:
Microsoft Office Access database engine 2007

单击"确定"立即开始安装这些程序。
注: 以上某些安装程序可能需要您重新启动计算机。如果重新启动计算机，请重新运行 HP Unified Functional Testing 11.50 安装程序以继续。

确定　取消

图 8.2　UFT 安装前置软件检测界面

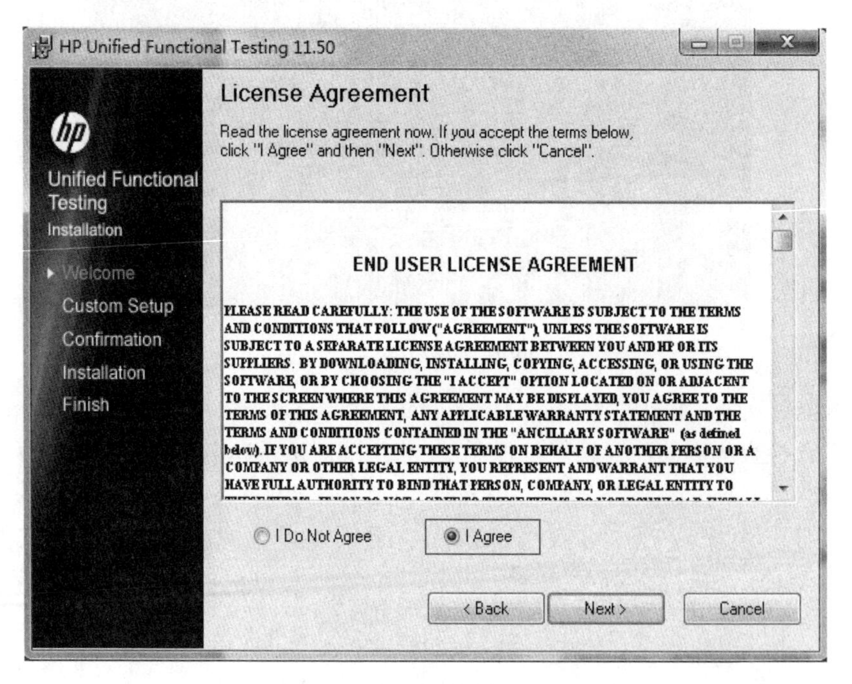

图 8.3　UFT 安装许可协议界面

选择图 8.3 中的“I Agree”后，单击“Next”按钮，进入“Customer Information”界面，如图 8.4 所示。

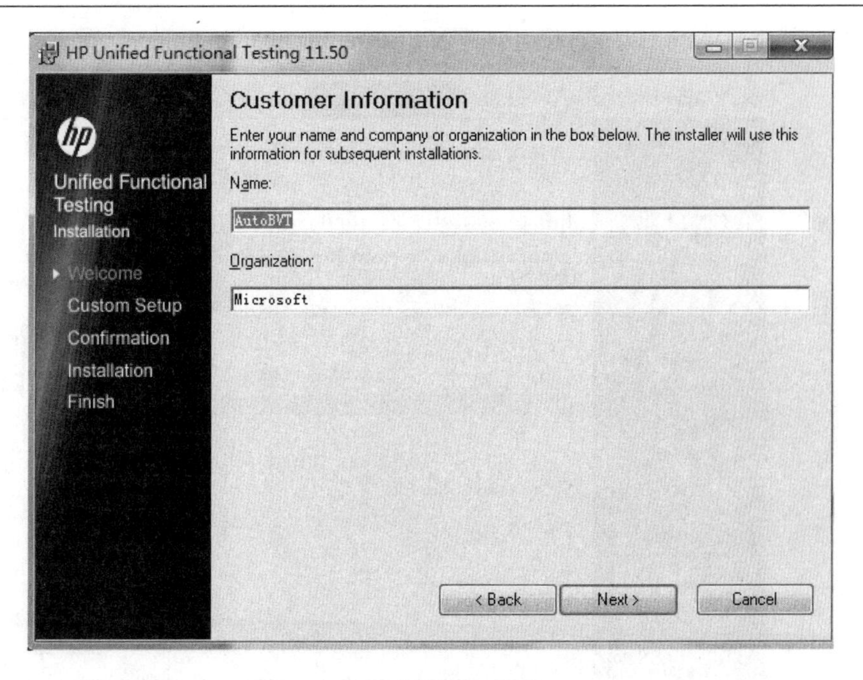

图 8.4　UFT 安装用户信息界面

继续单击“Next”按钮，进入“Custom Setup”界面，如图 8.5 所示，UFT 会默认安装 ActiveX、Visual Basic、Web 插件，安装人员可以根据实际需求进行选择性安装。

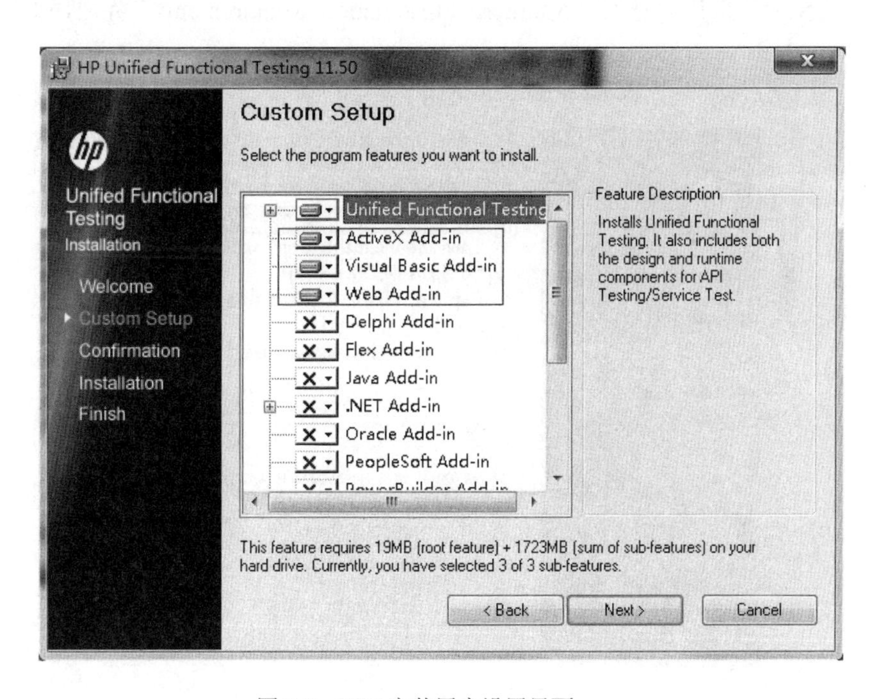

图 8.5　UFT 安装用户设置界面

选好插件后，单击“Next”按钮，进入“Select Installation Folder”界面，如图 8.6 所示。

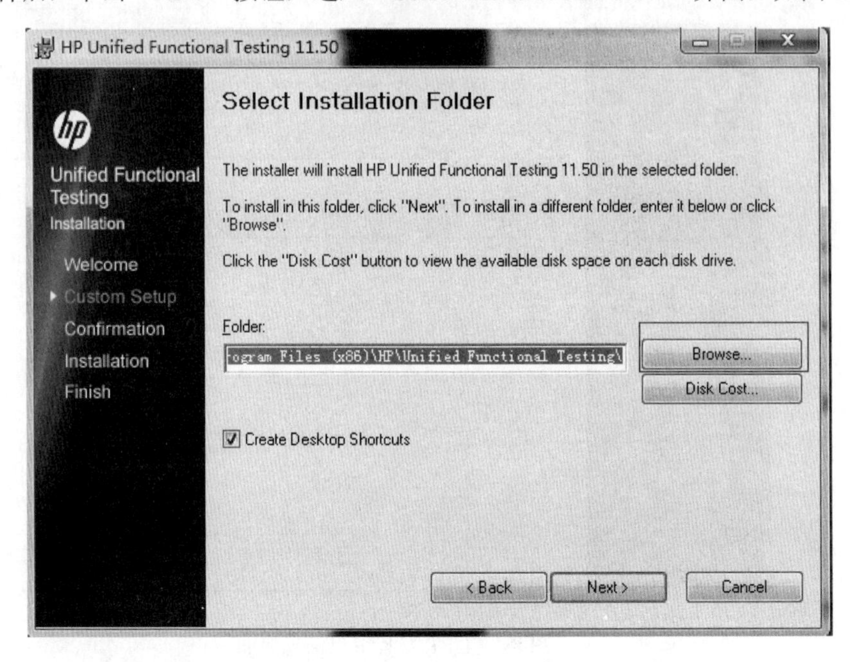

图 8.6　选择 UFT 安装路径界面

如果不选用默认路径，可单击图 8.6 中“Browse”按钮更换安装路径，确认安装路径后，继续单击“Next”按钮后进入“Additional Installation Requirements”界面，如图 8.7 所示。

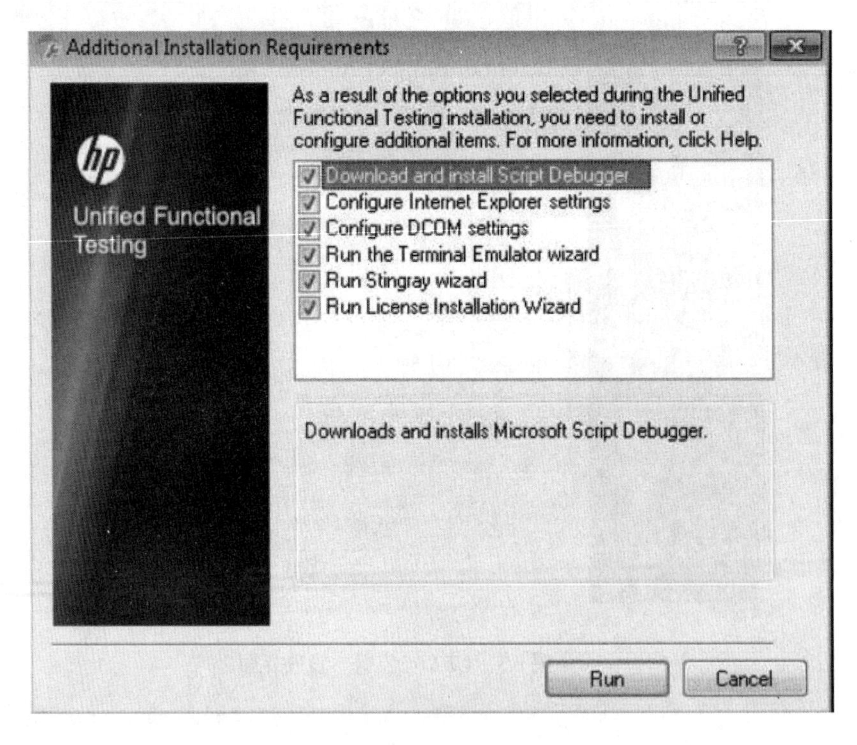

图 8.7　环境配置安装界面

继续单击“Run” 按钮后进入最后的安装界面，涉及 UFT 环境配置安装、DCOM 设置安装以及许可协议的安装。安装完成后则进入 UFT 安装运行许可证界面，如图 8.8 所示。

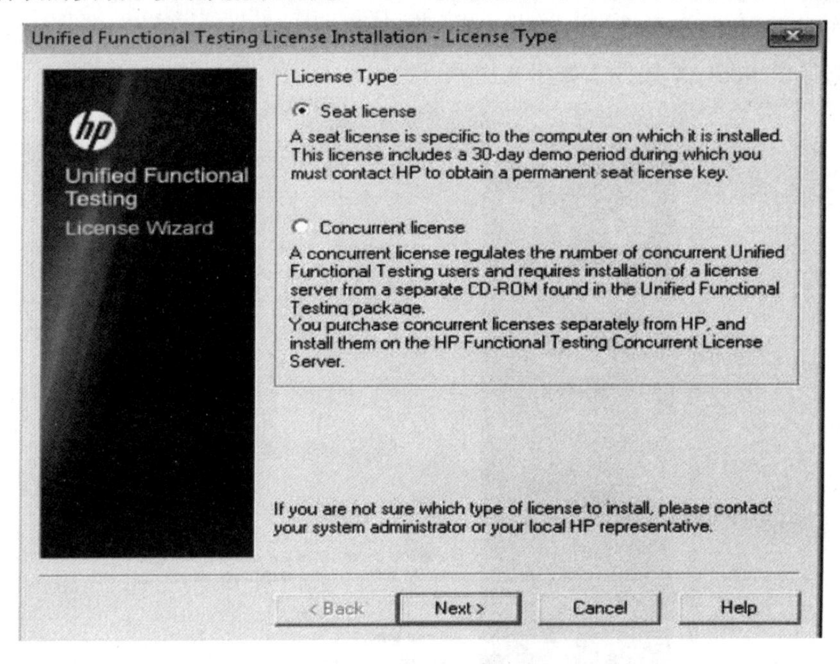

图 8.8　UFT 安装运行许可证界面

选择安装 UFT 的 License Type 为“Seat license”，进入许可证确认安装界面，如图 8.9 所示。

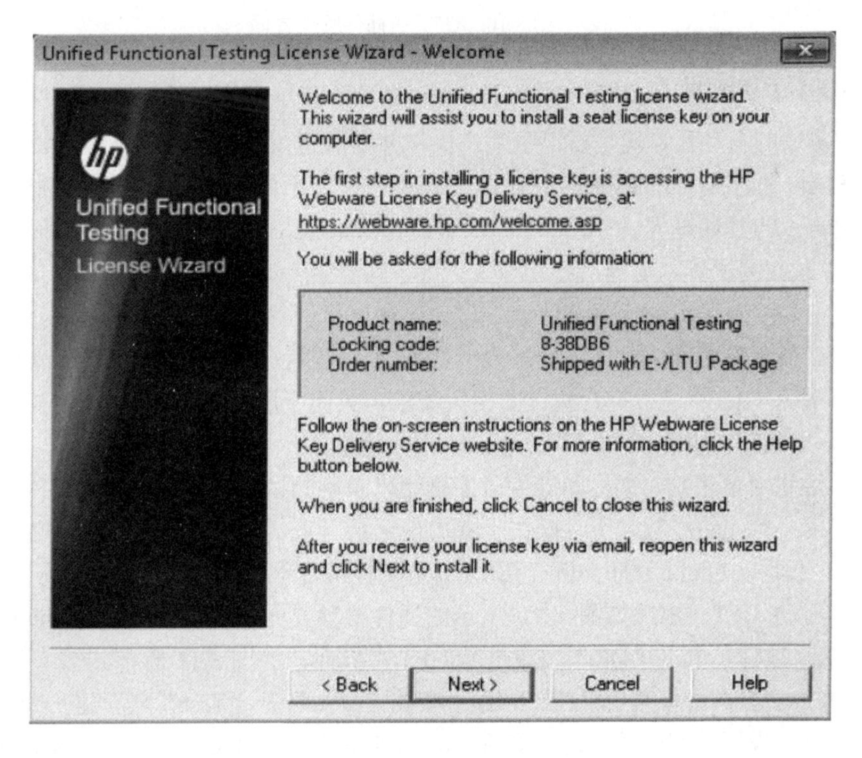

图 8.9　UFT 运行许可证确认安装界面

安装完成后，打开 UFT 可以看到如图 8.10 所示的“UFT-Add-in Manager”界面，每次启动 UFT 前都需要选择对应的插件才能进入测试。一般为提高测试性能只需加载需要的插件，比如 UFT 自带的案例 Flight 程序，其里面的控件类型为 ActiveX 控件，因而自带的案例 Flight 程序只选择了 ActiveX 插件，如图 8.10 所示。

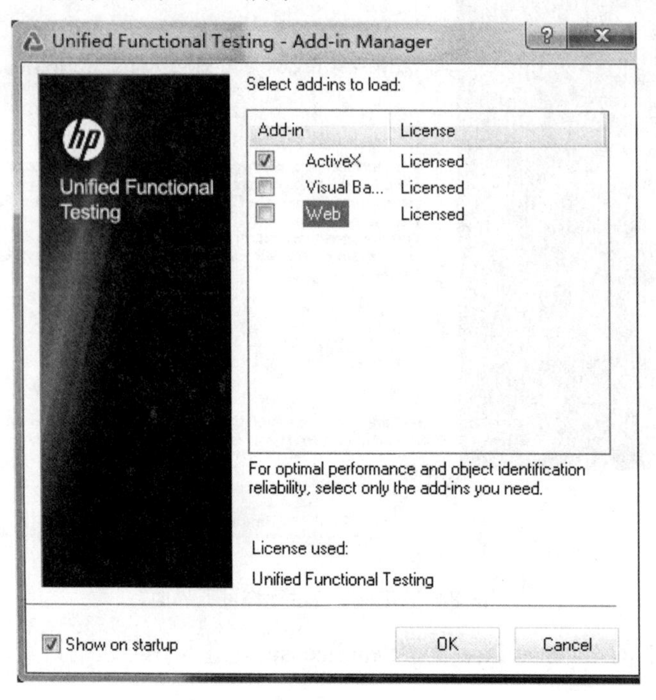

图 8.10　UFT 的插件管理界面

2. UFT 工作流程

实现测试的自动化，就是要记录用户操作并播放记录的操作来确认成功回放。UFT 自带的案例 Flight 程序是标准的 Windows 桌面使用程序，下面以 Flight 程序为例来介绍 UFT 开展自动化测试的具体过程。

（1）录制测试脚本前的准备工作。

测试前需要确认自动化测试计划、自动化测试用例等文档是否已编写并评审通过。测试人员在测试前还需要确认测试环境是否准备就绪，一般包括 UFT 安装部署成功，确认相关的被测应用系统及 UFT 是否符合测试的相关需求，关闭了所有与测试不相关的程序窗口。

（2）录制测试脚本。

UFT 通过对象识别、鼠标和键盘监控机制来录制测试脚本，测试脚本的录制过程是测试人员模拟用户操作的过程，所有操作步骤均被记录下来（如单击了某个按钮或在文本框中输入信息）。下面以 Flight 程序为例介绍 UFT 录制登录过程的测试脚本。

首先启动 UFT，出现如图 8.11 所示的插件管理界面，在“Add-in Manager”中仅选中“ActiveX”插件，单击“OK”按钮进入 UFT 主界面，如图 8.11 所示。

从 UFT 主界面选择菜单“File”，继续单击“New”→“Test”来新建一个测试。在正式录制前，可先设置录制选项，选择菜单“Record”，弹出“Record and Run Settings”对话框，如图 8.12 所示。在录制和运行设置界面可以选择两种录制程序的方式，一种是“Record and run test on any open Windows-based applicaton”，即在录制过程中会记录对所有 Windows 程序所有的操作，如果录制过程中录制了多余的操作，可以对其删除。第二种是“Record and run only on”，这种方式可以进一步指定录制和运行时所针对的应用程序，仅对指定程序的操作进行录制，从而避免了录制一些无关紧要的、多余的界面操作。“Record and run only on”选项中有 3 种设置方法。

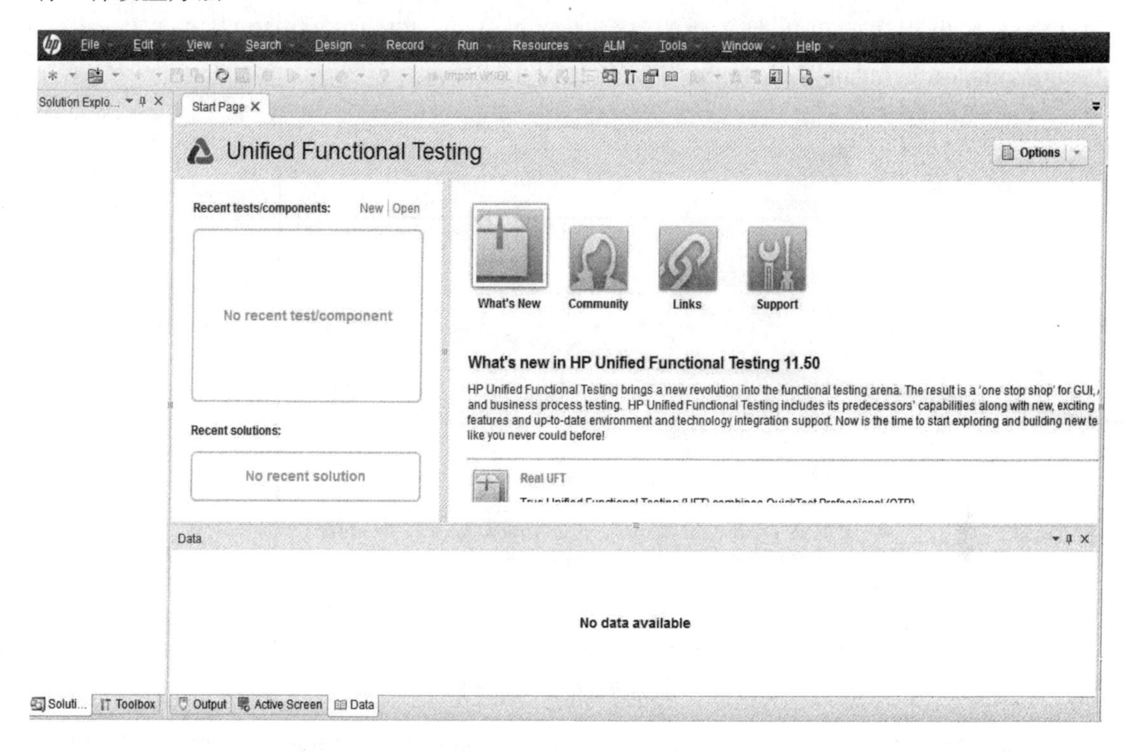

图 8.11　UFT 主界面

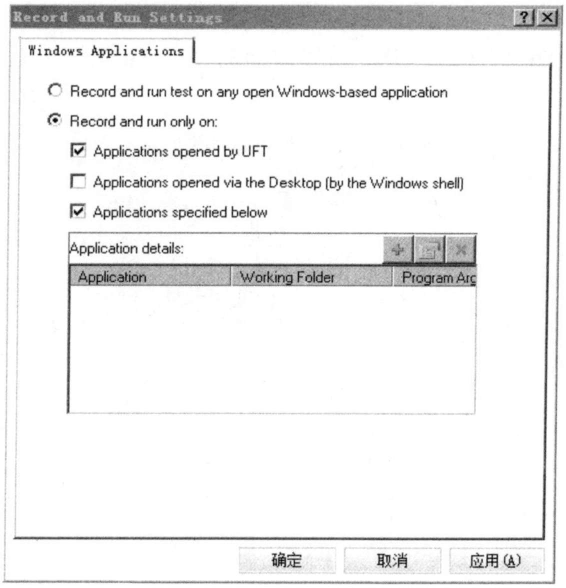

图 8.12　录制和运行设置界面

①如果选择“Application opened by UFT”选项，意味着仅录制和运行由UFT打开的应用程序。②如果选择“Application opened via the Desktop”选项，意味着仅录制和运行那些通过桌面双击快捷方式图标启动的应用程序，或者通过开始菜单打开的应用程序。③如果选择“Application specified below”选项，意味着只录制和运行添加到列表中的应用程序。例如，设置仅录制和运行Flight程序，则可单击“+”按钮，弹出“Application Details”对话框，添加Flight应用程序的可执行文件的路径“C:\Program Files (x86)\HP\Unified Functional Testing\samples\flight\app\flight4a.exe”，设置如图8.13所示。

Application Details
Application:
C:\Program Files (x86)\HP\Unified Functional Testing\sampl
Working folder:
C:\Program Files (x86)\HP\Unified Functional Testing\sampl
Program arguments:
Launch application
Include descendant processes
Note: You can also use environment variables to set the Record and Run Settings. Click Help for more information.
OK　Cancel

图8.13　录制和运行指定程序的设置界面

录制和测试运行设置完毕后即可进行录制。假设选择“Record and run only on”录制方式、“Application opened by UFT”选项打钩、“Application specified below”选项也设置好路径。下面以录制登录业务为例讲解录制过程。单击“录制”按钮或者按键盘“F6”开始录制，此时UFT会自动启动Flight程序，打开登录界面如图8.14所示。

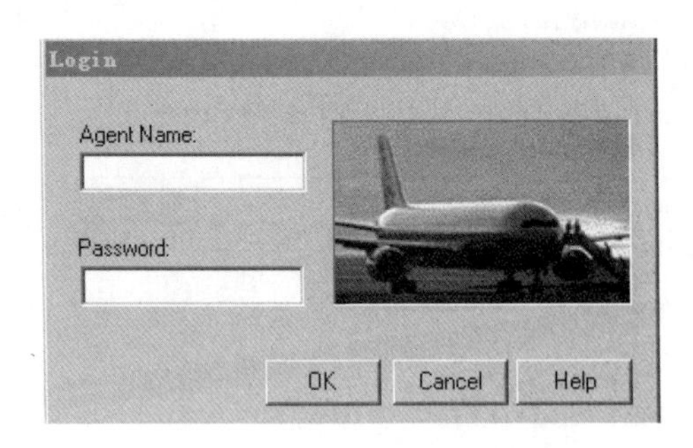

图8.14　Flight程序登录界面

此时输入代理名称“mercury”和密码“mercury”，单击“OK”按钮，出现“Flight Reservation”界面，如图8.15所示，单击“File”→“Exit”退出系统。

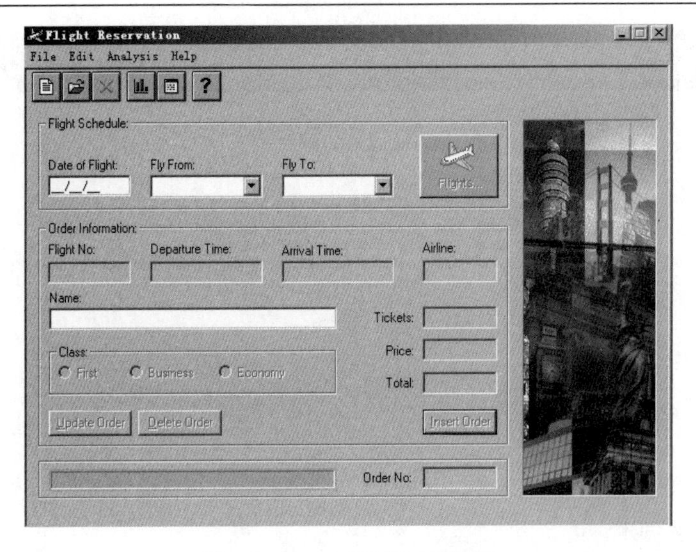

图 8.15　Flight 程序订票界面

完成以上操作后单击“录制工具条”中的“Stop”按钮停止录制，如图 8.16 所示。

图 8.16　录制工具条

停止录制后，UFT 会在关键字视图以及专家视图中生成测试步骤以及测试脚本。可以在关键字视图中编辑脚本，关键字视图如 8.17 所示，也可在专家视图中编辑脚本，专家视图如图 8.18 所示。

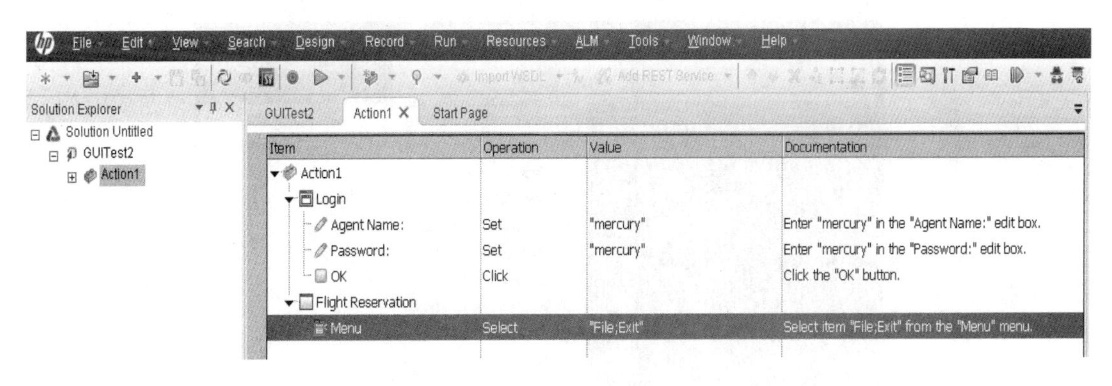

图 8.17　关键字视图

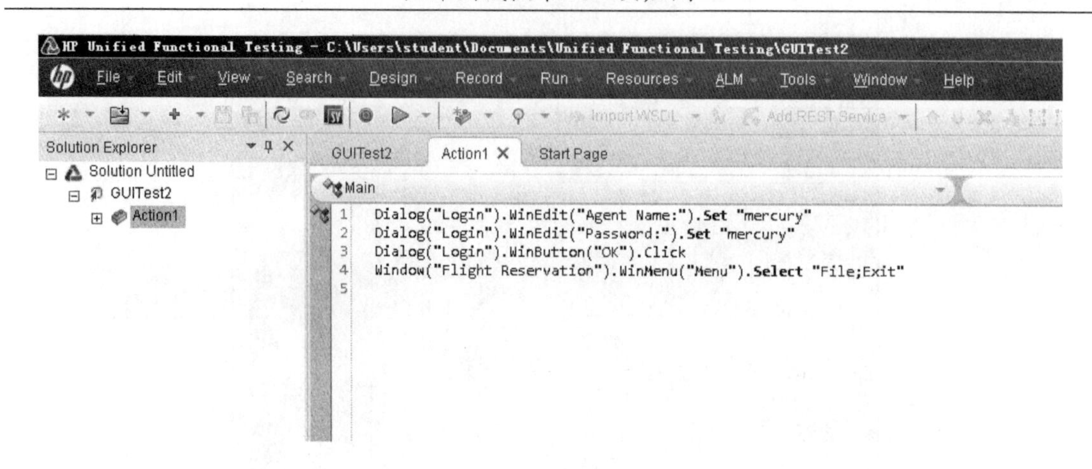

图 8.18　专家视图

（3）增强测试脚本。

录制完测试脚本后，可进一步编辑脚本来增强测试脚本。编辑测试脚本主要包括删除多余步骤信息、调整测试步骤、编辑测试逻辑、插入检查点（Checkpoint）、添加测试步骤输出信息、添加注释、进行参数化等。参数化是将录制的测试脚本中的固定值以参数取代，使用多组测试数据分别测试应用程序。检查点是可以验证被测应用程序的功能是否达到预期的一种描述，是将当前实际属性值和期望属性值进行比较的验证点。

可以在录制会话过程中添加检查点，也可录制完后添加检查点。以录制完的登录脚本为例插入检查点，检查登录操作是否成功了。先确保 Flight Reservation 界面处于打开状态，然后按照下面的操作步骤插入检查点。

①在 UFT 中单击“Record”按钮开始录制，在录制状态下选择菜单“Insert”→“Checkpoint”→“Standard Checkpoint”，如图 8.19 所示。

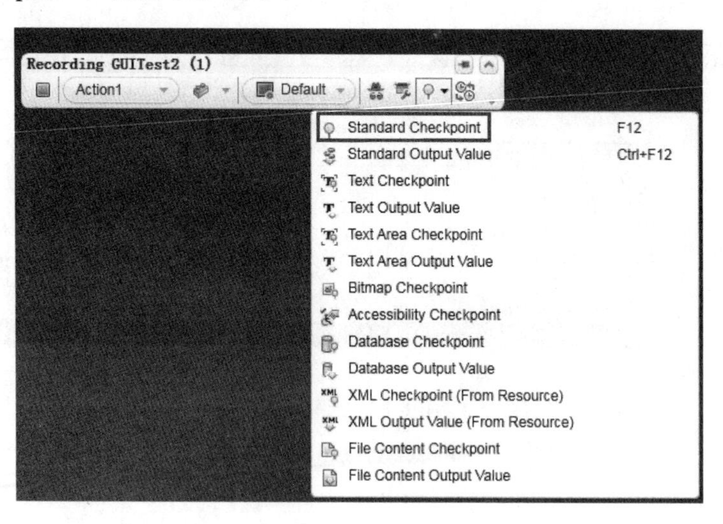

图 8.19　录制工具条插入检查点界面

②然后鼠标指向 Flight Reservation 主界面的窗口标题区域并单击该区域，出现选择对象界面，如图 8.20 所示。

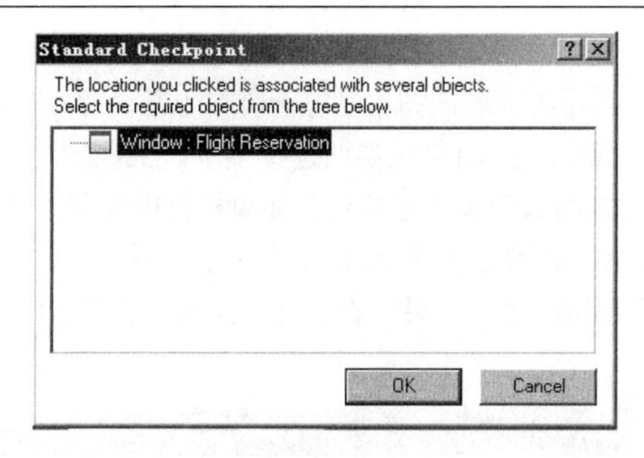

图 8.20　选择对象界面

③单击“OK”按钮，确认选择“Flight Reservation”窗口为检查对象，弹出图 8.21 所示的检查点属性设置界面。

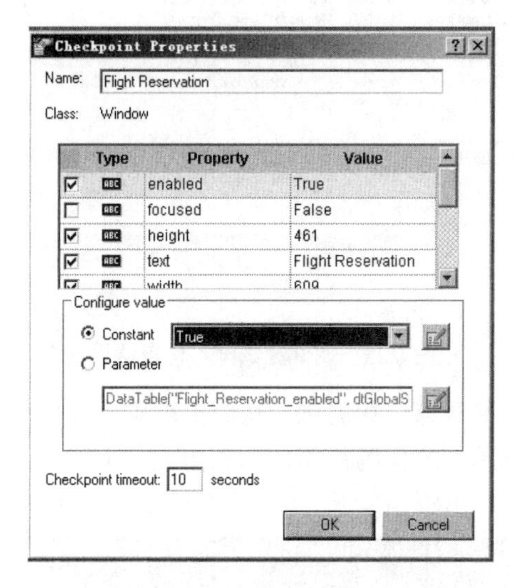

图 8.21　检查点属性设置界面

④从属性列表中选择“enabled”和“text”作为检查属性，“enabled”属性值期望为 True，“text”属性值期望为 Flight Reservation，如果 Flight Reservation 窗口的这两个属性值都等于期望值，则认为本次检查通过。按照以上操作设置完毕后，单击“Stop”按钮停止录制，脚本多了一条检查点语句，如图 8.22 所示。

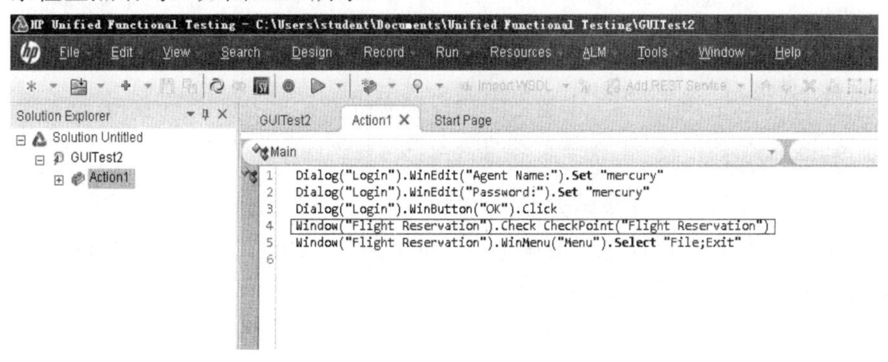

图 8.22　插入检查点后的专家视图

（4）调试测试脚本

修改测试脚本后，需要调试测试脚本以检查脚本中是否存在语法和逻辑方面的错误，从而确保测试脚本能正常执行。从 UFT 主界面选择菜单“Design” →“Check Syntax”即可启动 Check Syntax 功能，对测试脚本进行检查。如果检查中发现语法错误，则会在 Informaton 界面中列出详细信息，包括出现在哪个 Action 的哪行代码，双击该提示信息，则跳转到测试脚本的代码行，可重新编辑脚本。如果检查未发现问题，则提示没有错误信息，如图 8.23 所示。

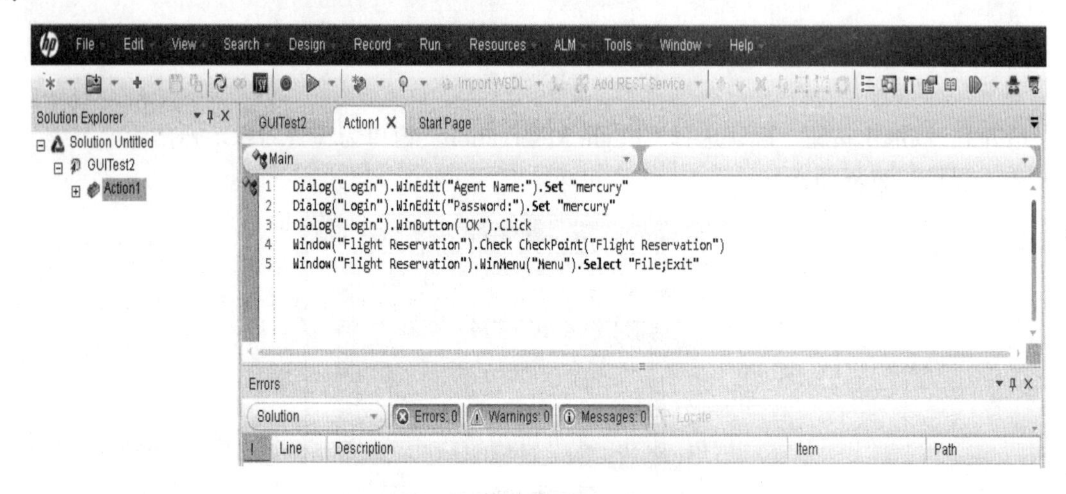

图 8.23　调试测试脚本检查结果界面

还可以对脚本代码设置断点进行调试，从而更准确地定位代码错误，即在代码行中设置断点，运行过程将在断点所在的代码行停住，如图 8.24 所示。

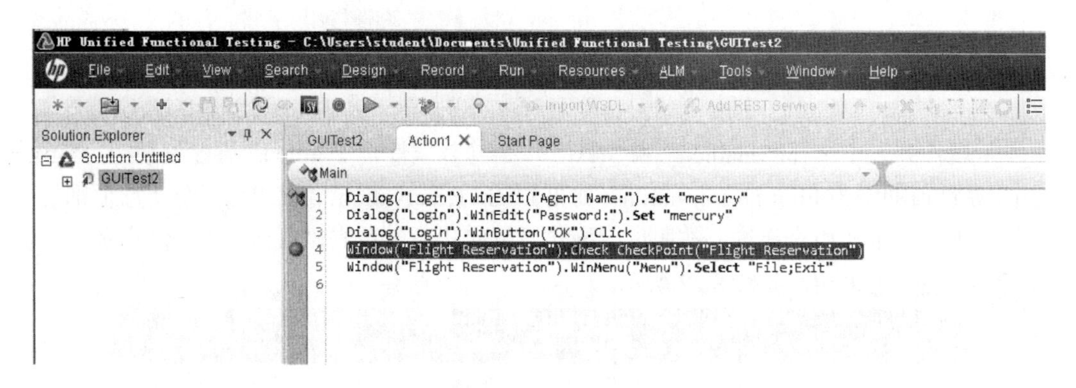

图 8.24　脚本设置断点

（5）运行测试脚本。

UFT 会在被测项目上运行测试脚本，一般可以运行单个 Action 的测试脚本，也可以批量运行测试脚本。以本节录制的登录脚本为例，单击菜单“Run” →“Run Now”来运行测试脚本，可得到如图 8.25 所示的结果。

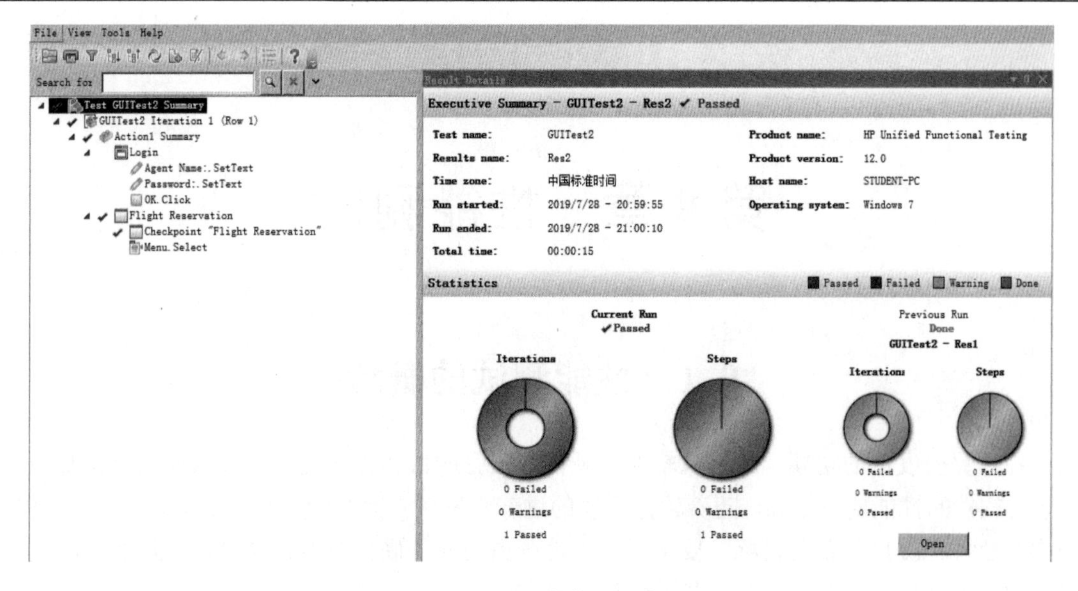

图 8.25　测试脚本运行结果

（6）分析测试结果。

使用 UFT 的测试结果查看工具“Last Run Results”可查看对测试脚本执行的测试结果，进而可检查测试运行过程的正确性，然后进一步分析测试结果，找出问题所在，从而作为输出测试报告的输入。从图 8.25 的运行结果中可以看到，定义的检查点通过，表明本次运行登录成功且出现了 Flight Reservation 界面。

8.4　小结

本章主要介绍了功能测试的定义、功能测试类型、功能测试过程以及功能测试工具，详细介绍了功能测试需求分析、功能测试计划制订、功能测试设计与开发、测试执行与缺陷跟踪以及输出功能测试报告这几个阶段的主要工作内容，并结合 UFT 自动化测试工具讲解了自动化测试的工作流程，为后期的功能测试实践和自动化测试脚本开发工作打下基础。

课后习题

1. 什么是功能测试？
2. 简述功能测试过程。
3. 简述功能自动化测试流程。
4. 启动 UFT 时，加载插件的目的是什么？
5. 功能测试工具选型需要从哪几个方面考虑？
6. 简述手工测试和自动化测试的区别和联系。
7. 简述 UFT 的工作流程。

第 9 章　性能测试

9.1　性能测试的概念

在计算机发展的初期，计算机软件对硬件有很强的依赖性，通常实现软件功能是唯一目标，对软件的性能要求不高。随着软件开发的进一步发展，软件变得非常复杂、高级及有序。用户对软件也提出了新的目标，要求尽可能地少占用各种硬件资源，同时，软件运行的速度也要尽可能地快，这其实就是最早的性能需求。

9.1.1　性能问题典型案例

1. 事件 1

2007 年，奥运会第二阶段门票开始预售，公众的奥运热情很高，承担此次售票的票务网站一小时浏量达 800 万次，每秒钟提交的购票申请为 20 万张；呼叫中心一小时呼入 200 万人次。由于访问量过大，导致售票系统速度慢、不能登录系统的情况，最终导致整个系统崩溃。

2. 事件 2

2012 年 1 月 9 日，铁道部官方订票网站 www.12306.cn 网站上线第一天，点击量超过 14 亿次，相当于所有中国人当天都点击了一次。由于访问量太大，网站无法顺畅登录，最终导致系统崩溃。

3. 事件 3

Windows 2000 可以说是微软公司 2000 年的骄傲，它不仅是微软花费时间最长的开发项目，而且集成了以前各个版本 Windows 系统和 Windows NT 系统的功能，成为了下一代的操作系统。然而，就在 Windows 2000 发布不久，居然被发现出现了安全漏洞，远程服务出现拒绝服务、权限滥用、信息泄露等安全隐患。2002 年 3 月 18 日微软网络软件中一个未知缺陷让一名联机攻击者控制了美国国防部服务器的公开接口，后来知道是 Windows 2000 和 IIS5.0 的缺陷导致的。

由此可见，性能测试在整个测试过程中占了相当重要的位置。据官方统计，1 s 的页面加载延迟会导致 11%的 PV（Page View）流失和 16%的顾客满意度降低。当页面响应时间从 2 s 增长到 10 s，会导致 38%的页面浏览放弃率。因此，做好性能测试具有以下好处。

（1）系统性能越好，执行速度越快，用户使用系统的体验就越好。

（2）系统性能越好，用户的等待时间越少，越有利于提高工作效率。

（3）系统性能越好，处理能力越大，单位时间处理业务量越大。

（4）系统性能越好，在大量用户访问时系统稳定性越好，能够提供持续服务的能力。

（5）系统性能扩展性越好，越容易提升系统的处理能力，以适应更多的访问请求。

从上述分析可以看出，系统性能对于系统的运营企业具有非常重要的意义，系统性能的下降可能意味着更大的销售损失或用户流失。因此，保持系统良好的性能对于提高用户体验、提升站点声誉、提升客户忠诚度、增加系统收入等都具有重要作用。

9.1.2　性能测试的定义

为了更好地满足用户对系统性能方面的要求，便有了性能测试。性能测试有以下 3 个定义。

（1）定义 1：软件性能测试指通过自动化的测试工具模拟多种正常、峰值以及异常负载条件来对系统的各项性能指标进行的测试活动。

（2）定义 2：软件性能测试指通过模拟生产运行的业务压力或用户使用场景来测试系统的性能指标是否满足性能需求要求的测试活动。

（3）定义 3：软件性能测试指检验软件性能是否符合性能指标需求定义的测试活动。

3 个定义都是从不同的角度给出了性能测试的定义，定义 1 侧重于对不同时间段响应时间的检测，定义 2 侧重于系统的负载能力，定义 3 笼统地给出了测试是为了满足性能需求。综上所述，软件性能测试指为了验证软件系统性能表现而开展的一系列测试活动。可以从狭义和广义两个角度来理解：狭义的软件性能测试指为验证软件性能指标、评估系统服务能力、推荐系统软硬件配置、完成系统性能优化等而开展的测试活动，这也是一般意义上人们对软件性能测试的理解；广义的软件性能测试指在测试过程中需要相关性能测试方法配合完成的系统测试活动，包括可靠性测试、可恢复性测试、稳定性测试、可扩展性测试等。

性能测试在软件的质量保证中起着重要的作用，它包括的测试内容丰富多样。中国软件评测中心将性能测试概括为 3 个方面：应用在客户端性能的测试、应用在网络上性能的测试和应用在服务器端性能的测试。通常情况下，3 方面有效、合理地结合，可以达到对系统性能全面的分析和瓶颈的预测。

不同的角色对性能测试的理解也有所不同，从系统用户的角度来看软件性能，更关注软件的响应时间，即当用户在软件中执行一个功能操作后，软件将本次操作的结果显示出来所消耗的时间。影响这个时间的因素有很多，比如功能粒度、客户端网络情况、服务器端忙闲情况等；从系统运维人员的角度来看软件性能，可能更关注系统是否能够提供给用户稳定、可靠、可持续的服务，比如功能能否扩充、用户数量增加情况、数据量增加情况等可能会影响稳定和可靠性的因素；从开发人员的角度来看软件性能，可能更关注软件规划和设计是否合理，是否为硬件的扩展提供了好的软件架构基础，架构是否合理，数据库设计是否合理，代码是否存在性能方面的问题等。

9.1.3　功能测试与性能测试的区别

软件性能是与软件功能相对应的一种非常重要的非功能特性，表明了软件系统对时间及资源的要求。软件功能焦点在于软件“做什么”，关注软件物质“主体”发生的“事件”；软件性能则关注于软件 “做得如何”，这是综合“空间”和“时间”考虑的方案（资源和速度），表现为软件对“空间”和“时间”的敏感度。软件的功能是都可以使用的，是能看得到的，比如某个软件可以用来聊天、传文件；性能则有很多是看不到的、也摸不到的，如这个软件的传输速率如何，能够支持多少人同时在线传输，这些对用户来说都是不透明的。举个简单的例子，如果要测试 12306 订票系统，功能测试主要关注的点是，各个功能按钮是否能正确执行，系统能不能继续订票，即能不能实现核心业务；性能测试关注的点是，能同时支撑多少用户同时订票，系统是由哪里的问题导致服务器瘫痪的。简单点来说，功能测试是测试业务逻辑，性能测试是测试服务器性能。

随着计算机硬件集成度和成本的下降，计算机硬件配置的提升，存储能力和处理能力的提高，软件系统对资源经济性的要求逐渐下降，目前对软件的性能要求更多体现在对时间及时性方面的要求。如图 9.1 所示是 3 种浏览器打开同一网页所用的时间及资源对比。3 种浏览器中 Firefox 所用时间最少但耗用资源最多，IE 浏览器在 3 个浏览器中时间和资源的消耗是最均衡的，但从目前用户的使用率来看，选择使用 Firefox 的用户更多，由此可以看出用户更在意时间的时效性。

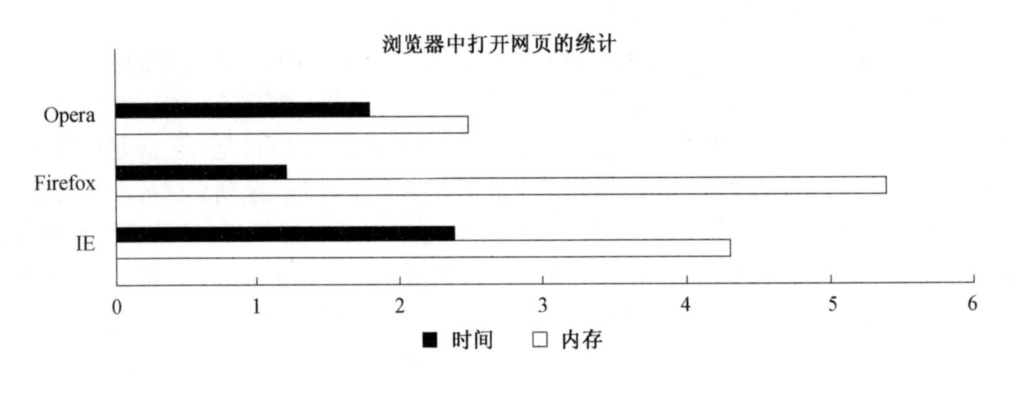

图 9.1　浏览器性能对比

9.1.4　性能测试相关术语

1. 基准测试

基准测试指通过设计科学的测试方法、测试工具和测试系统，实现对一类测试对象的某项性能指标进行定量的和对比的测试。主要目的是检验系统性能与相关标准的符合程度。

2. 压力测试

压力测试指通过对软件系统不断施加压力，识别系统性能拐点，来获得系统提供的最大服务级别的测试活动。主要目的是检查系统处于压力情况下，应用的表现。

3. 负载测试

负载测试指通过在被测系统上不断施加压力，直到达到性能指标极限要求的测试。主要目的是找到特性环境下系统处理能力的极限。

4. 并发测试

并发测试指当测试多用户并发访问同一个应用、模块、数据时是否发生隐藏的并发问题，如内存泄漏、线程锁、资源争用的问题。主要目的并非为了获得性能指标，而是为了发现并发所引起的问题。

5. 疲劳测试

疲劳测试指通过让软件系统在一定访问量情况下长时间运行，以检验系统性能在多长时间后会出现明显的下降。主要目的是验证系统运行的可靠性。

6. 数据量测试

数据量测试指通过让软件在不同数据量情况下运行，以检验系统性能在各种数据量情况下的表现。主要目的是找到支持系统正常工作的数据量极限。

7. 可靠性测试

可靠性测试指通过给系统加载一定的业务压力，让系统持续运行一段时间，通过长时间运行的相关监控和结果来判断检测系统是否能够稳定运行。平均故障间隔时间（MTBF）是衡量可靠性的一项重要指标。

8. 吞吐量

吞吐量指单位时间内系统处理的客户端请求数量，体现系统的整体处理能力。常用吞吐量指标：

（1）RPS：描述系统每秒能够处理的最大请求数量，请求数/秒。

（2）PPS：描述系统每秒能够显示的页面数量，页面数/秒。

（3）PV：描述系统每天总的 Page View 数量，页面数/天。

（4）TPS：描述系统每秒能够处理的事务数量，事务/秒。

（5）QPS：描述系统每秒能够处理的查询请求数量，查询/秒。

9. 响应时间

响应时间指用户感受到的软件系统为其服务所耗费的时间。响应时间是对系统执行速度提出的性能要求，是衡量软件系统最直接的指标。对于 Web 测试来说，一般指用户从客户端发出请求到客户端接收到服务器返回信息的过程时间。在用户感受方面，1 s 以内为即时响应；3 s 以内为顺畅响应；5 s 为正常响应；8 s 为延时响应；10 s 为忍受式响应；10 s 以上为放弃式响应。

10. 并发用户数

并发用户数指系统能够同时处理的用户请求的数目，也可以理解为同时向系统提交请求的用户数目。

11. 每秒点击数

每秒点击数指用户每秒向 Web 服务器提交的 HTTP 请求数，是衡量 Web 服务器处理能力的一个重要指标。

12. 资源利用率

资源利用率反映的是在一段时间内服务器资源平均被占用的情况，能够更加直观地反映系统当前的运行状况。例如，CPU 利用率如果达到 80%，说明当前 CPU 已经基本耗尽，系统处于满载状态。所以在进行性能需求分析时，往往通过资源利用率指标来定义服务器性能要求。

13. 错误率

错误率是指系统在负载情况下，失败交易的概率。错误率=(失败交易数/总交易数)*100%，一般认为错误率越低，系统越稳定。该指标一般不应该超过千分之五。

9.2　性能测试过程

性能测试的过程跟一般测试的过程基本一致，首先要进行性能测试需求的分析，然后制订具体的性能测试计划，设计性能测试用例。因为性能测试需要借助自动化测试工具完成，因此还需要录制测试脚本。设置测试场景，然后运行测试场景，在运行的过程中监控场景，保存运行结果。通过对运行结果的分析，假设性能瓶颈进行系统调优。然后再重复场景设置及运行场景过程，看一下结果有无改进，如果有改进说明找到了系统的性能瓶颈，如果没有改进说明假设的性能问题不准确，需要重新设计测试方案。具体过程如图 9.2 所示。

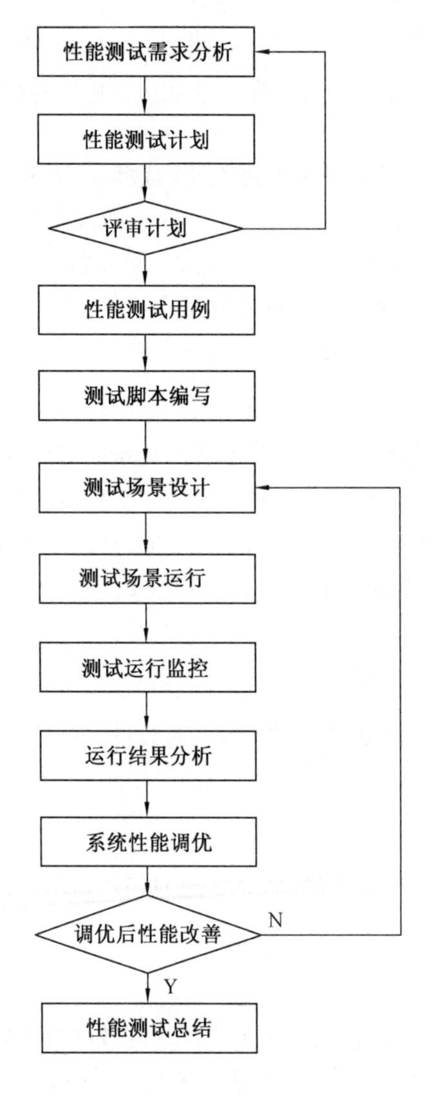

图 9.2　性能测试流程

9.2.1 性能需求分析

性能需求分析即根据系统的业务特点制订明确的性能需求，为系统设计和性能测试提供依据。《软件需求规格说明书》是进行系统测试的依据，其中不仅要对系统的功能性需求进行明确的描述，也需要对非功能性需求进行清晰的定义。但《软件需求规格说明书》对于用户性能需求的描述通常不准确，测试人员可能会对规格说明书里提到的诸如“系统用户登录响应时间小于 3 s”“系统支持 10 万用户并发访问”等指标项产生困扰。前者只给出了 3 s 的要求，没有具体说明是什么业务项的响应时间，查询业务和登录业务的复杂程度不同，因此响应时间的要求应该有差别，另外在峰时和闲时的响应时间也应该不同；后者对并发用户的要求应该切合实际，如果一个网站每天访问量只有几百个用户，即使随着时间推移考虑用户越来越多，是应该做好系统的可扩展性，但是否需要做 10 万级别的并发测试，需要进行精确预算，进一步考证才能下结论。由此可见，如果想要获得比较精确的性能测试用户指标要求，需要进一步分析需求。

1. 定义响应时间的性能需求时应注意事项

（1）指标的选择。

在性能需求分析时，需对闲时响应时间、忙时响应时间和峰时响应时间分别进行定义。

（2）功能点的选择。

定义性能需求响应时间时，要明确不同类型功能所需要的响应时间。

（3）指标范围的确定。

一般情况下，定义响应时间指标时需考虑用户感受、业务复杂度、执行时间要求等因素。

比如“系统首页打开闲时响应时间在 5 s 以下”“系统忙时登录响应时间在 10 s 以下”，每一项都有时间点、功能项和具体的指标值。

2. 定义并发用户数性能需求时应注意事项

（1）指标的选择。

与系统用户数量相关的指标包括注册用户数、在线用户数、平均并发用户数和最大并发用户数等。

（2）功能点的选择。

定义并发用户数指标时，需根据系统的业务特点，分析可能产生大量用户并发的功能点，并对该功能点分析平均并发用户数和最大并发用户数的要求。

（3）指标范围的确定。

通过公式法和统计法，定义在线用户数、平均和最大并发用户数指标。

比如“邮件服务器支持 50 万个在线用户，支持最大并发用户数 1 万个”是有意义的并发用户数需求。

3. 定义吞吐量性能需求时应注意事项

（1）指标的选择。

吞吐量性能指标包括页面访问量 PV，每秒请求数量 RPS，每秒交易数量 TPS 等。

（2）功能点的选择。

根据业务特点，选择交易类型功能或处理类型功能，并分析功能频度，进而定义吞吐量指标。

（3）指标范围的确定。

吞吐量描述的是系统峰时的处理能力，指标确定需依据业务特点而定。

比如“计费系统每秒处理计费话单 80 个”，这显然是对每秒交易数 TPS 的定义，有业务名称、指标项和指标范围。

4. 定义资源利用率性能需求时应注意事项

（1）指标的选择。

一般情况下，需要关注 CPU 资源、内存资源，对于数据库服务器还需关注硬盘利用率指标。

（2）指标范围的确定。

需根据服务器配置、服务器用途、运维要求等因素来确定具体指标值。比如“系统正常情况下，系统 CPU 利用率在 30%以下，内存利用率在 20%以下”，有指标项和指标范围。

9.2.2　性能测试计划

工欲善其事必先利其器。性能测试计划是性能测试的重要环节。在对客户提出的性能需求认真分析后，性能测试管理人员需要以文档的形式制订详细的性能测试计划，以便从宏观控制测试过程，合理安排好性能测试的进度，保证性能测试过程的质量。通常可以从明确性能测试范围、制订性能测试时间、制订测试成本、选择测试环境及工具、测试风险分析等 5 个方面制订测试计划。

明确测试范围就是弄清楚性能测试的工作内容是什么，简单说就是对需求分析中给出的性能需求指标进行验证，以确定系统的实际性能是否满足用户的性能需求。

制订进度计划是保证性能测试按时完成的重要步骤，一般要将具体的测试任务落实到责任人，并明确各任务所需的时间及各阶段的里程碑。制订进度计划一般有两种途径，一种是根据提供软件产品的最后期限从后往前倒推安排各阶段时间，另一种是根据项目和资源情况制订性能测试初步计划。前者可以采用甘特图描述进度安排，后者可以采用活动网络图来描述任务的先后关系及时间安排。

测试成本指测试工程中所耗用的全部费用总和，是管理人员为项目批准预算的重要指标。一般测试成本与项目人员、进度安排、测试工具、测试活动、日常办公等方面有关系。

对测试环境的要求是越接近实际使用环境越好。一般对于新上线的系统，在上线之前，可在生产环境中开展性能测试工作；对于已经运行中的系统，需要部署与生产环境一模一样的软硬件环境作为测试环境。测试环境计划中需要明确以下内容。

（1）服务器硬件环境：包括服务器数量、部署结构、配置等内容。

（2）测试客户端环境：测试客户机数量及配置等。

（3）操作系统环境：明确操作系统类型、版本号等。

（4）数据库环境：需要明确数据库类型、版本号等。

（5）中间件环境：需要明确中间件类型、版本号、配置等。

（6）数据环境：需要分析系统典型的数据量情况。

性能测试一般需要使用自动化测试工具来完成测试工作，选择哪种测试工具需要根据公司资金、工作人员对工具的熟悉程度、工具的适用范围、项目特点等多方面权衡选择。现对几款常用性能测试工具的特点及适用范围进行说明，见表9.1。

表9.1　性能测试工具对比

工具名称	功能简介
JMeter	开源工具，基于Java的压力测试工具，可以用于测试静态和动态资源，例如静态文件、Java 小服务程序、CGI 脚本、Java 对象、数据库、FTP 服务器等
HP LoadRunner	商业工具，一种预测系统行为和性能的负载测试工具。通过模拟上千万用户实施并发负载及实时性能监测的方式来确认和查找问题，LoadRunner 能够对整个企业架构进行测试，支持 Web（HTTP/HTML）、Windows Sockets、FileTransferProtocol（FTP）、MediaPlayer（MMS）、ODBC、MSSQL Server 等协议
DBMonster	开源工具，主要用于测试SQL数据库压力
IBM Rational Performance Tester	商业工具，适用于基于 Web 的应用程序的性能和可靠性测试，RPT 将易用性与深入分析功能相结合，从而简化了测试创建、负载生成和数据收集，以帮助确保应用程序具有支持数以千计并发用户并稳定运行的性能

9.3　性能测试工具 LoadRunner 应用

LoadRunner 是 Mercury Interactive 公司的一款工业级系统性能测试工具，于 2006 年 11 月被惠普公司收购，成为惠普公司的一款性能测试产品，是目前应用最广泛的性能测试工具之一。LoadRunner 是一种预测系统行为和性能的负载测试工具。通过模拟上千万用户实施并发负载，设计场景运行脚本，实时监测性能测试过程并收集性能测试结果的方式来确认和查找性能问题。通过使用 LoadRunner，企业能最大限度地缩短测试时间，优化性能和加速应用系统的发布周期。 LoadRunner 是一种适用于各种体系架构的自动负载测试工具，它能预测系统行为并评估系统性能。

LoadRunner12 支持的操作系统平台有 Windows Server 2012、Windows 7 以及 Windows 8、Windows 10，不再支持 Windows XP，浏览器支持火狐、谷歌以及 IE11。新版本除了在操作系统和浏览器方面有改变之外，也开发出了更多的功能。

LoadRunner 由 3 个前台功能组件和 2 个后台功能组件构成，3 个前台组件分别是脚本用户生成器（VUGen）、测试控制器（Controller）和结果分析器（Analysis）；后台功能组件由负载生成器（LG）和用户代理（Proxy）构成。基本构成图如图 9.3 所示。

图 9.3　LoadRunner 组成

9.3.1　性能测试脚本的生成

Virtual User Generator 简称 VuGen，是 LoadRunner 中用来录制虚拟用户脚本的工具。虚拟用户脚本是 LoadRunner 对系统进行并发负载测试的基础，其录制需要基于响应的通信协议。LoadRunner 支持多种通信协议，一般在测试 B/S 架构应用系统时，需要选择 Web（HTTP/HTML）协议。LoadRunner 产生脚本的默认语言是 C 语言，但除此以外 LoadRunner 还可以根据系统协议选择的不同自动生成不同编程语言的脚本。例如，对于 FTP、COM/DCOM 邮件协议（IMAP3、POP3 和 SMTP），VuGEN 可以使用 Visual Basic、VBScript 和 JavaScript 来生成脚本：基于 VB 的应用程序可用 Visual Basic 脚本语言，基于 VBScript 的应用程序用 VBScript 脚本语言，基于 JavaScript 的应用程序（如 js 文件和动态 HTML 应用程序）可用 JavaScript 脚本语言。

LoadRunner 录制脚本的过程如下。

（1）创建新脚本。

打开 Virtual User Generator，单击“File”→“New Script and Solution”打开创建脚本的窗口，如图 9.4 所示。首先选择协议类型，然后定义脚本名字（Script Name），在“Location”一栏选择脚本保存的路径，然后点击“Create”按钮创建脚本。

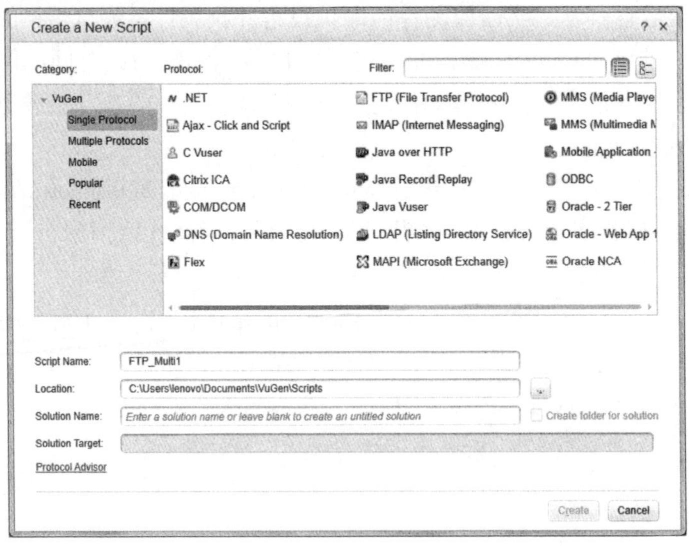

图 9.4　LoadRunner 创建界面

（2）设置录制信息。

创建脚本后会弹出开始录制窗口，需要设置被测系统的相关信息，如图 9.5 所示。

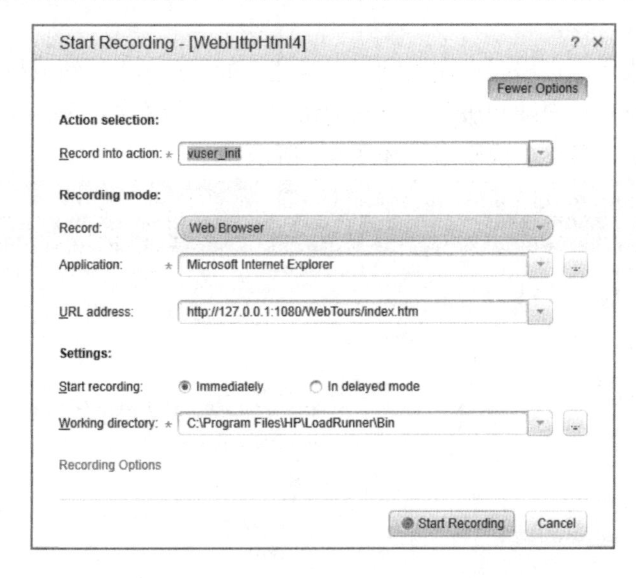

图 9.5　LoadRunner 脚本录制界面

① Record into action：录制的内容放在哪个 Action 中，LoadRunner 提供 3 种类似函数的脚本块，分别是 Vuser_init、Vuser_end、Action。除非是初始化操作和结束操作，其他操作一般都放在 Action 中。

② Record：设定被测系统的应用程序类型，如果是 B/S 架构的一般选择 Web Browser。

③ Application：设定应用什么程序打开被测软件，对于 Web 类型的应用，一般选择一种浏览器，如 IE 浏览器。

④ URLaddress：打开被测系统页面的 URL 地址。

⑤ Start recording：设定开始录制模式，Immediately 表示立刻录制；In delayed mode 表示推迟录制。

⑥ Wording directory：工作目录，用来指定脚本存放的路径。

设置好录制信息后，单击“Start Recording”按钮就可以进入录制状态。

（3）录制脚本。

开始录制，LoadRunner 自动打开指定的浏览器，自动访问被测试系统的 URL 地址，打开系统页面，同时将打开浮动的“正在录制”工具栏。工作栏中各个按钮的功能如图 9.6 所示。

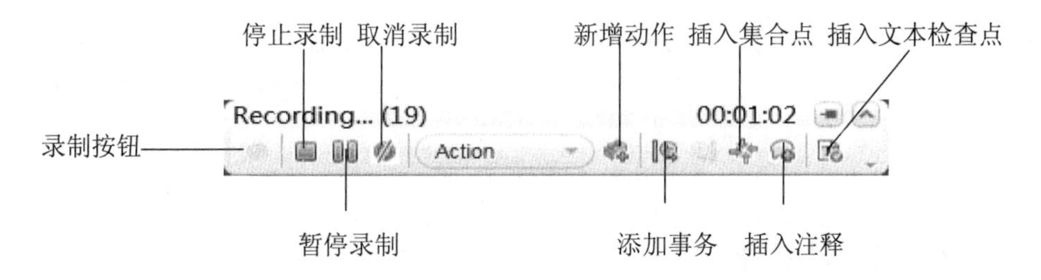

图 9.6　LoadRunner 脚本录制功能按钮

录制开始时将按照设定的 URL 自动打开网页，录制规程中可通过功能按钮取消或停止录制，也可以在不同的时刻点添加动作，比如插入注释，添加事务或插入检查点、集合点等。

（4）结束录制。

当操作执行完成后，点击“正在录制”工具栏上的“Stop”按钮或执行 Ctrl+F5 快捷键，结束脚本的录制。所有客户端和服务器交互的协议包会被放在 Generation Log 内，VuGen 会对协议交互进行分析，最终生成脚本。如图 9.7 所示。

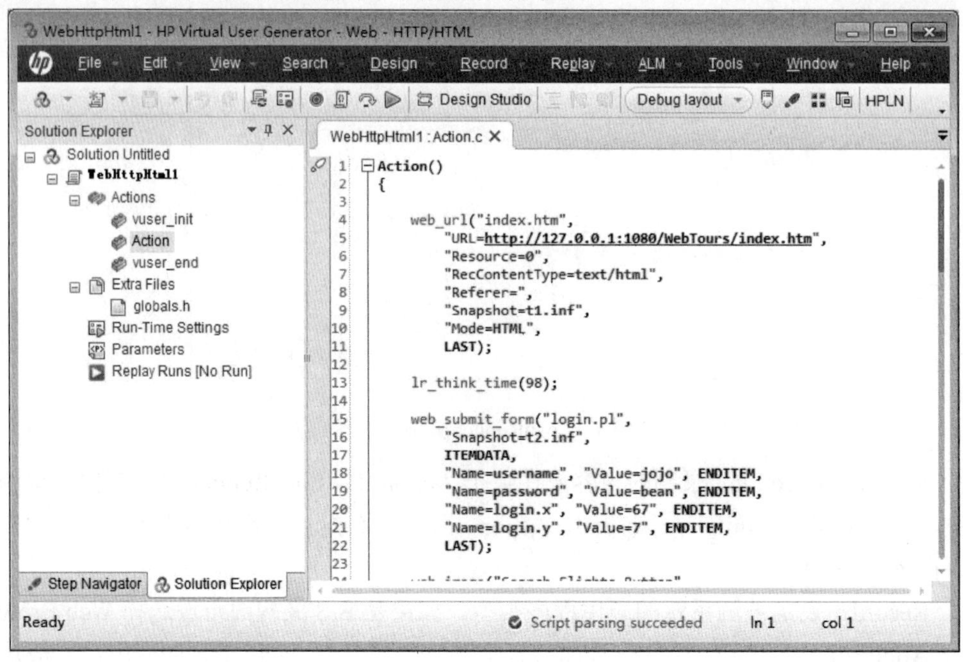

图 9.7　脚本生成界面

（5）回放验证。

完成录制后，点击工具栏“Replay”按钮或使用快捷键 F5，回放脚本，验证脚本是否准确地模拟了用户操作。如果回放成功表明脚本正确，否则失败的话，需要对脚本进行调试。如图 9.8 所示，如果出现绿色的“Script Passed”提示，说明回放成功。

图 9.8　回放成功界面

9.3.2　场景设计及管理

脚本录制完成后，需要将虚拟用户脚本的执行从单用户转化为多用户，模拟大量用户并发操作，向被测系统发送大量处理请求从而形成负载。性能测试需要对负载模拟的方式和特征进行配置，从而形成场景。这一过程使用的工具就是 Controller 组件。

Controller 是 LoadRunner 中负责设计与执行测试场景的组件，其管理场景主要分为场景设计、场景运行与监控两个部分。Controller 中有两个主要的工作视图：Design 视图和 Run 视图。

1. Design 视图

Design 视图是 Controller 进行场景设计的界面，其工作模式分为手动场景设置和面向目标场景设置，模式不同则界面不同，其中手动设置场景模式由 3 个部分构成，如图 9.9 所示。

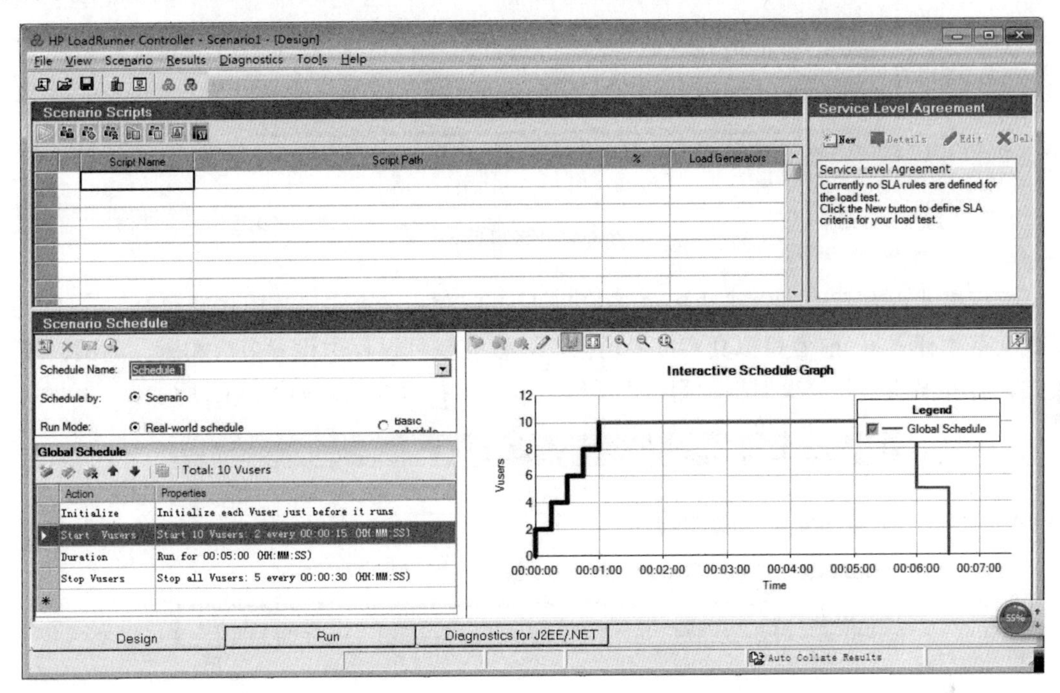

图 9.9　Controller Design 视图界面

（1）Scenario Scripts：场景脚本设置区域。

场景脚本设置区域主要负责对场景执行过程中的虚拟用户脚本、负载发生器等进行设置，可通过“添加”按钮增加场景中的脚本。其各个按钮的作用如图 9.10 所示。

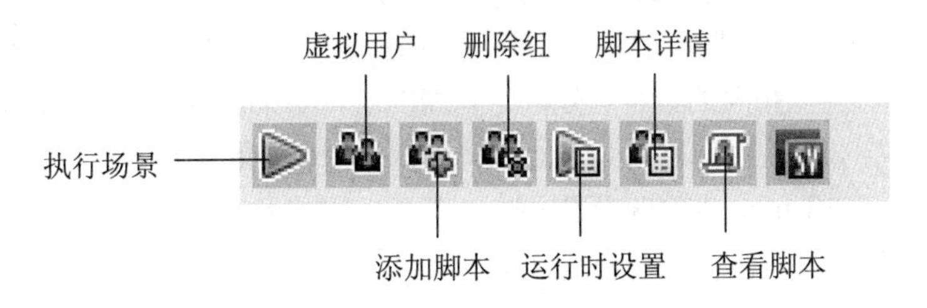

图 9.10　脚本管理按钮

（2）Scenario Schedule：场景计划设置区域。

场景计划设置区域主要负责设置测试加压方式以准确模拟真实用户行为，可以对负载施加到应用程序的频率、负载测试持续时间以及负载停止方式进行设置。

在多用户组的情况下，针对场景计划的设置类型可分为场景模式和组模式。顾名思义，场景模式可以理解为全局模式，即该场景下的所有用户组都使用同一个场景模型来运行，只需要分配每个脚本所使用的用户个数即可。而组模式是针对每个用户组定义独立的运行模式。场景设置如图 9.11 所示。

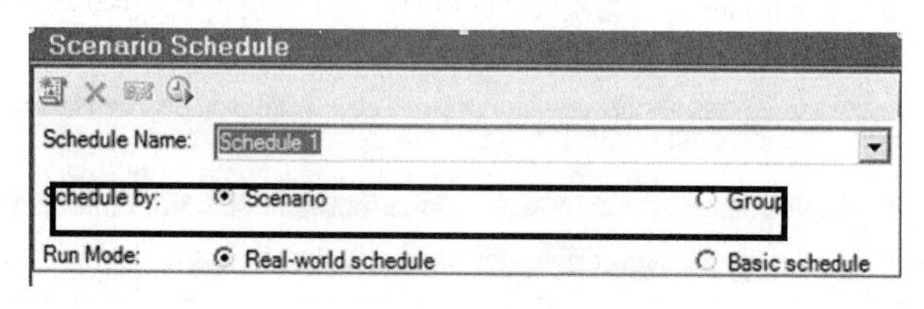

图 9.11　场景设置

运行模式也有两种，分别是 Real-world schedule 模式（真实场景模式）和 Basic schedule 模式（基本模式）。前者模拟真实世界场景，可以在执行过程中设置多次加压、测试、减压模式。后者仅能设置一次加压、测试、减压模式。运行模式设计如图 9.12 所示。

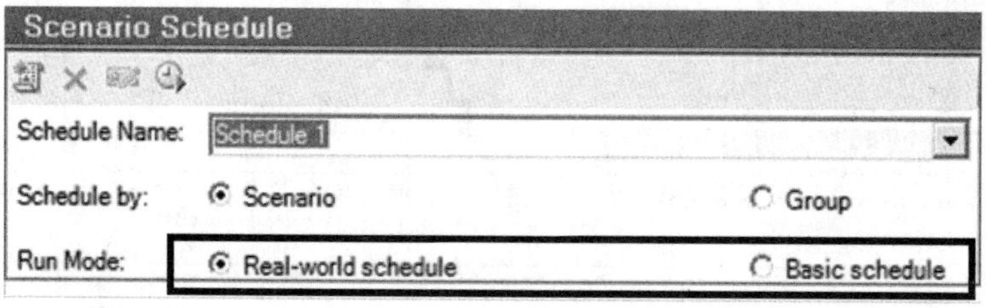

图 9.12　运行模式设计

在 Global Schedule 区域，可以对 Action 进行管理，包括增加、编辑、删除、调整 Action 的顺序等操作。

（3）Service Level Agreement：服务水平协议设置区域。

设计负载测试场景时，可以为性能指标定义目标值或服务水平协议（SLA）。运行场景时，LoadRunner 收集并存储与性能相关的数据。分析运行情况时，Analysis 将这些数据与 SLA 进行比较，并为预先定义的测量指标确定 SLA 状态。SLA 的 6 项指标如下。

① Transaction Response Time：事务响应时间。

② Errors per Second（Status per time interval）：每秒错误数。

③ Total Hits（Status per run）：总点击次数。

④ Average Hits per Second（Status per run）：平均每秒点击次数。

⑤ Total Throughout（bytes）（Status per run）：总吞吐量。

⑥ Average Throughout（bytes/sec）（Status per run）：平均吞吐量。

2. Run 视图

场景设置好后，就应该启动场景运行。单击“Start Scenario”按钮，开始运行测试，如图9.13所示。

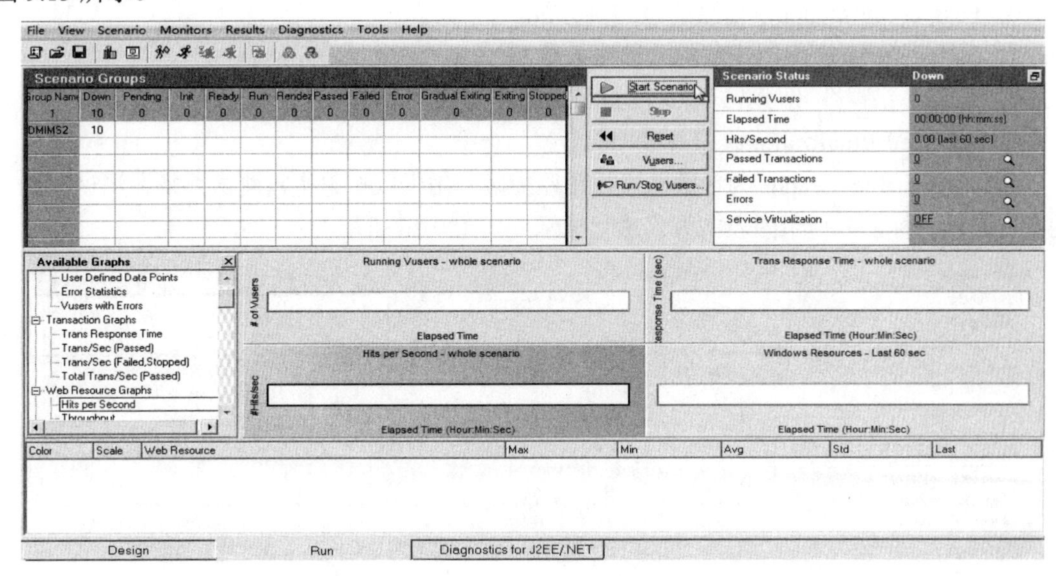

图9.13 Run视图界面

Run视图中有3类监控项：Scenario Group （场景用户状态）、Scenario Status（场景运行状态）、Available Graphs（可视图/计数器）。

（1）Scenario Group 为场景用户状态，用于监控所有脚本的Vuser状态，可以查看每个Vuser的运行情况，查看运行日志和运行视图，如图9.14所示。

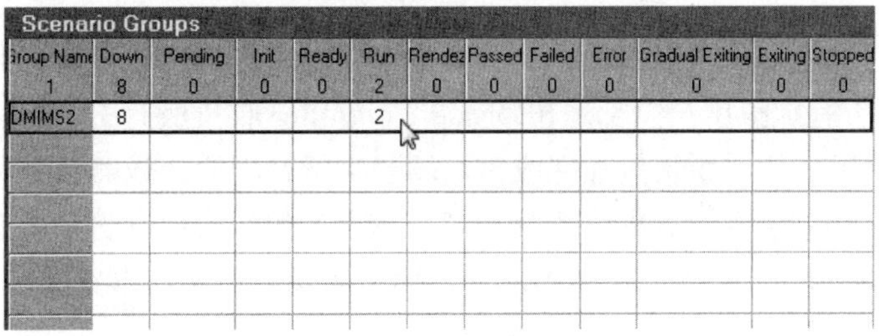

Scenario Groups

Group Name	Down	Pending	Init	Ready	Run	Rendez	Passed	Failed	Error	Gradual Exiting	Exiting	Stopped
1	8	0	0	0	2	0	0	0	0	0	0	0
DMIMS2	8				2							

图9.14 场景用户界面

（2）Scenario Status 为场景运行状态，用于监控当前负载用户数、消耗时间、每秒点击数、事务通过/失败个数和系统错误数，以及查看场景详细信息，如图9.15所示。

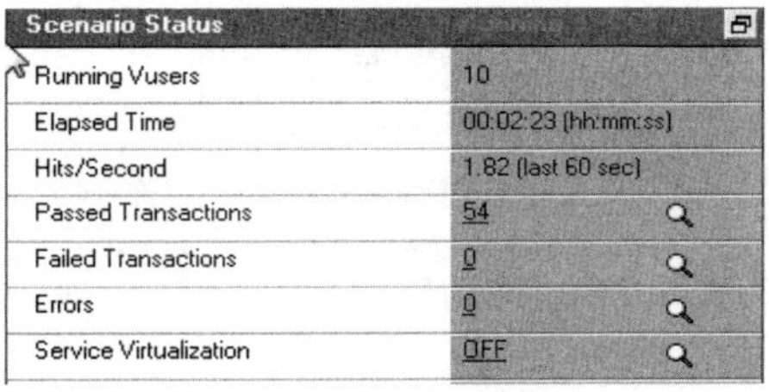

Scenario Status	
Running Vusers	10
Elapsed Time	00:02:23 (hh:mm:ss)
Hits/Second	1.82 (last 60 sec)
Passed Transactions	54
Failed Transactions	0
Errors	0
Service Virtualization	OFF

图9.15 场景运行状态

① Running Vusers：运行中的虚拟用户数。

② Elapsed Time：消耗的时间。

③ Hits/sec：最近一分钟的每秒点击数。

④ Passed Transaction：通过的总的事务数。

⑤ Failed Transaction：失败的总的事务数。

⑥ Error：错误数（因测试本身问题引起的错误）。

⑦ Service Virtualization：服务虚拟化。

（3）Available Graphs 为计数器可视图监控区，用于监控整个被测试系统在测试过程中的各种数据指标，并使用图表的方式进行展示，如图 9.16 所示。

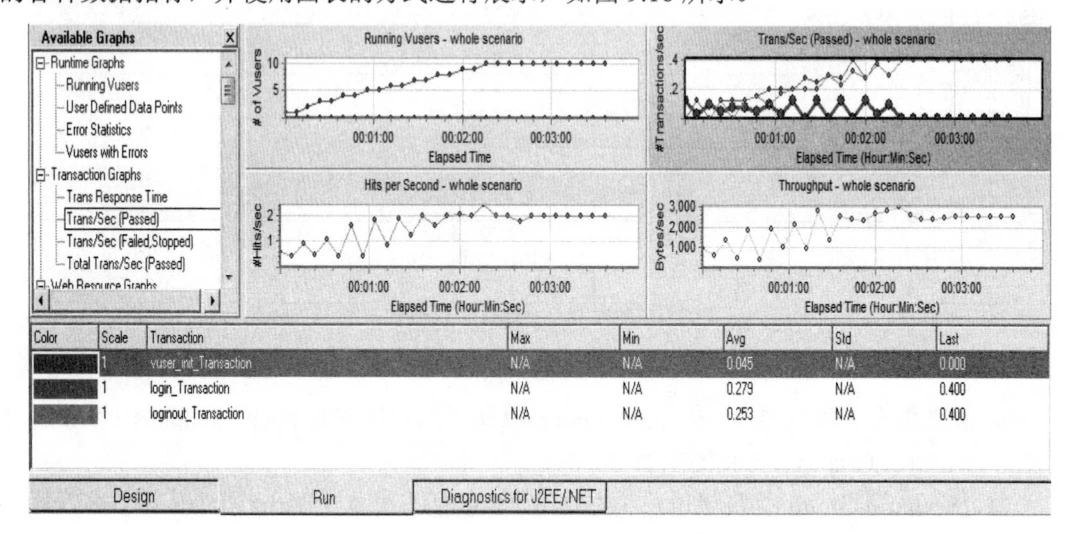

图 9.16　计数器监控区

当场景运行完成场景计划中设置的压力模型和运行时间，Controller 会通知 LG 逐步停止 Vuser 运行，直至所有虚拟用户全部退出场景，Controller 收集所有 LG 的运行日志并汇总成为该次场景运行结果文件。场景执行完成后，场景中所产生的计数器数据和相关信息均会保存在 Res 目录下，可以通过设置来修改每次场景运行后的结果保存目录。选择“Results”菜单下的“Results Settings”选项，在弹出的界面中设置场景结果保存路径，如图 9.17 所示。

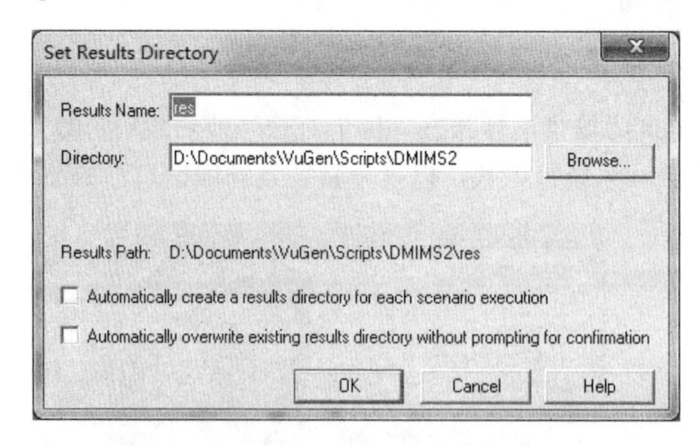

图 9.17　结果保存界面

9.3.3　测试结果分析

Analysis 是 LoadRunner 结果分析组件，可提供图表信息供结果分析，其数据可以复制到外部电子表格应用中做进一步处理，并提供报告功能以及报告的导出功能。Anlysis 的主窗口如图 9.18 所示。

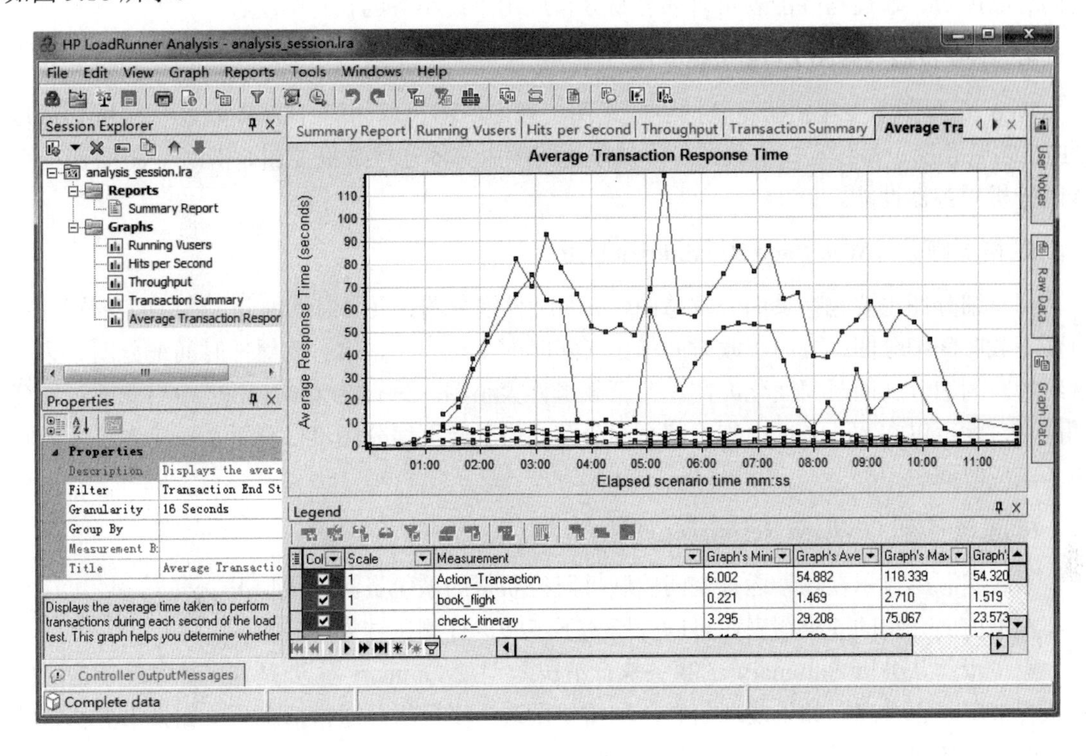

图 9.18　Analysis 界面

（1）会话浏览器（Session Explorer）区域：显示已经打开可供查看的报告和图。

（2）属性（Properties）区域：显示会话浏览器中选择的图或报告的详细信息。

（3）图查看区域：显示图。默认情况下，打开会话时，概要报告将显示在此区域。

（4）图例：查看所选图中的数据。

Analysis Session 文件是脚本在运行场景后收集到的测试数据。*.lrr（LoadRunner results）文件是 Controller 在场景运行过程中收集的所有关于 Vuser 和监控数据的原始结果文件，可以通过双击直接在 Analysis 中打开。*.lra（Analysis Session files）是对测试过程收集的测试数据进行处理后，Analysis 保存生成的结果文件。

Analysis 提供 6 大类图形。

1. 虚拟用户（Vusers）图

虚拟用户图分为运行的虚拟用户图和虚拟用户概要图，主要借助其查看场景与会话的虚拟用户行为。

2. 错误（Errors）图

错误图主要有错误统计、每秒错误数量两大类。借助 Errors 图可以发现服务器什么时间发生错误以及错误的统计信息，可以分析服务器的处理能力。

3. 事务（Transactions）图

事务图包括事务综述图、事务平均响应时间图、每秒通过事务数图、每秒通过事务总数图、事务性能摘要图、事务响应时间与负载分析图、事务响应时间（百分比）图、事务响应时间分布图等。通过这些图表可以很容易分析应用系统事务的执行情况。

4. Web 资源（Web Resources）图

Web 资源图主要包括服务器的吞吐量图、点击率图、返回的 HTTP 状态代码图、每秒 HTTP 响应数图、每秒重试次数图、重试概述图和服务器连接数概要图。借助 Web 资源图可深入分析服务器性能。

5. 网页细分（Web Page Breakdown）图

网页细分图主要包括页面分解总图、页面组件细分图、页面组件细分（随时间变化）图、页面下载时间细分图、页面下载时间细分（随时间变化）图、第一次缓冲时间细分图、第一次缓冲时间细分（随时间变化）图和已下载组件大小图。只有在 Controller 中启动网页细分功能后，才可以在 Analysis 中查看网页细分图，借助网页细分图可以分析页面元素是否影响事务响应时间。

6. 系统资源（System Resources）图

系统资源图显示在场景运行期间由联机监控获得的系统资源使用情况。

根据前面介绍的 6 类图表，可以按照如下步骤进行测试结果的分析。

第一步：从分析 Summary 的事务执行情况入手，Summary 主要是判定事务的响应时间与执行情况是否合理。如果发现问题，则需要做进一步分析。通常情况下，如果事务执行情况失败或响应时间过长等，都需要做深入分析。

第二步：查看负载发生器和服务器的系统资源情况：查看 CPU 的利用率和内存使用情况，尤其要注意查看是否存在内存泄漏问题。

第三步：查看虚拟用户与事务的详细执行情况：查看在整个测试过程中虚拟用户是否运行正常，关注整个过程的事务响应时间的变化曲线是否能接受（是平稳曲线还是逐渐上升）。

第四步：查看错误发生情况：查看错误发生曲线在整个测试过程中是否有规律变化，查看错误分类统计，作为优化系统的参考。

第五步：查看 Web 资源与细分网页。分析从用户发出请求到收到第一个缓冲为止，哪些环节比较耗时，找出页面中哪些组成部分对用户响应时间影响较大，本步骤仅适用于 Web 性能测试。要得到细分网页指标数据，需要在 Controller 中进行配置：“Diagnostics”→“Configuration”。进入诊断配置的界面，在该界面中选中“Enable the following diagnostics”并确认“Web Page Diagnostics（Max User Sampling 10%）”处于启用状态。

性能测试结果分析完成后，需要产生测试结果报告。Analysis 提供了报告自动生成功能，可以在“Report”菜单项中选择保存的报告模板，同时报告可以以多种形式导出。

9.4 小结

本章首先介绍了性能测试的基本概念，详细解释了跟系统性能相关的术语及指标定义；然后按照性能测试的流程分别描述了性能测试需求分析、测试计划制订、脚本录制、场景设置、结果分析、性能调优等各个阶段的主要任务；最后引入了自动化性能测试工具LoadRunner，并详细介绍了其主要构成的 3 大组件及其用法。

课后习题

1. 什么是性能测试？性能测试与功能测试有什么区别？
2. 试举出 5 个性能测试的相关术语，并说明分别是做什么用的？
3. LoadRunner 由哪几部分构成？每部分的功能是什么？
4. 简述 SLA 的 6 个指标项。

第 10 章　Web 应用测试

Web 应用系统的种类非常多，常见的计数器、留言板、聊天室和论坛 BBS 等都属于 Web 应用程序，只不过这些应用程序相对简单。Web 应用程序的真正核心是对数据库进行处理，管理信息系统（Management Information System，简称 MIS）就是这种架构最典型的应用。除此以外，一些基于 Web 的购物网站、办公自动化系统也属于此类应用。随着这类系统在各种应用中的增加，如何进行有效测试被广泛关注。

10.1　Web 应用系统概述

Web 应用程序是一种可以通过 Web 访问的应用程序，一般是 B/S 模式，即浏览器端/服务器端程序结构，其结构示意图如图 10.1 所示。程序的最大好处是用户只需要用浏览器即可通过网络访问对方服务器，不需要再安装其他软件。典型的 B/S 结构的应用系统有淘宝、天猫、新浪、搜狐等。这种状态下，用户对 Web 页面质量有很高的期望，对系统稳定性及响应时间有更高的要求，因此基于 Web 系统的测试、确认和验收是一项重要而富有挑战性的工作。

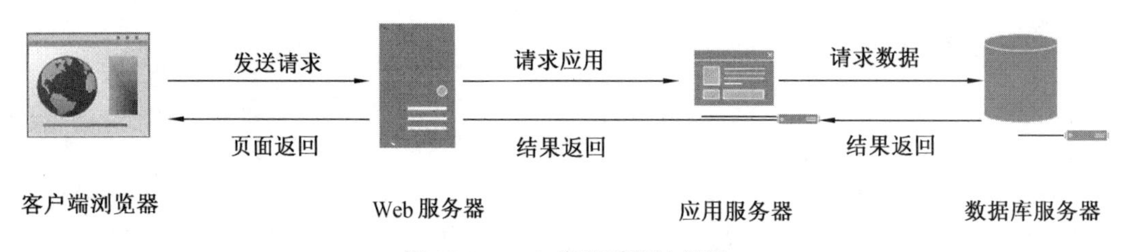

图 10.1　Web 信息系统访问图

图 10.1 是某 Web 信息系统的典型部署结构，其中服务器端包括一台 Web 服务器、一组应用服务器和一台数据库服务器。其中 Web 服务器上部署 Web Server 服务器程序及页面应用程序，应用服务器上部署中间件及后台处理逻辑程序，数据库服务器上部署数据库系统来存储系统数据。

Web 应用程序通常由完成特定任务的各种 Web 组件，如 Servlet、JSP 页面、HTML 文件以及图像影音文件构成，通过 Web 将服务展示给外界。因此，基于 Web 的系统测试与传统的软件测试不同，它不但需要检查和验证是否按照设计的要求运行，而且还要测试系统在不同用户的浏览器端的显示是否合适。更重要的是，还要从最终用户的角度进行安全性和可用性测试。然而，Internet 和 Web 媒体的不可预见性使基于 Web 系统的测试变得困难。因此，我们必须为复杂的基于 Web 系统的测试和评估研究新的方法和技术。

10.2　Web 应用测试的类型

目前 Web 应用测试的种类繁多，但大致可以分为功能测试、性能测试、用户界面测试、兼容性测试、安全性测试 5 个方面，下面对这些测试类型逐一进行介绍。

1. 功能测试

（1）链接测试。

链接是 Web 应用系统的一个主要特征，它是在页面之间切换的主要手段。链接测试主要是保证链接的可用性和正确性，包括如下 3 个方面的内容。

① 测试所有链接是否确实链接到了该链接的页面。

② 测试所链接的页面是否存在。

③ 保证 Web 应用系统上没有孤立的页面。所谓孤立页面是指没有链接指向该页面，只有知道正确的 URL 地址才能访问该页面。

链接测试应该在集成测试阶段完成后开展，也就是说应在整个 Web 应用系统的所有页面开发完成之后进行链接测试。一般采取人工测试，也有自动化的链接测试工具，如 Xenu Link Sleuth，HTML Link Validator。

（2）表单测试。

表单是一个网页的基本组成部分，一个表单由 3 个部分构成：表单标签、表单域和表单按钮。表单用于从用户接收信息并与其进行交互。其中，表单标签主要用于申明表单，定义采集数据的范围，也就是<form>和</form>里面包含的数据将被提交到服务器或者电子邮件中。表单域包含了文本框、密码框、隐藏域、多行文本框、复选框、单选框、下拉选择框和文件上传框等。表单按钮主要包括提交按钮、复位按钮和一般按钮，用于将数据传送到服务器上的 CGI 脚本或者取消输入，还可以用表单按钮来控制其他定义了处理脚本的处理工作。

表单测试的关键就在于测试其构成成分是否完成了自身功能。对于表单标签，主要检查其链接地址是否正确；对于表单域，主要检查其各构成成分大小是否合适，排列是否合理，对输入内容的类型、长度等是否合法进行验证；对于表单按钮，主要检查其单击是否可用，是否能完成其功能等。

以在线注册系统为例，首先检测系统对用户填写信息有无判别能力，比如系统能否检查用户填写的出生日期与职业是否合法，填写的所属省份与所在城市是否匹配等。如果使用了默认值，还要检验默认值的正确性。如果表单只能接受指定的某些值，则也要进行测试。例如，只能接受某些字符，测试时可以跳过这些字符，看系统是否会报错；如系统只接受限定以内的数字，测试时可以测试内外边界值，看系统是否正确反应。另外表单测试还有重要的一点：测试 HTML 语言的特殊标记，如<>、<td>、
、<p>等，在表单中输入这些字符进行各种操作后看系统是否会报错。

信息填写完毕后要确保“提交”按钮能正常工作，应测试提交操作的完整性。当注册完成后应返回注册成功的消息。如果使用表单收集配送信息，应确保程序能够正确处理这些数据，并反馈回正确的结果。要测试这些程序，需要验证服务器能正确保存这些数据，而且后台运行的程序能正确解释和使用这些信息。

（3）Cookies 测试。

Cookies 通常用来存储用户信息和用户在某应用系统的操作。当一个用户使用 Cookies 访问了某一个应用系统时，Web 服务器将发送关于用户的信息，并把该信息以 Cookies 的形式存储在客户端计算机上，这可用来创建动态和自定义页面或者存储登录等信息。如果 Web 应用系统使用了 Cookies，就必须检查 Cookies 是否能正常工作。测试的内容包括 Cookies 是否起作用，是否按预定的时间进行保存，刷新对 Cookies 有什么影响等。如果在 Cookies 中保存了注册信息，应确认该 Cookies 能够正常工作而且已对这些信息加密。如果使用 Cookies 来统计次数，需要验证次数累计是否正确。

（4）数据库测试。

数据库为 Web 应用系统的管理、运行、查询和实现用户对数据存储的请求等提供空间。在 Web 应用中，最常用的数据库类型是关系型数据库，可以使用 SQL 语言对信息进行处理，实现数据的增加、删除、修改、查询等基本操作。

一般情况下，Web 应用系统中数据库可能发生两种错误，即数据一致性错误和输出错误。数据一致性错误主要是由于用户提交的表单信息不一致而造成的；输出错误主要是由于网络速度或程序设计问题等引起的操作失败。对于基于 Web 的数据库测试，可以从以下几方面展开。

① 检查与数据库相干的业务功能是否实现。

② 检查数据库表中数据的完整性和一致性。

③ 检查级联表操作与主表操作是否一致。

④ 对数据库的性能及容量进行测试。

2. 性能测试

（1）连接速度测试。

连接速度测试实际是对系统响应时间的测试，虽然这个指标项受客户端硬件配置、网络速度等诸多因素的影响，但在设定环境中，如果加载一个页面的时间过长，用户就会因没有耐心等待而选择放弃。另外，有些页面有超时的限制，如果响应速度太慢，用户可能还没来得及浏览内容，就需要重新登录了。连接速度太慢，还可能引起数据丢失，使用户得不到真实的页面。

（2）压力测试。

压力测试是为了测量 Web 系统在某一负载级别上的性能拐点，以保证 Web 系统在需求范围内能正常工作。压力测试一般安排在 Web 系统发布以后，在实际的网络环境中进行测试。负载级别可以是某个时刻同时访问 Web 系统的用户数量，也可以是在线数据处理的数量。例如：Web 应用系统在多少个用户同时在线时，响应时间开始急剧增加？此时 CPU 利用率是否达到饱和？点击率和服务器返回请求数有什么变化？

（3）负载测试。

如果压力测试是为了找到系统的拐点，那么负载测试就是在找到拐点后继续加压，看系统何时会崩溃，找到系统的最大负载量。负载测试是指实际破坏一个 Web 应用系统，测试系统在这一过程中的反应。负载测试侧重于测试系统的限制和故障恢复能力，也就是测试 Web 应用系统会不会崩溃，在什么情况下会崩溃。负载测试的区域包括表单、登录和其他信息传输页面等。

3. 用户界面测试

（1）导航测试。

导航可指导用户如何浏览网页，方便用户使用页面上的链接来浏览不同的页面。因此导航帮助要尽可能准确，其风格要与页面结构、菜单、链接的风格保持一致。

（2）图形测试。

图片和动画在网页中既能起到广告宣传的作用，又能起到美化页面的功能。一个 Web 应用系统的图形可以包括图片、动画、边框、颜色、字体、背景、按钮等。图形测试的内容包括以下几方面。

① 图形大小和质量要合适，避免使用大的图片，以免浪费传输时间，影响页面响应时间。

② 图形链接要明确，并且要能清楚地说明某件事情，一般都链接到某个具体的页面。

③ 图形的风格要一致，背景颜色应该与字体颜色和前景颜色相搭配。

④ 图像与文字要匹配，如果说明文字指向右边的图片，应该确保该图片出现在右边。

⑤ 图文混排要美观，不要因为使用图片而使窗口和段落排列古怪或者出现孤行。

（3）内容测试。

内容测试用来检验 Web 应用系统提供信息的正确性、准确性和相关性。

正确性是指信息是可靠的、正确的、合法的。例如，在商品价格列表中，错误的价格可能引起经济问题甚至导致法律纠纷。准确性是指是否有语法或拼写错误。这种测试通常使用一些文字处理软件来进行，例如使用 Microsoft Word 的“拼音与语法检查”功能。

相关性是指是否在当前页面可以找到与当前浏览信息相关的信息列表或入口，也就是一般 Web 站点中的所谓“相关文章列表”。

（4）表格测试。

表格是构成网页的基本要素之一，表格的测试首先需要验证表格的设置是否正确。用户是否需要向右滚动页面才能看见产品的价格？把价格放在左边，而把产品细节放在右边是否更有效？每一栏的宽度是否足够宽，表格里的文字是否排列合适？是否有因为某一格的内容太多，而将整行的内容拉长？

（5）整体界面测试。

整体界面是指整个 Web 应用系统的页面结构设计、风格设计等是否能给用户一个整体感和美观感。例如：当用户浏览 Web 应用系统时是否感到舒适？是否凭直觉就知道要找的信息在什么地方？整个 Web 应用系统的设计风格是否一致？

对整体界面的测试过程，其实是一个对最终用户进行调查的过程，一般 Web 应用系统采取在主页上做一个调查问卷的形式，来得到最终用户的反馈信息。

4. 兼容性测试

（1）操作系统兼容测试。

操作系统类型很多，最常见的有 Windows、Unix、Macintosh、Linux 等。Web 应用系统的最终用户究竟使用哪一种操作系统，取决于用户系统的配置。这样，就可能会发生兼容性问题，同一个应用可能在某些操作系统下能正常运行，但在另外的操作系统下可能会运行失败。因此，在 Web 系统发布之前，需要在各种操作系统下对 Web 系统进行兼容性测试。

（2）浏览器兼容测试。

浏览器是 Web 客户端最核心的构件，来自不同厂商的浏览器对 Java、Javascript、ActiveX、Plug-ins 或不同的 HTML 规格有不同的支持。例如，ActiveX 是 Microsoft 的产品，是为 Internet Explorer 而设计的，Javascript 是 Netscape 的产品，Java 是 Sun 的产品等。另外，框架和层次结构风格在不同的浏览器中也有不同的显示，甚至根本不显示。测试浏览器兼容性的一个方法是创建一个兼容性矩阵。在这个矩阵中，测试不同厂商、不同版本的浏览器对某些构件和设置的适应性。

（3）分辨率测试。

检查在 640×400、600×800 或 1 024×768 等不同分辨率模式下页面是否显示正常？字体是否太小以至于无法浏览？或者是太大不能完全显示？文本和图片是否对齐？

（4）打印机测试。

用户可能会在需要的时候将网页内容打印出来，因此网页在设计的时候要考虑到打印问题，需要验证网页打印是否正常。有时在屏幕上显示的图片和文本的对齐方式可能与打印出来的东西不一样。测试人员至少需要验证打印的页面是否与显示的一致。

5. 安全性测试

不同类型的 Web 应用系统对安全性的要求不同，但即使站点不接受信用卡支付，安全问题也是非常重要的。Web 站点收集的用户资料只能在公司内部使用。如果用户信息被黑客泄露，客户在进行交易时，就不会有安全感。Web 应用系统通常存在如下安全问题，也是安全测试的重点。

（1）SQL 注入。拼接的 SQL 字符串改变了设计者原来的意图，执行了如泄露、改变数据等操作，甚至控制数据库服务器。

（2）跨站脚本攻击。跨站脚本是指远程 Web 页面的 HTML 代码可以插入具有恶意的数据，当浏览器下载该页面，嵌入其中的恶意脚本将被解释执行，从而对客户端用户造成伤害。

（3）没有限制 URL 访问。系统已经对 URL 的访问做了限制，但这种限制实际并没有生效，攻击者能够很容易地伪造请求，直接访问未被授权的页面。

（4）越权访问。用户对系统的某个模块或功能没有权限，但通过拼接 URL 或 Cookie 欺骗来访问该模块或功能。

（5）泄露配置信息。服务器返回的提示或错误信息中出现服务器版本信息泄露、程序出错泄露物理路径、程序查询出错返回 SQL 语句、过于详细的用户验证返回信息。

（6）不安全的加密存储。外部攻击者可以破解不安全的密钥及使用弱算法的密钥，从而获得访问权限。

（7）传输层保护不足。在身份验证过程中没有使用 SSL / TLS，因此暴露传输数据和会话 ID，被攻击者截听，存在极大的安全隐患。

（8）登录信息提示。 用户登录提示信息会给攻击者一些有用的信息，作为程序的开发人员应该做到对登录提示信息的模糊化，以防攻击者利用登录信息得知用户名甚至密码。

（9）重复提交请求。程序员在代码中没有对重复提交请求做限制，这样就会出现订单被多次下单，帖子被重复发布的情况。恶意攻击者可能利用此漏洞对网站进行批量灌水，致使网站瘫痪。

（10）网页脚本错误。访问者所使用的浏览器不能完全支持页面里的脚本，形成“脚本错误”。一般 Web 系统的使用者通过浏览器长时间对系统操作，因此功能和性能都需要经过可靠的测试。因为操作过程依赖浏览器，因此客户端系统平台和浏览器版本兼容性也是测试的重点。另外 Web 应用具有动态性和异构性，因此从用户的角度看更关注安全性和可用性的测试。综上所述，Web 系统因其特有的动态性、异构性、分步性、并发性等特征，测试的类型也就特别繁多。

10.3 Selenium 自动化 Web 应用测试

10.3.1 Selenium 简介

Selenium 是一个用于 Web 应用程序测试的工具。Selenium 测试直接运行在浏览器中，就像真正的用户在操作一样。支持的浏览器包括 IE（7, 8, 9, 10, 11），Mozilla Firefox，Safari，Google Chrome，Opera 等。这个工具的主要功能包括测试应用程序与浏览器的兼容性，测试应用程序与操作系统的兼容性，测试系统功能是否满足用户需求，测试应用程序界面是否美观，支持自动脚本录制和自动生成.Net、Java、Perl、python 等不同语言的测试脚本。

（1）Selenium 具有如下特点。

① 开源、免费。

② 多浏览器支持：Firefox、Chrome、IE、Opera、Edge。

③ 多平台支持：Linux、Windows、MAC。

④ 多语言支持：Java、Python、Ruby、C#、JavaScript、C++。

⑤ 对 Web 页面有良好的支持。

⑥ API 接口简单，使用开发语言驱动。

⑦ 支持分布式测试用例执行。

（2）Selenium 构成组件：

① Selenium IDE：是一个 Firefox 插件，可以录制用户的基本操作，生成测试用例。随后可以运行这些测试用例在浏览器里回放。IDE 录制的脚本可以转换为多种语言，从而帮助我们快速地开发脚本。

② Selenium Remote Control（RC）：是 Selenium 家族的核心部件，支持多种平台（Windows，Linux，Solaris）和多种浏览器（IE，Firefox，Opera，Safari），可以用多种语言（Java，Ruby，Python，Perl，PHP，C#）编写测试用例。

③ Selenium Grid：是一种自动化的测试辅助工具，允许 Selenium RC 针对规模庞大的测试案例集或者需要在不同环境中运行的测试案例集进行扩展。利用 Grid 可以很方便地实现在多台机器上和异构环境中运行测试用例。

（3）Selenium 的发展。

Selenium 的发展经历了两个版本，即 Selenium1.0 和 Selenium 2.0。Selenium 不能算是一个单独的测试工具，它由一些插件、类库组成，每个部分都有其特点和应用场景，Selenium1.0 的基本构成如图 10.2 所示。

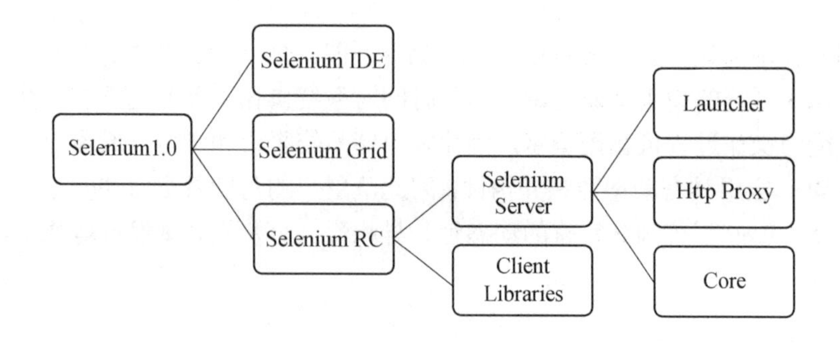

图 10.2 Selenium1.0 构成

Client Libraries库主要用于编写测试脚本，用来控制Selenium Server的库。Selenium Server用来控制浏览器行为。

Selenium Server 包括 3 个部分：Launcher、Http Proxy、Core。其中，Core 是嵌入到浏览器页面中的一些 JavaScript 函数的集合，借此实现用程序对浏览器进行操作；Launcher 用于启动浏览器，把 Core 加载到页面中，并把浏览器的代理设置为 Http Proxy。

Selenium 2.0 把 WebDriver 加入到了这个家族中，简单讲，Selenium 2.0 集成了 RC 和 WebDriver 来提供 Web UI 级自动化测试能力，Selenium 2.0=Selenium1.0+WebDriver。

10. 3. 2 基于 Python 的 Selenium 环境搭建

1. 安装 Python

访问 Python 的官方网站：https://www.python.org/，根据自己的安装平台选择相应版本安装即可。比如 Windows 的用户，如果是 64 位系统就选择 64 位版本，如果是 32 位就选择 x86 版本。进入网站，可以看到图 10.3 所示的界面。

图 10.3 Python 下载页面

下载完成后生成 python-3.5.0-amd64.exe 文件，可双击进行安装操作，安装界面如图 10.4 所示。

图 10.4　Python 安装界面

勾选“Add Python 3.5 to PATH”选项，单击“Customize installation”进行安装，进入下一步安装界面，如图 10.5 所示，勾选所有选项，进入下一步，选择安装路径，按照默认安装过程进行安装。

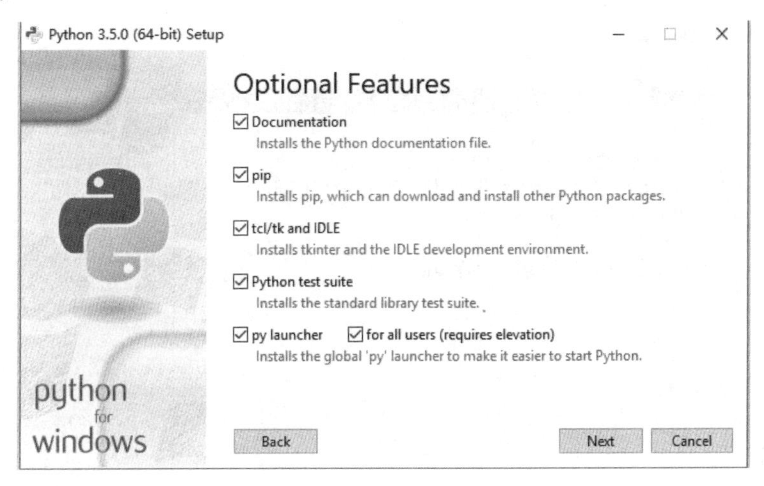

图 10.5　Python 安装选项设置界面

Python 的安装过程与一般的 Windows 应用程序安装过程类似，完成后可以在开始菜单中看到安装好的 Python 菜单项，如图 10.6 所示。

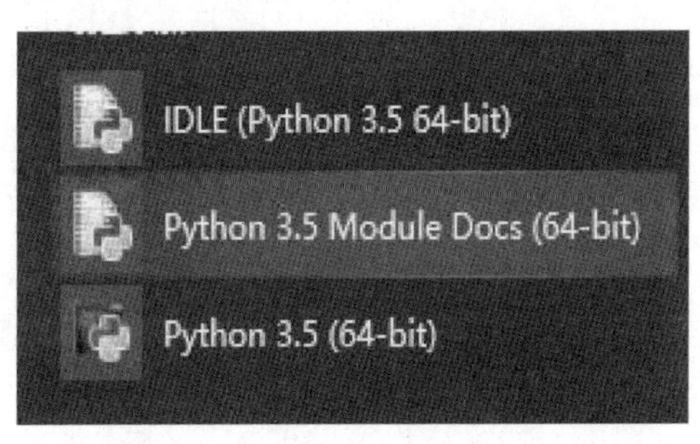

图 10.6　开始菜单中的 Python 菜单项

打开 Python 自带的 IDLE，就可以编写 Python 程序了，Python Shell 界面如图 10.7 所示。

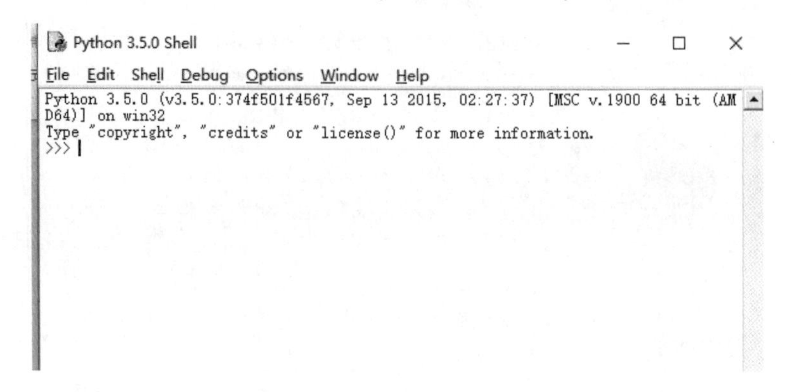

图 10.7　Python Shell 界面

或者通过在 Windows 命令提示符下输入“Python”命令，也可以进入 Python Shell 模式。如果提示 Python 不是内部或外部命令，也不是可运行的程序，那么需要把 Python 目录添加到系统环境变量中。可右击桌面“我的电脑”，在“属性”→“高级”→“环境变量”→“系统变量”的 path 中添加变量名和变量值，如图 10.8 所示。

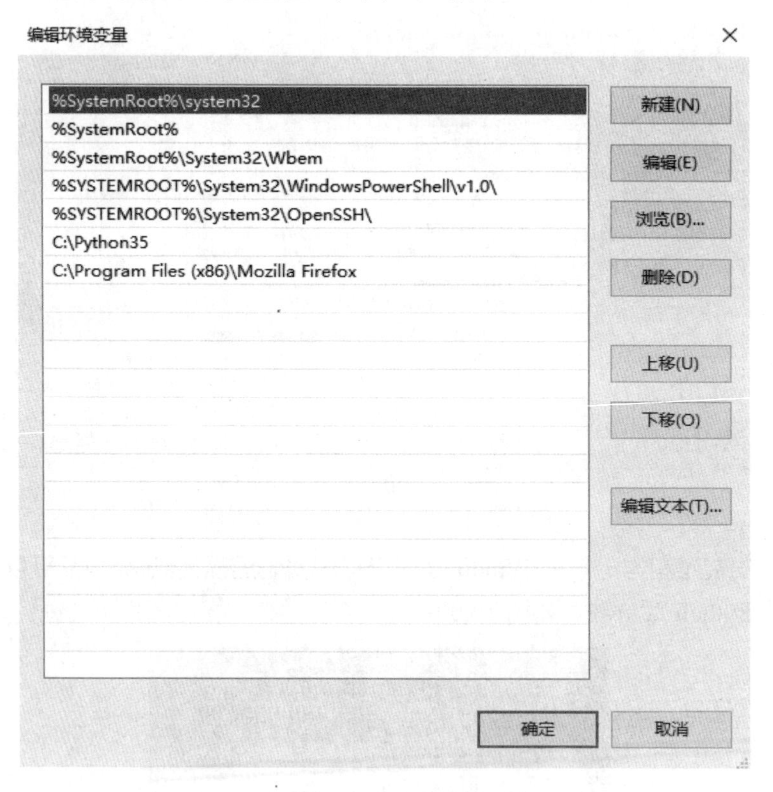

图 10.8　Python 环境变量设置

以管理员的身份进入命令提示符界面，检查 Python 安装是否完成，如出现图 10.9 所示的界面，则说明安装完成。

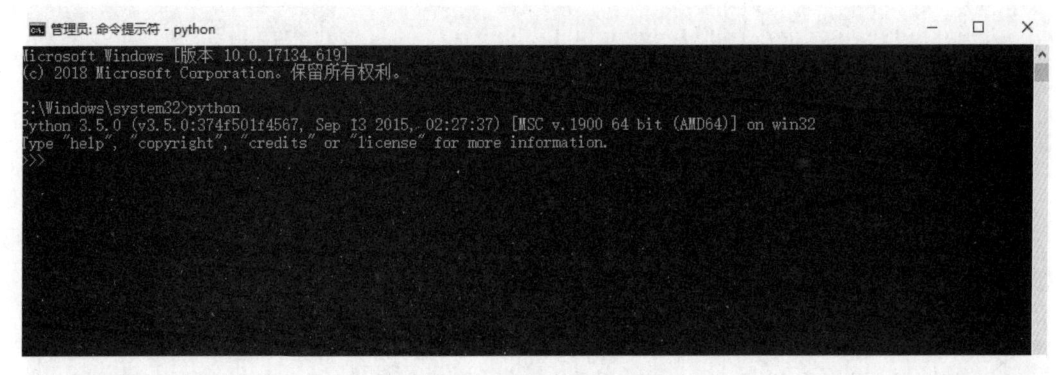

图 10.9　Python 安装完成界面

2. 安装 pip

pip 是一个安装和管理 Python 包的工具，通过 pip 来安装 python 包变得非常简单。在最新的 Python 安装包中已经集成了 pip，在 Python 的安装目录 C:\Python35\Scripts 下，能够看到 pip.exe 或 pip3.exe 文件，可以直接在命令提示符下输入“pip”命令进行安装。如果出现 pip 命令的说明信息，则说明安装成功，如图 10.10 所示。

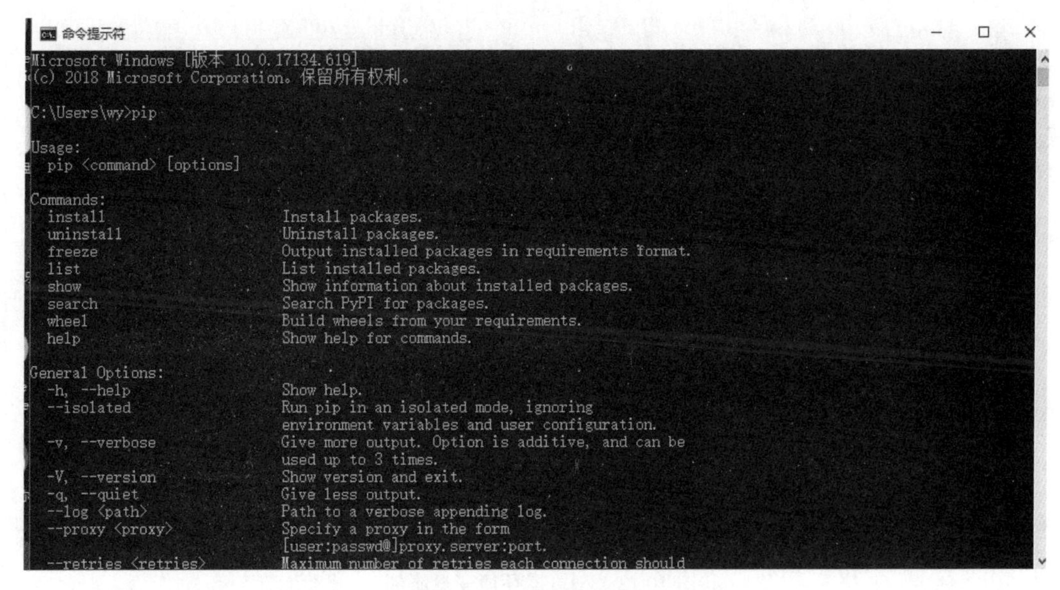

图 10.10　pip 安装成功界面

3. 安装 Selenium

由于前面安装了 pip，可以使用 pip 命令方便地安装 Python 第三方库，因此 Selenium 的安装变得非常简单，只需要输入命令“pip install selenium”，即可默认安装最新版本，如图 10.11 所示。

```
命令提示符
Microsoft Windows [版本 10.0.17134.619]
(c) 2018 Microsoft Corporation。保留所有权利。

C:\Users\wy>pip install selenium
Requirement already satisfied (use --upgrade to upgrade): selenium in c:\python35\lib\site-packages
Requirement already satisfied (use --upgrade to upgrade): urllib3 in c:\python35\lib\site-packages (from selenium)
You are using pip version 7.1.2, however version 19.0.3 is available.
You should consider upgrading via the 'python -m pip install --upgrade pip' command.

C:\Users\wy>pip show  selenium
---
Metadata-Version: 2.1
Name: selenium
Version: 3.141.0
Summary: Python bindings for Selenium
Home-page: https://github.com/SeleniumHQ/selenium/
Author: UNKNOWN
Author-email: UNKNOWN
License: Apache 2.0
Location: c:\python35\lib\site-packages
Requires: urllib3
You are using pip version 7.1.2, however version 19.0.3 is available.
You should consider upgrading via the 'python -m pip install --upgrade pip' command.

C:\Users\wy>
```

图 10.11　Selenium 安装界面

至此，Python 下 Selenium 的安装就完成了。但现在如果运行测试脚本可能会出现错误，排除脚本录入问题，原因有两个。其一是该程序调用的是 Firefox 浏览器，应该确保该浏览器已经安装，并且将安装路径的 path 添加进环境变量，如图 10.12 所示。

图 10.12　浏览器环境变量添加

第二个原因是需要安装浏览器驱动 WebDriver。不同的浏览器有不同的浏览器驱动，Firefox 浏览器需要驱动程序 GeckoDriver。GeckoDriver 是由 Mocilla 开发的许多应用程序中的 Web 浏览器引擎，是一种介于 Selenium 的测试代码与 Firefox 浏览器之间的链接，火狐浏览器用 GeckoDriver 执行 WebDriver 协议。GeckoDriver 是一个代理，这个代理可从通过提供的 Http 接口和火狐浏览器保持通信。GeckoDriver 的下载地址：https://github.com/mozilla/geckodriver/releases。选择图 10.13 所示的选项，下载后解压，将文件拷贝到火狐浏览器的安装目录 C:\Program Files (x86)\Mozilla Firefox 下。

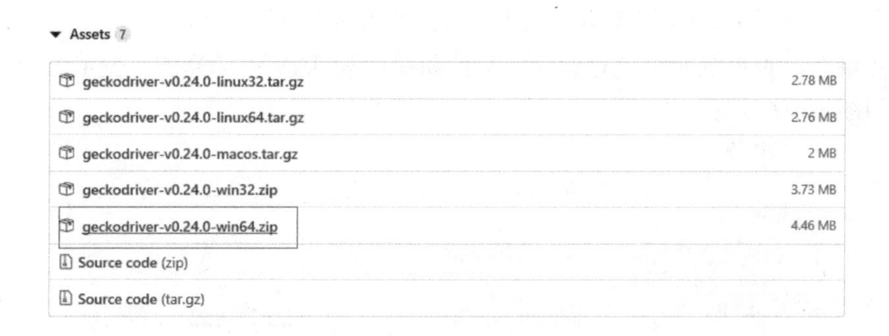

图 10.13　浏览器驱动下载页面

现在终于可以进行自动化脚本的开发了，通过 IDLE 新建一个文件，编写你的第一个自动化测试脚本吧。参考代码如图 10.14 所示。

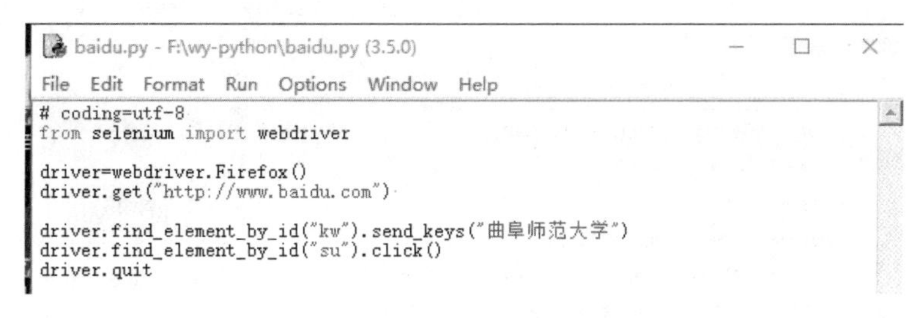

图 10.14　Selenium 自动化 Python 脚本

10. 3. 3　基于 Java 的 Selenium 环境配置

1. 安装 JDK

JDK 的安装文件可以到官方网站下载，这里选择 jdk-8u151-windows-x64 进行安装。JDK 在安装的时候会先安装 JDK，再安装 Jre，为保持统一性，建议二者安装在同一个目录下，并记录下安装位置，以备配置环境变量时使用，如图 10.15 所示。

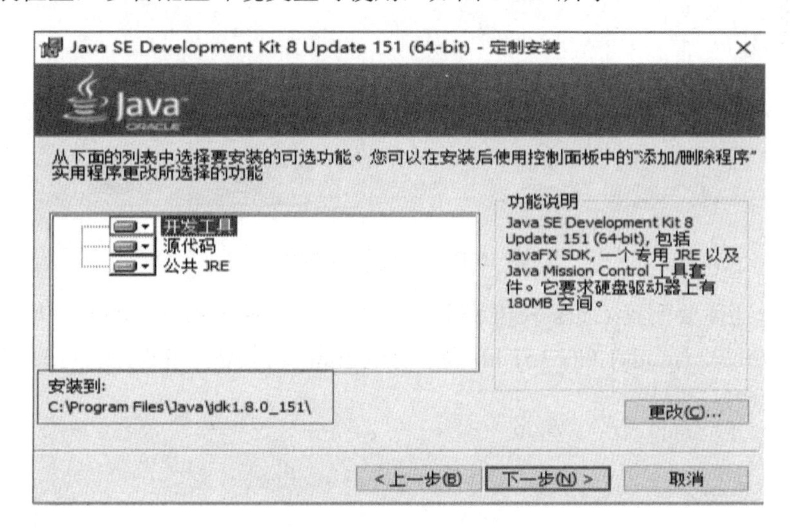

图 10.15　JDK 安装路径

安装完成后进行 Java 环境变量的配置，右击“我的电脑”→“属性”→“高级系统设置”→“环境变量”，对系统变量进行设置。新建系统变量 JAVA-HOME，变量值为 JDK 的安装路径，如图 10.16 所示。

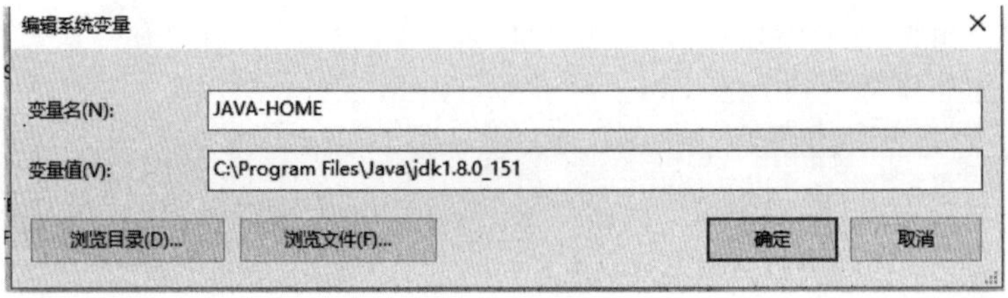

编辑系统变量

变量名(N): JAVA-HOME

变量值(V): C:\Program Files\Java\jdk1.8.0_151

浏览目录(D)...　浏览文件(F)...　确定　取消

图 10.16　系统变量设置

接下来把 JDK 目录下的 bin 目录加入 path 路径，如图 10.17 所示，同时将 Jre 包的路径和 Firefox 浏览器的安装路径也加入。

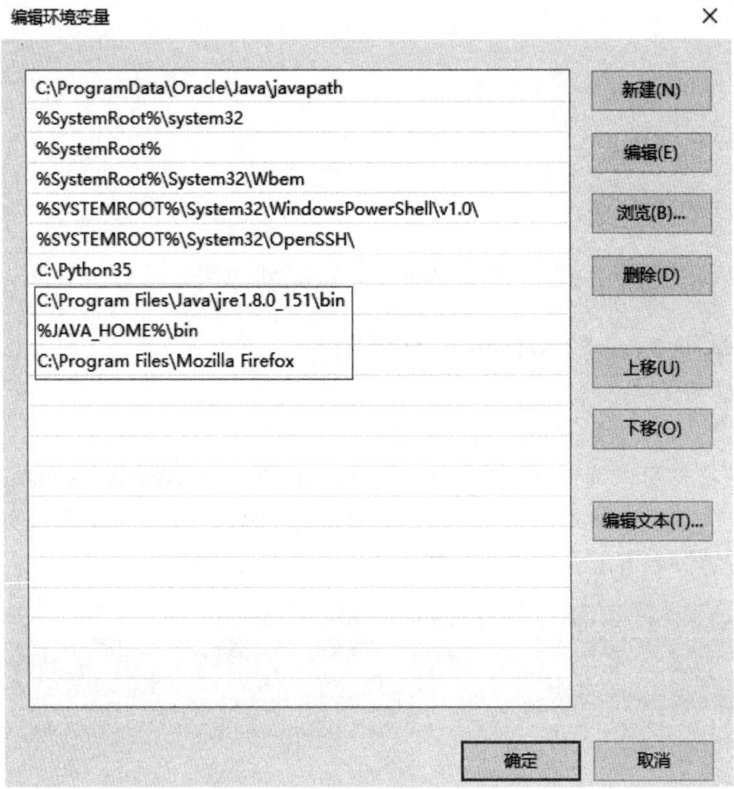

编辑环境变量

C:\ProgramData\Oracle\Java\javapath
%SystemRoot%\system32
%SystemRoot%
%SystemRoot%\System32\Wbem
%SYSTEMROOT%\System32\WindowsPowerShell\v1.0\
%SYSTEMROOT%\System32\OpenSSH\
C:\Python35
C:\Program Files\Java\jre1.8.0_151\bin
%JAVA_HOME%\bin
C:\Program Files\Mozilla Firefox

新建(N)　编辑(E)　浏览(B)...　删除(D)　上移(U)　下移(O)　编辑文本(T)...

确定　取消

图 10.17　添加 path 路径

除此之外，还需要配置 Class_path 路径。新建环境变量名 Class_Path，将 JDK 的 lib 路径 C:\Program Files\Java\jdk1.8.0_151\lib 及 C:\Program Files\Java\jdk1.8.0_151\lib\tools.jar 加入，如图 10.18 所示。

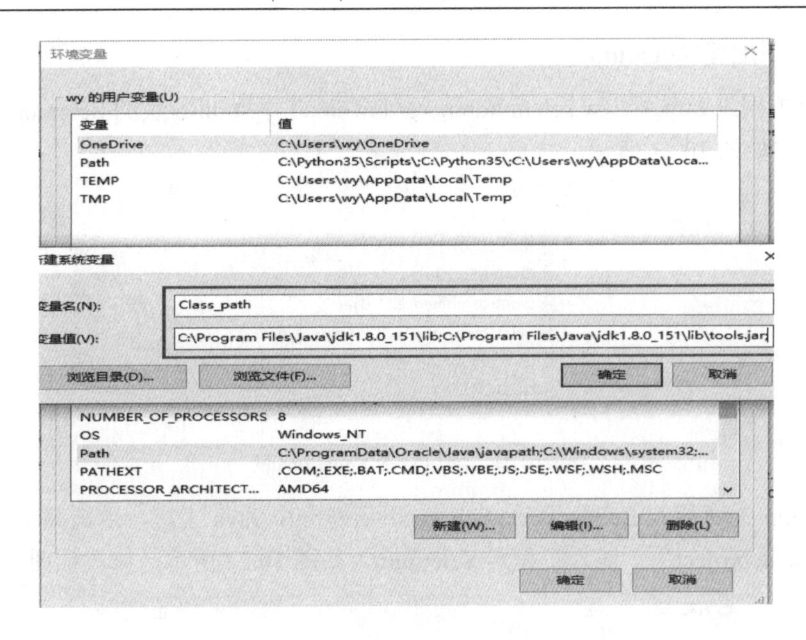

图 10.18　Class_Path 环境变量配置

安装完成后，启动命令提示符，验证是否安装成功，如果出现图 10.19 所示的提示，则验证 JDK 安装成功。

```
管理员: 命令提示符
Microsoft Windows [版本 10.0.17134.619]
(c) 2018 Microsoft Corporation。保留所有权利。

C:\Windows\system32>Java -version
java version "1.8.0_151"
Java(TM) SE Runtime Environment (build 1.8.0_151-b12)
Java HotSpot(TM) 64-Bit Server VM (build 25.151-b12, mixed mode)

C:\Windows\system32>a_
```

图 10.19　JDK 安装成功提示

2. Eclipse 下配置 JDK

Eclipse 是一款开源的集成开发环境工具，可以到官网下载，解压后直接打开 Eclipse 界面，单击 Windows-Preferences，添加 JDK 的安装路径，进行图 10.20 所示的配置。

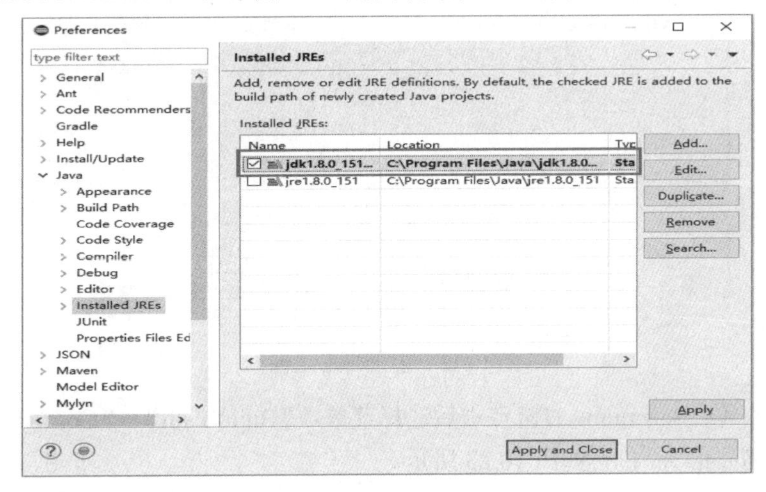

图 10.20　Eclipse 下配置 JDK

3. Eclipse 下配置 Selenium

首先到官方网站 http://www.seleniumhq.org/download 下载 Java 版的 Selenium。解压下载的 Selnium 包，如图 10.21 所示。

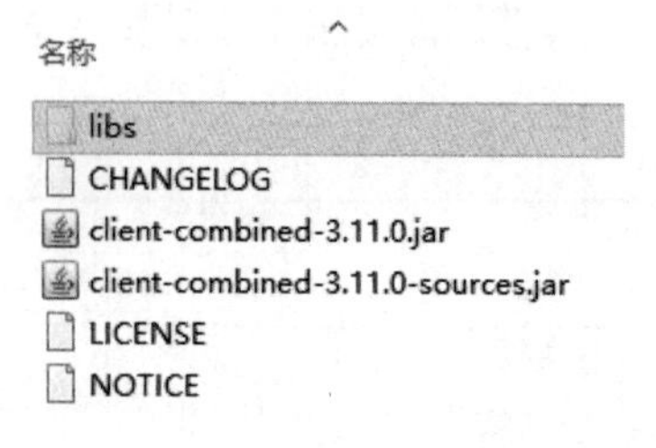

图 10.21　解压后的 Selenium 包

将 Selenium 类库导入 Eclipse，在 Eclipse 下新建一个 Java 工程，单击菜单项"file"→"new"→"java project"，输入工程名 Selenium，如图 10.22 所示，修改框图中的两项。

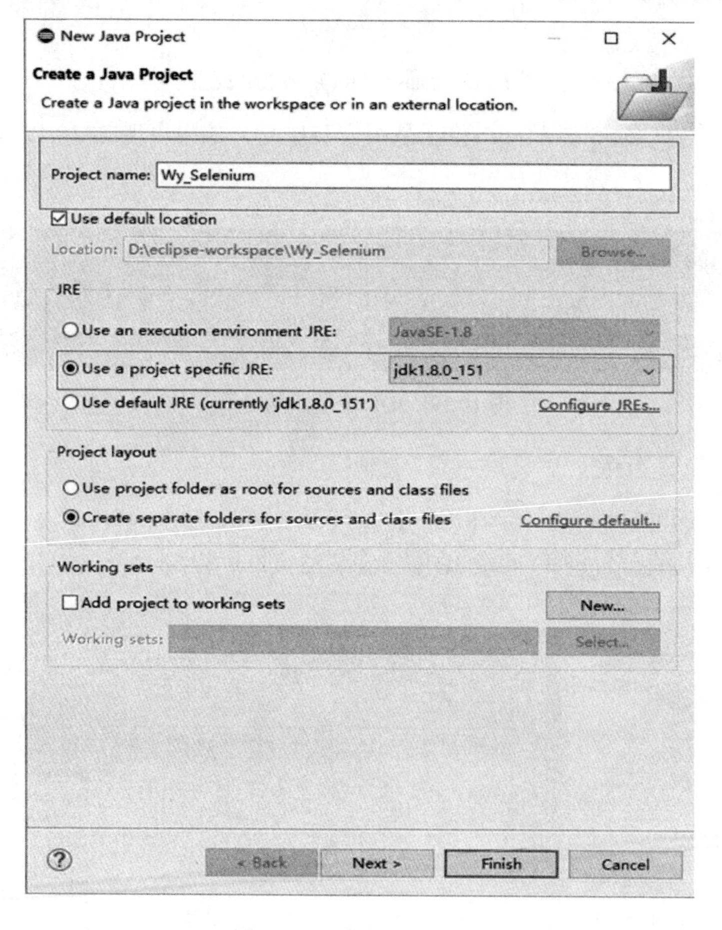

图 10.22　建立 Java 工程

选择工程名 Wy_Selenium，右键点击后选择菜单项"Build Path"→"Configure Build Path"添加 Selenium 需要的 Jar 包，如图 10.23 所示。

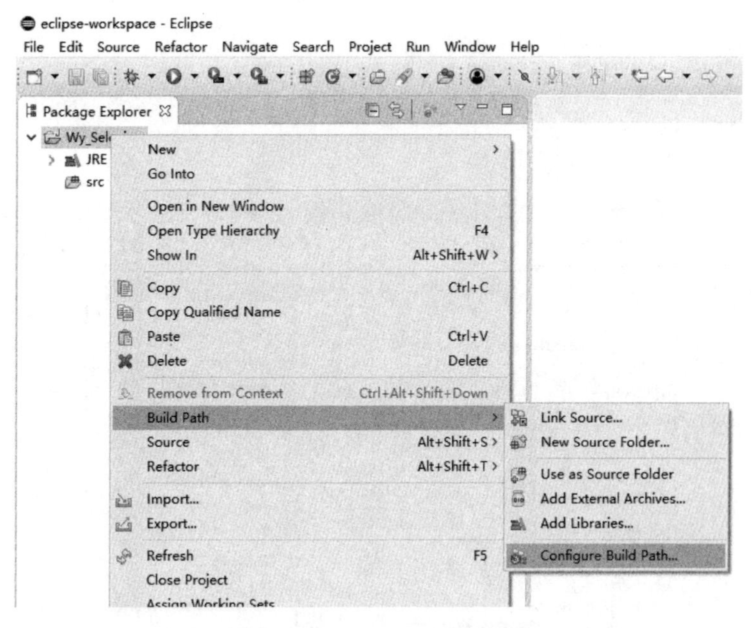

图 10.23　Selenium Jar 包配置

在弹出的窗口只能选择“Java Build Path”，右侧单击“Add External JARs…”按钮，将图 10.21 所示的两个扩展名为 jar 的文件添加进来，同时还需要添加 selenium-server-standalone-3.11.0.jar 文件，如图 10.24 所示。

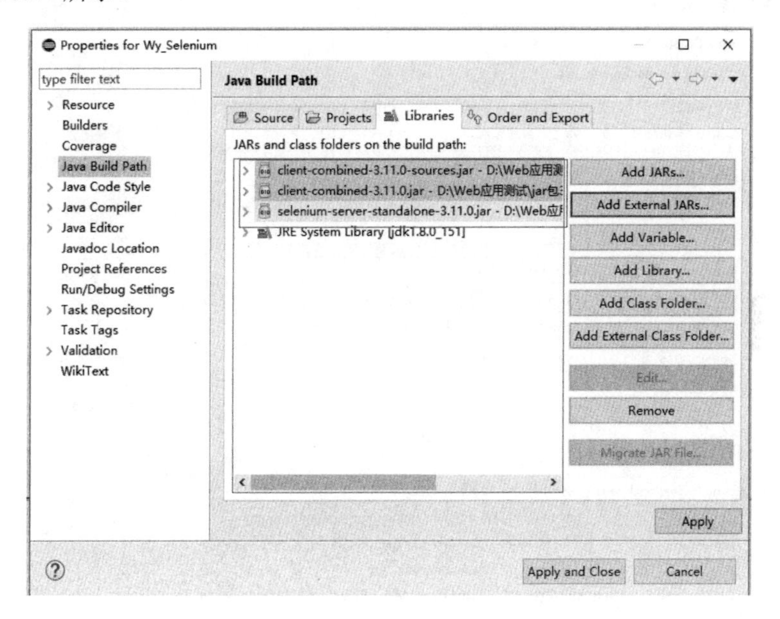

图 10.24　Selenium Jar 包导入工程

至此，Selenium 在 Eclipse 中的配置完成，可以进行自动化测试了。还是以在百度中输入“曲阜师范大学”查询为例，首先建立 Class 类，在 Eclipse 左侧菜单中选择“src”→“New”→“Class”，如图 10.25 所示。

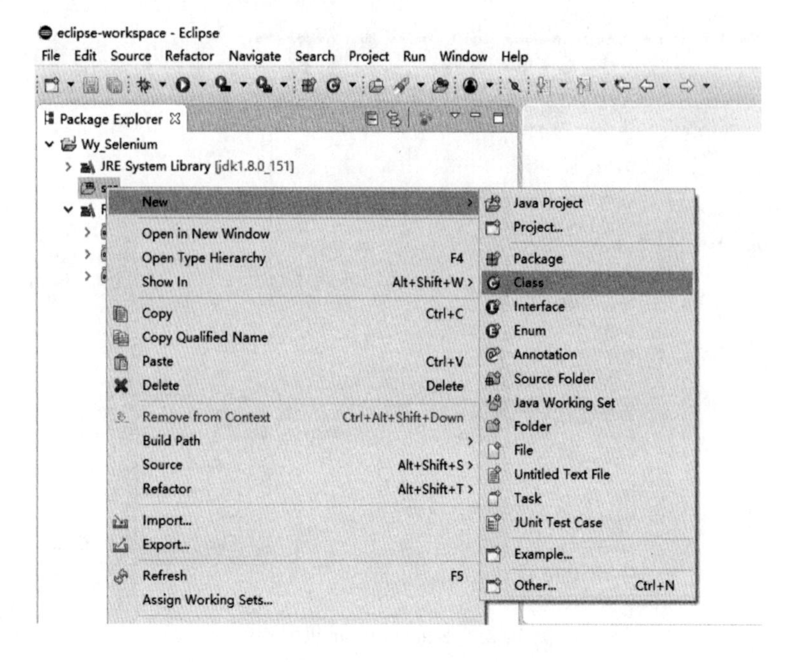

图 10.25　建立 Class 类

在弹出的对话框中只输入包名及类名，如图 10.26 所示，在圈出的方框内输入相应内容。

New Java Class
Java Class
Create a new Java class.
Source folder: Wy_Selenium/src　Browse...
Package: webdriver　Browse...
Enclosing type:　Browse...
Name: Baidu_FirstTest
Modifiers: public　package　private　protected
abstract　final　static
Superclass: java.lang.Object　Browse...
Interfaces:　Add...　Remove
Which method stubs would you like to create?
public static void main(String[] args)
Constructors from superclass
Inherited abstract methods
Do you want to add comments? (Configure templates and default value here)
Generate comments
Finish　Cancel

图 10.26　Java Class 界面

单击“Finish”按钮后，可以输入第一个基于 Java 的 Selenium 程序了，如图 10.27 所示。在右侧输入相应代码，保存后运行（Ctrl+F11）代码，如果能顺利调出百度页面，则说明脚本运行成功。

```
Baidu_FirstTest.java
1  package webdriver;
2
3  import org.openqa.selenium.By;
4  import org.openqa.selenium.WebDriver;
5  import org.openqa.selenium.firefox.FirefoxDriver;
6
7  public class Baidu_FirstTest {
8      public static void main(String[] args) {
9              WebDriver driver;
10             System.setProperty("webdriver.gecko.driver", "D:\\geckodriver\\geckodriver.exe");
11             driver = new FirefoxDriver();
12             driver.get("https://www.baidu.com/");
13             driver.findElement(By.id("kw")).sendKeys("曲阜师范大学");
14             driver.findElement(By.id("su")).click();
15         }
16     }
17
```

图 10.27　Selenium 自动化 Java 脚本

通过 Selenium 在两种环境下配置的对比，希望能引起大家学习的兴趣。虽然在不同的编程语言中会有语法的差异，但在两种语言实现百度检索的自动化例子中都完成了如下操作。

（1）需要首先导入 Selenium（webdriver）相关模块。

（2）需要调用 Selenium 的浏览器驱动，获取浏览器句柄（driver）并启动浏览器。

（3）通过句柄访问百度 URL。

（4）通过句柄操作页面元素（输入框和按钮）。

（5）通过句柄关闭浏览器。

所以，WebDriver 支持多种编程语言，只是不同语言间实现的类与方法名的命名有所差异，因此每个人都可以根据自己熟悉的语言来使用 WebDriver 编写自动化测试脚本。

10.4　小结

本章主要介绍了 Web 应用测试的基本概念、测试方法以及测试类型，然后引入基于 Python 的 Selenium 自动化 Web 应用测试及基于 Java 的 Selenium 自动化 Web 应用测试，分别用详细的配置图说明了环境搭建过程，并在两种环境下实现了自动化百度检索的测试脚本开发，最后总结了两种环境运行脚本的相同点。

课后习题

1. 什么是 B/S 架构的 Web 应用系统？
2. 简单描述 Web 应用系统测试从哪些方面开展。
3. 简述 Selenium 的构成组件。
4. 简述如何进行 Web 性能测试。

附录　软件测试实验

实验 1　TestLink 的安装与配置

一、实验目的

（1）掌握集成软件包 XAMPP 的安装与配置过程。

（2）掌握 XAMPP 集成环境下 TestLink 的安装与配置过程。

（3）解决安装和配置过程中遇到的问题。

二、使用软件介绍

1. XAMPP 简介

XAMPP（Apache+MySQL+PHP+Perl）是一个功能强大的建站集成软件包。X 代表系统，A 代表 Apache，M 代表 MySQL，P 代表 PHP，P 代表 PhpMyAdmin/Perl，XAMPP 这个缩写名称说明了 XAMPP 安装包所包含的文件：Apache web 服务器，MySQL 数据库，PHP，Perl，FTP 服务程序（FileZillaFTP）和 phpMyAdmin。简单地说，XAMPP 是一款集成了 Apache+MySQL+PHP 的服务器系统开发套件，同时还包含了管理 MySQL 的工具 phpMyAdmin，可对 MySQL 进行可视化操作。XAMPP 采用这种紧密的集成，可以运行任何程序：从个人主页到功能全面的产品站点。

XAMPP 是免费的开源软件，官网下载地址为 https://sourceforge.net/projects/xampp/files/，目前 XAMPP 共有以下 4 种版本。

（1）适用于 Linux 的版本（已在 Ubuntu、SuSE、RedHat、Mandrake 和 Debian 下通过测试）。

（2）适用于 Windows 98、NT、2000、2003、2008R2、XP 、Vista 和 Win 7、Win 8 的版本。

（3）适用于 Solaris SPARC 的测试版（在 Solaris 8 环境下开发并测试）。

（4）适用于 Mac OS X 的测试版。

适用于 Mac OS X 和 Solaris 的 XAMPP 版本尚处于开发的第一阶段，使用时有可能产生风险。

2. TestLink 简介

TestLink 是基于 Web 的测试用例管理系统，主要功能是测试用例的创建、管理和执行，并且还提供了一些简单的统计功能。TestLink 用于进行测试过程中的管理，通过使用 TestLink

提供的功能，可以将测试过程从测试需求、测试设计、到测试执行完整地管理起来。同时，它还提供了好多种测试结果的统计和分析，使我们能够简单地开始测试工作和分析测试结果。TestLink 是 Sourceforge 的开放源代码项目之一。作为基于 Web 的测试管理系统，TestLink 的主要功能包括：

（1）测试需求管理。

（2）测试用例管理。

（3）测试用例对测试需求的覆盖管理。

（4）测试计划的制订。

（5）测试用例的执行。

（6）大量测试数据的度量和统计功能。

官网下载地址：http://www.testlink.org/。

三、安装与配置步骤

1. XAMPP 的安装与配置

（1）安装 XAMPP，直接将安装包进行傻瓜式安装（推荐安装路径为 D:\xampp）。

（2）安装完成后启动 Apache 和 MySQL。

（3）单击图 1.1 中 Apache 后面的“Admin”按钮或者在 IE 浏览器的地址栏输入：http://localhost/xampp/，进入主界面，选择“中文”。左侧菜单项，选择“安全”，设置 MySQL 的密码为 root，单击“改变密码”，如附图 1.2 所示。

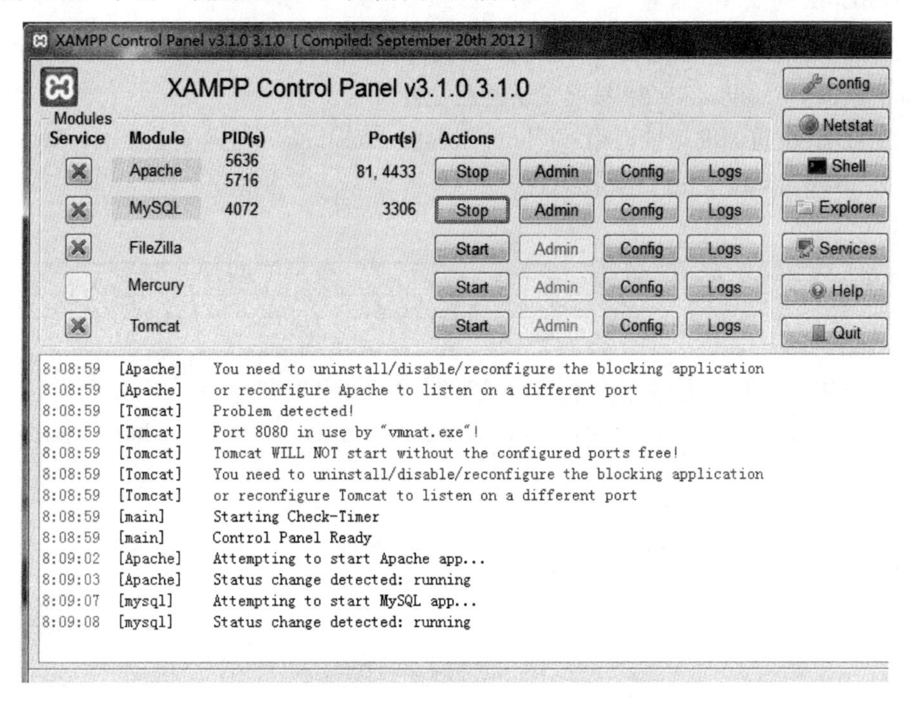

附图 1.1　XAMPP 控制界面

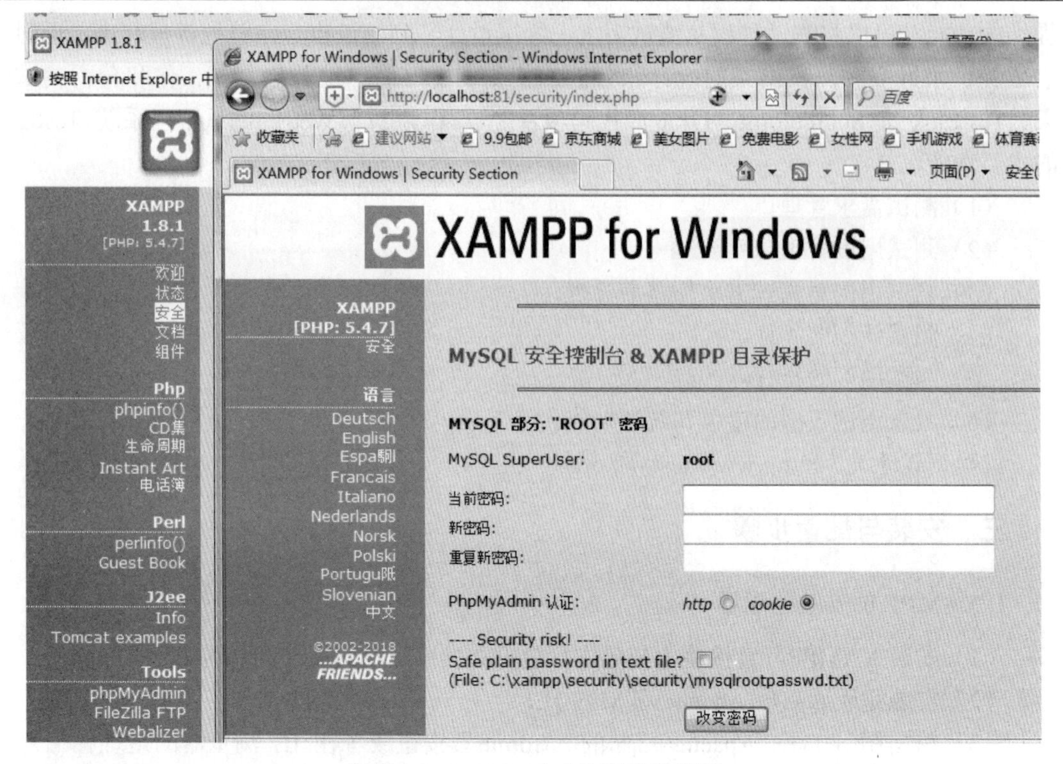

附图 1.2　MySQL 安全密码设置界面

2. TestLink 的安装与配置

（1）将 TestLink 的压缩文件解压后，修改文件夹的名字为 testlink，拷贝到如下路径：C:\xampp\htdocs（如果 XAMPP 按照默认路径安装）。

（2）在 IE 浏览器的地址栏输入：http://localhost/testlink/，进入安装界面，如附图 1.3 所示，单击“New install”，进行安装。

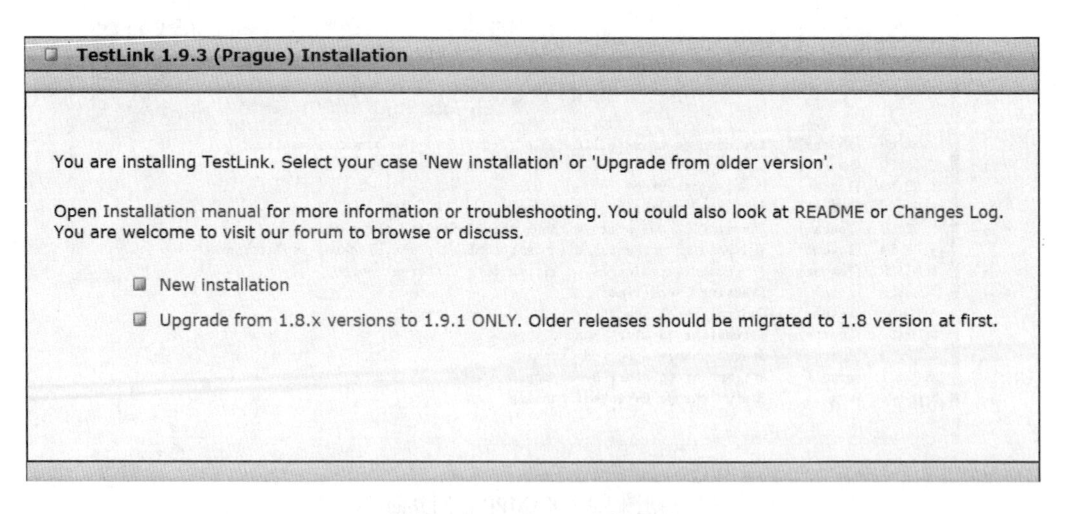

附图 1.3　TestLink 安装界面

（3）按照默认安装步骤进行安装，并进行必要设置，如附图 1.4 所示（全为 root）。

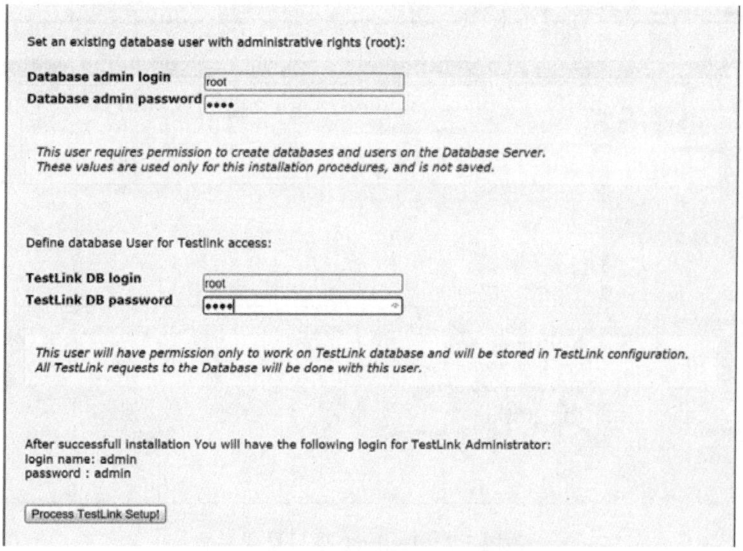

Set an existing database user with administrative rights (root):

Database admin login root
Database admin password ••••

This user requires permission to create databases and users on the Database Server.
These values are used only for this installation procedures, and is not saved.

Define database User for Testlink access:

TestLink DB login root
TestLink DB password ••••

This user will have permission only to work on TestLink database and will be stored in TestLink configuration.
All TestLink requests to the Database will be done with this user.

After successfull installation You will have the following login for TestLink Administrator:
login name: admin
password : admin

Process TestLink Setup!

附图 1.4 TestLink 安装设置界面

（4）出现如附图 1.5 所示界面，说明安装成功。

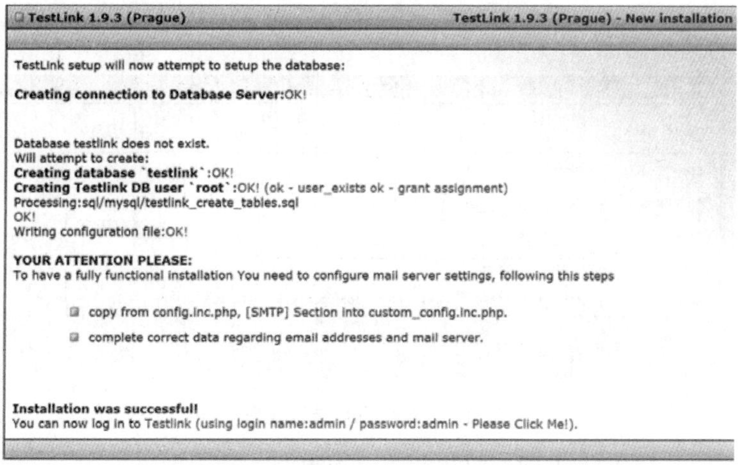

TestLink 1.9.3 (Prague) **TestLink 1.9.3 (Prague) - New installation**

TestLink setup will now attempt to setup the database:

Creating connection to Database Server:OK!

Database testlink does not exist.
Will attempt to create:
Creating database `testlink`:OK!
Creating Testlink DB user `root`:OK! (ok - user_exists ok - grant assignment)
Processing:sql/mysql/testlink_create_tables.sql
OK!
Writing configuration file:OK!

YOUR ATTENTION PLEASE:
To have a fully functional installation You need to configure mail server settings, following this steps

- copy from config.inc.php, [SMTP] Section into custom_config.inc.php.
- complete correct data regarding email addresses and mail server.

Installation was successful!
You can now log in to Testlink (using login name:admin / password:admin - Please Click Me!).

附图 1.5 TestLink 安装成功界面

（5）单击附图 1.5 中最后一行英文，进入 TestLink 的主页面，如附图 1.6 所示。

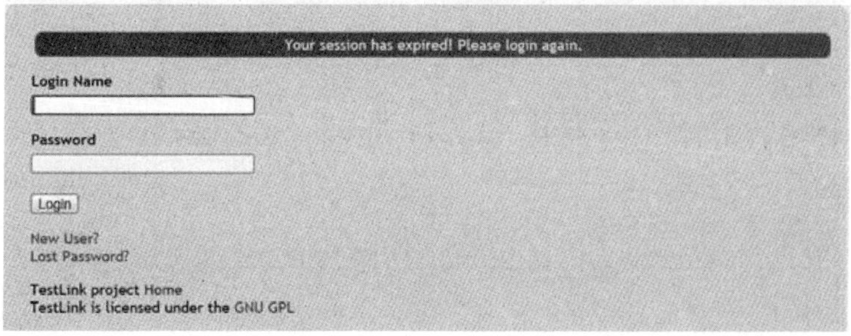

Your session has expired! Please login again.
Login Name
Password
Login
New User?
Lost Password?
TestLink project Home
TestLink is licensed under the GNU GPL

附图 1.6 TestLink 的主界面

（6）输入用户名和密码，都是“admin”，进入 TestLink 进行设置，如附图 1.7 所示。

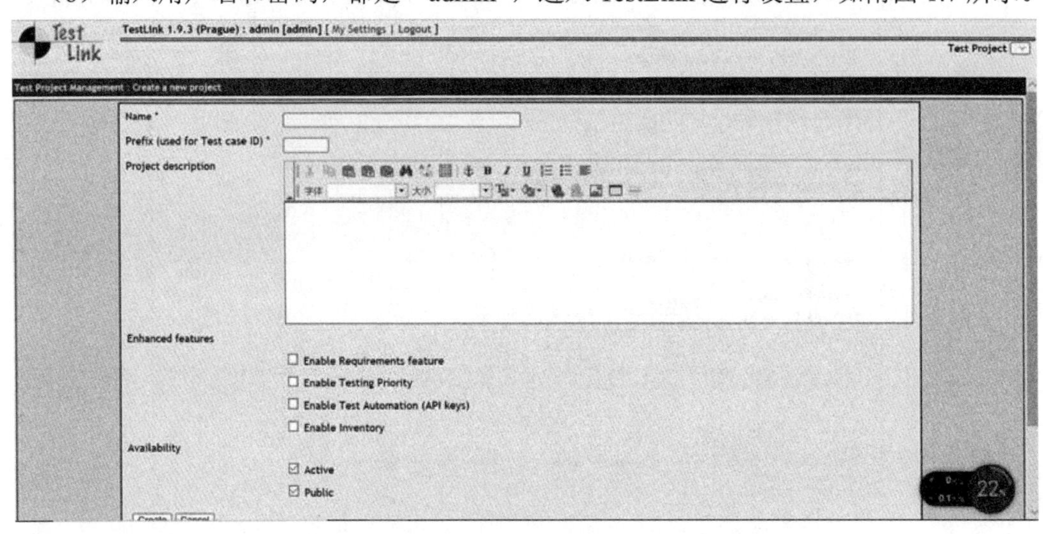

附图 1.7　TestLink 项目设置界面

（7）单击“mySettings”，进入如附图 1.8 所示的设置界面，填写 Email，选择语言为 Chinese Simplifed。

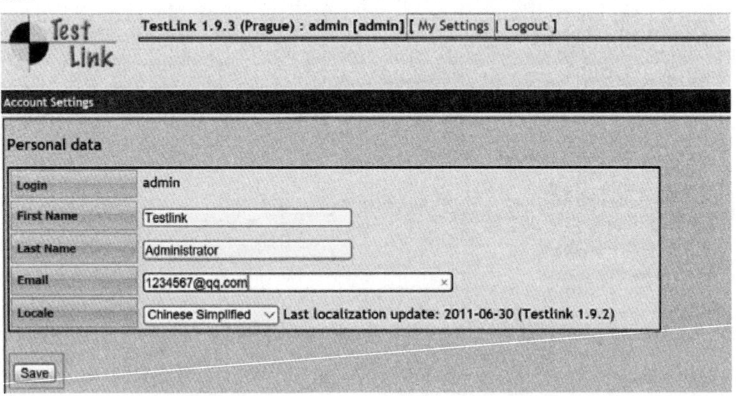

附图 1.8　TestLink 语言设置界面

（8）单击“save”保存设置，汉化完毕，如附图 1.9 所示。

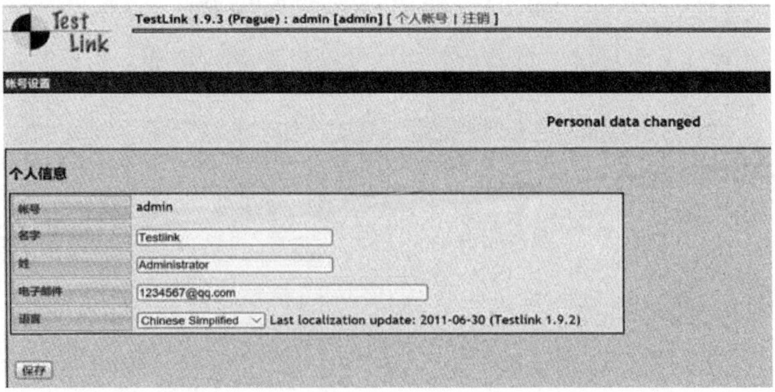

附图 1.9　TestLink 汉化后界面

3. TestLink 的基本配置

按如下步骤创建新的测试项目。

（1）单击左上角的图标，回到 TestLink 的首页，如附图 1.10 所示。

名称 *

前缀(在测试用例标示中使用) *

项目描述

字体　大小

增强功能

☐ 启用需求功能

☐ 启用测试优先级

☐ 启用测试自动化 (API keys)

☐ 启用设备管理

可用性

☑ 活动的

☑ 公共

创建　取消

附图 1.10　Test Link 创建项目界面

（2）填写相关内容，如附图 1.11 所示，单击“创建”，进入下一页面。

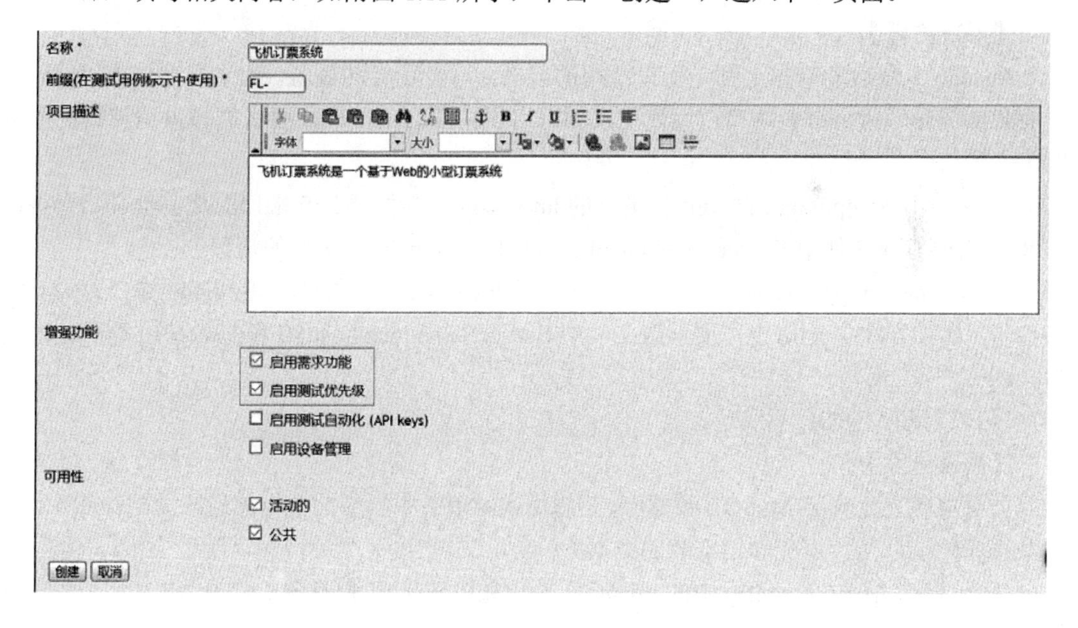

名称 *　飞机订票系统

前缀(在测试用例标示中使用) *　FL-

项目描述

字体　大小

飞机订票系统是一个基于Web的小型订票系统

增强功能

☑ 启用需求功能

☑ 启用测试优先级

☐ 启用测试自动化 (API keys)

☐ 启用设备管理

可用性

☑ 活动的

☑ 公共

创建　取消

附图 1.11　Test Link 项目内容界面

（3）创建项目成功后，如附图 1.12 所示，页面上出现了已创建的项目信息。至此，TestLink 的安装与配置工作基本完成。

附图 1.12　Test Link 已创建项目界面

四、问题与答疑

（1）初次进入 TestLink 的主页面会出现附图 1.13 所示的警告。

• 你需要注意一些安全警告. 查看详细信息在文件: C:\xampp\htdocs\testlink\logs\config_check.txt. 要禁用警告输出，设置 $tlCfg->config_check_warning_mode = 'SILENT';

附图 1.13　Test Link 警告信息

【解决方案】

用记事本打开如下文件：C:\xampp\htdocs\testlink\config.inc.php，将$tlCfg->config_check_warning_mode = 'FILE'修改为$tlCfg->config_check_warning_mode = 'SILENT'

然后刷新主页面，警告消失。

（2）Apache 启动报错，即无法启动。

【解决方案】

Apache 无法启动基本上都是端口占用的问题，可查看启动日志。如果是端口占用，通过“netstat –ano”命令查看端口占用情况，如有占用，要么改端口，要么删掉占用端口的服务 PID。

（1）打开 xampp\apache\conf 目录下的 httpd.conf 文件，将 80 端口改成其他端口号，比如 81。需要修改文件中 ServerName localhost:80 和 Listen 80 这两处的端口。

（2）修改 xampp\apache\conf\extra 目录下的 httpd-ssl.conf 文件，将 ssl 443 端口改为其他端口号，比如 4433。同时也需要修改文件中 ServerName localhost:80 和 Listen 80 这两处的端口。

（3）启动 MySQL 不成功。

【解决方案】

如果电脑上已安装 MySQL 数据库，还想用 XAMPP 中自带的数据库就需要更改 XAMPP 中数据库的端口号，避免和已安装的数据库冲突。

（1）修改 MySQL config 中的 my.ini 文件，如附图 1.14 和附图 1.15 所示。

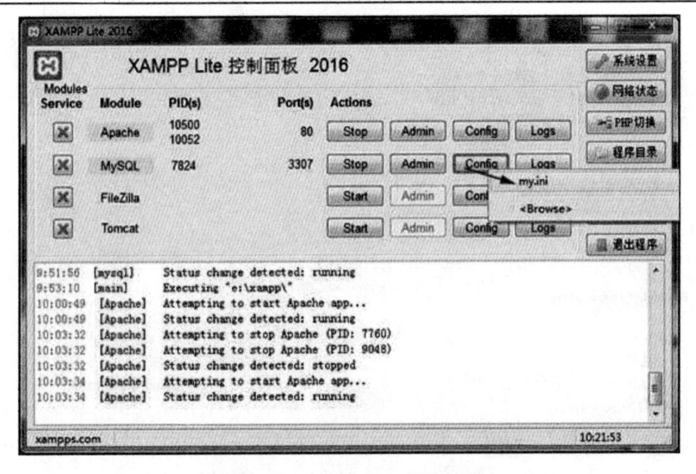

附图 1.14　XAMPP 控制面板

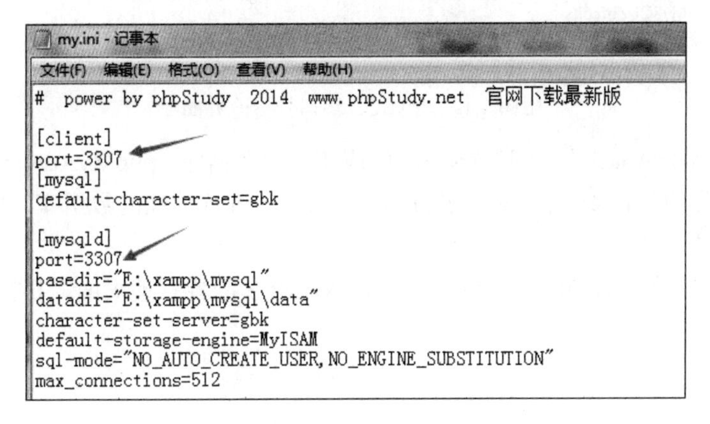

附图 1.15　MySQL 端口号修改界面

保存完文件，重新启动即可。

（2）要想使用 phpMyAdmin 来管理自带的 MySQL 数据库，还要更改 Apache 配置文件（准确说是 php 配置文件）中关联的数据库端口号，如附图 1.16 所示，操作如下。

更改 Apache 文件中数据库端口号，如附图 1.17 所示。

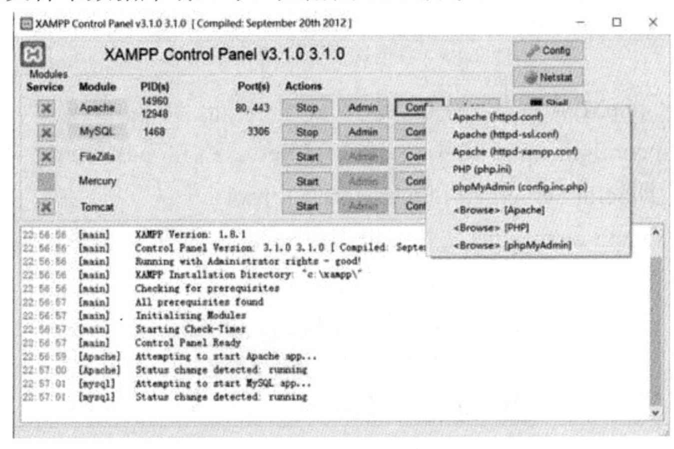

附图 1.16　php 配置文件修改界面

```
php - 记事本
文件(F) 编辑(E) 格式(O) 查看(V) 帮助(H)
; http://php.net/mysql.cache_size
mysql.cache_size = 2000

; Maximum number of persistent links.  -1 means no limit.
; http://php.net/mysql.max-persistent
mysql.max_persistent = -1

; Maxim                                  ans no limit.
; http://
mysql.m    查找内容(N): 3306      查找下一个(F)

; Defaul           方向             取消    ect() will use
; the $M                                    or the
; compil  □区分大小写(C)  ○向上(U) ◉向下(D)  2 will only look
; at MYSQL_PORT.
; http://php.net/mysql.default-port
mysql.default_port = 3306

; Default socket name for local MySQL connects.  If empty, uses the built-in
; MySQL defaults.
```

附图 1.17　MySQL 端口号修改界面

保存后重新启动 Apache，此时 Apache 默认使用的数据库（phpMyAdmin 管理的数据库）即是 XAMPP 自带的数据库。点击 MySQL 右侧 Admin 进行管理的数据库，即是 XAMPP 自带的 MySQL 数据库。

（3）第一次修改 MySQL 密码后，打不开 XAMPP 配置管理页面，报错如附图 1.18 所示。

附图 1.18　数据库无法使用报错信息

问题原因是 phpMyAdmin 的配置文件中也需要同步修改密码，即修改 xampp\phpMyAdmin\config.inc.php 文件，找到 cfg['Servers'][i]['password'] = ''，并将对应的密码设置为“root”，即$cfg['Servers'][$i]['password'] = 'root'。

（4）另外，在 xampp-control.ini 文件中也需要将 MySQL 的默认启动端口号做相应修改，如附图 1.19 所示。

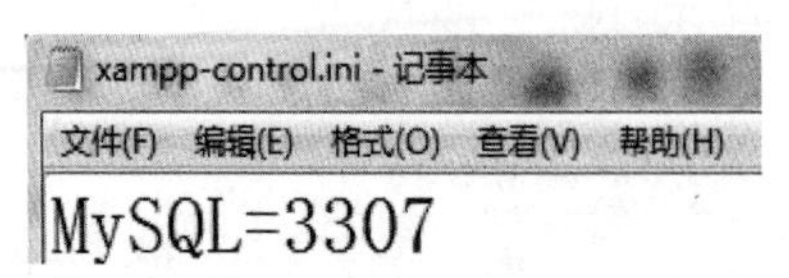

附图 1.19　xampp-control.ini 文件中 MySQL 端口号

实验 2　TestLink 应用实例（1）

一、实验目的

（1）掌握测试项目的创建方法。
（2）掌握测试需求的制订方法。
（3）掌握如何使用 TestLink 创建需求项。
（4）掌握如何使用 TestLink 管理测试用例。
（5）掌握测试用例与测试需求的关联。

二．实验步骤

1. 创建测试项目

在主页中单击“测试项目管理”，创建新的项目，如附图 2.1 所示。

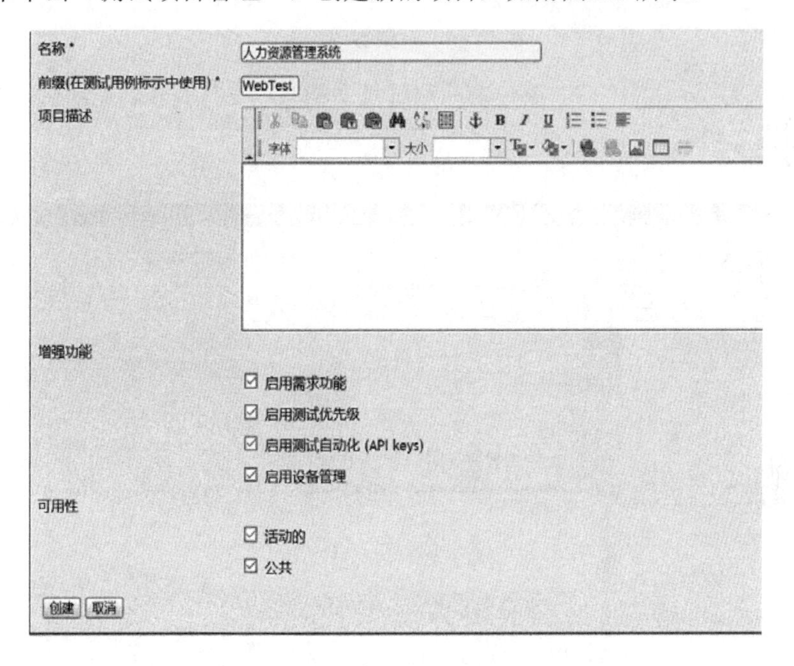

附图 2.1　项目创建界面

单击“创建”，完成后如附图 2.2 所示。

附图 2.2　项目创建完成后界面

2. 确定测试需求

（1）在主页单击“需求规约”，选择“人力资源管理系统”→“新建需求规约”，如附图 2.3 所示。

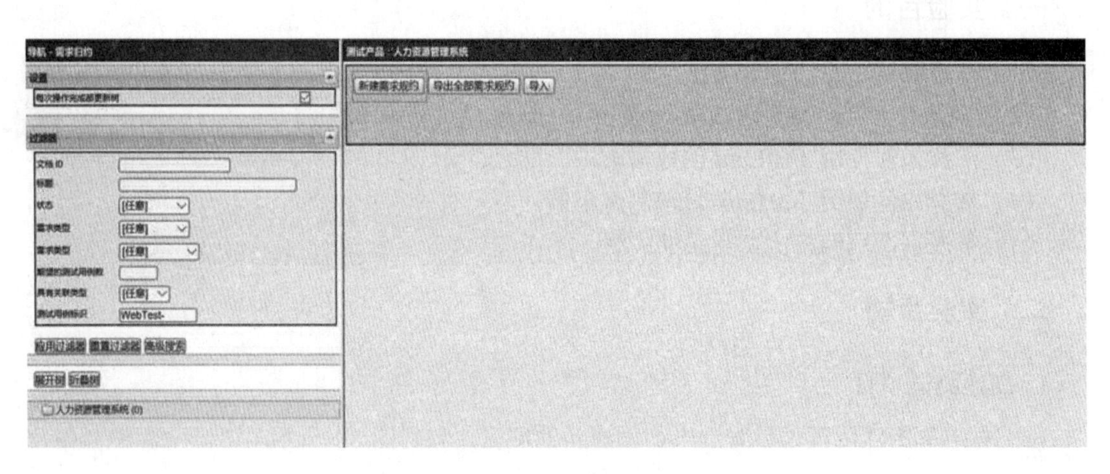

附图 2.3　需求规约界面

（2）依次填写文档 ID“1” 前台功能测试及文档 ID“2”后台功能测试两个需求规约，并保存，如附图 2.4 所示。

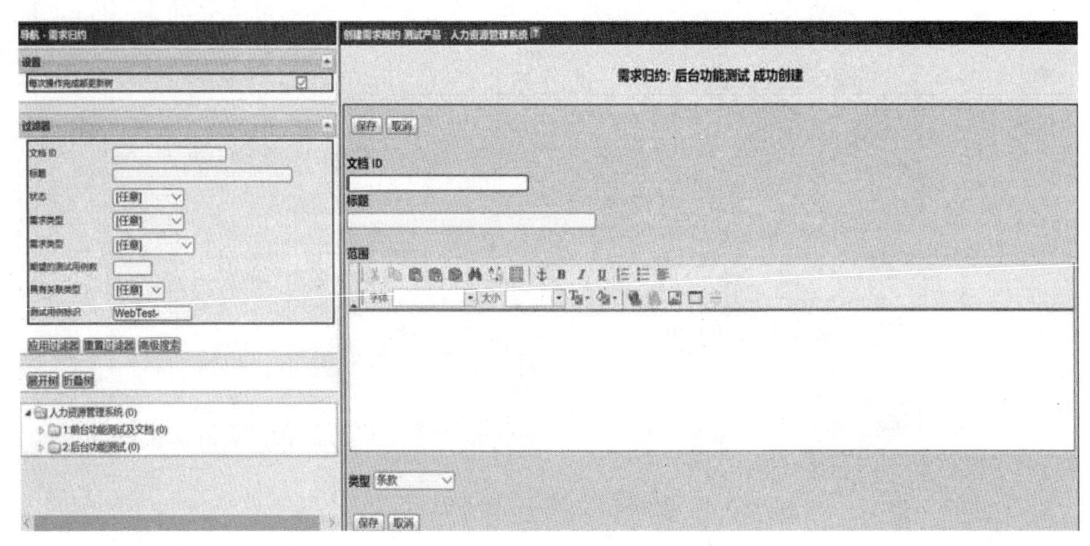

附图 2.4　需求规约创建完成界面

3. 创建需求

选择“前台功能测试”，单击右侧页面的“创建新需求”，如附图 2.5 所示录入内容，单击“保存”。

附图 2.5　创建需求界面

按照同样的方法添加其他需求，见附表 2.1。

附表 2.1　测试需求列表

需求	测试用例数
前台功能测试：登录验证	1
前台功能测试：员工注册	1
前台功能测试：考评结果查询	1
前台功能测试：薪资保险	3
前台功能测试：考勤管理	1
后台功能测试：查询考评结果	2

创建需求完成后，查看左侧的目录树，如附图 2.6 所示。

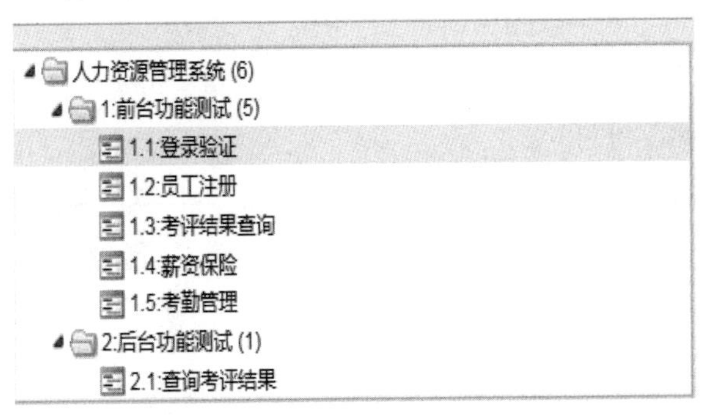

附图 2.6　测试需求目录树

4. 创建用例集

在主页中单击“测试用例”菜单下的“编辑测试用例”，出现如附图 2.7 所示的界面。

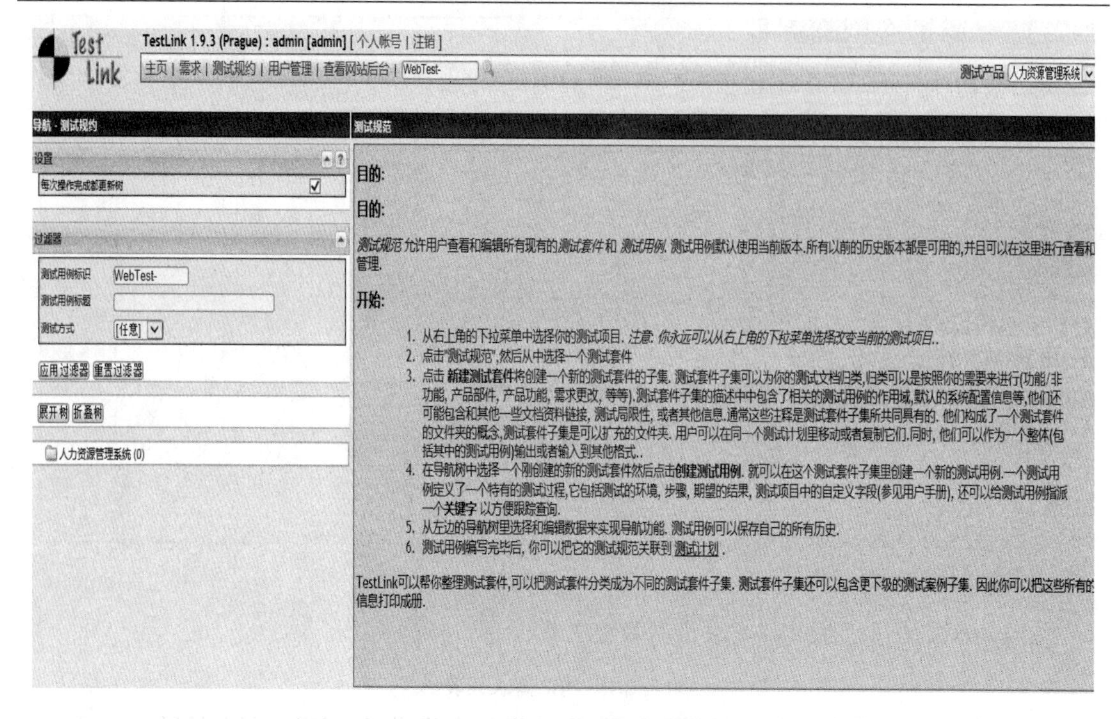

附图 2.7　创建测试规约界面

单击左侧的“人力资源管理系统”，在右侧窗口单击“新建测试用例集”按钮，添加两个测试集合“前台功能测试（员工端）”和“后台功能测试（管理员端）”，完成后如附图 2.8 所示。

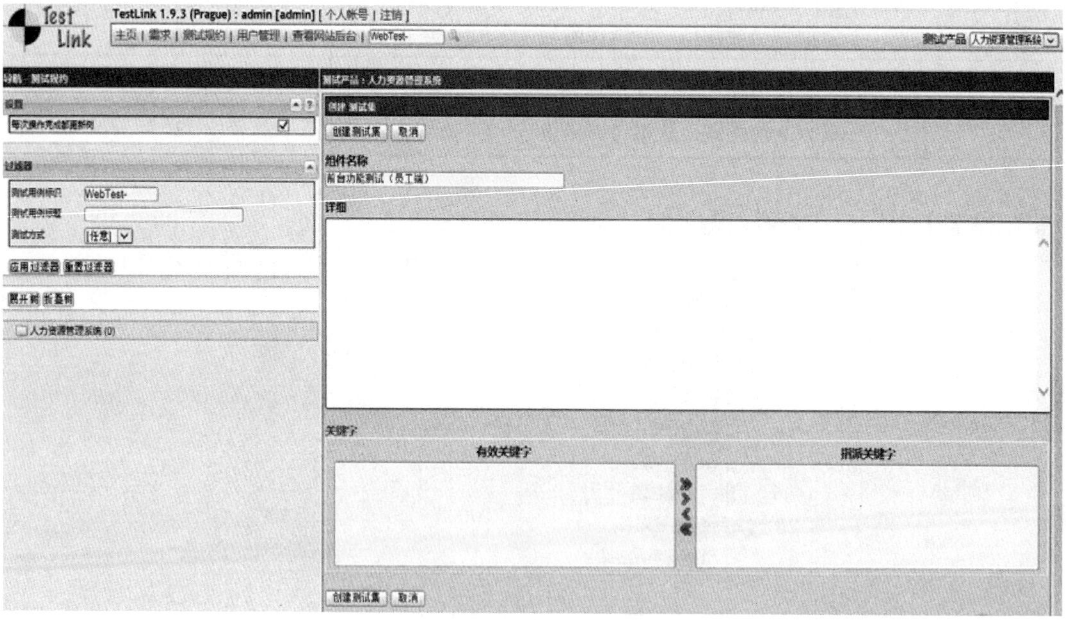

附图 2.8　创建测试集界面

填写好后，单击“创建测试用例集”按钮，创建该用例集，完成后如附图 2.9 所示。

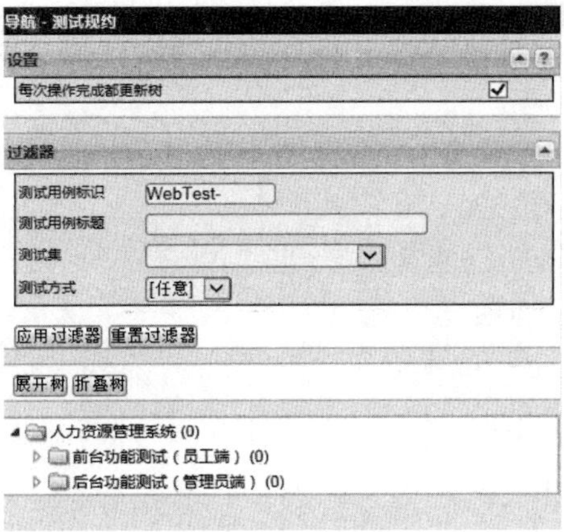

附图 2.9　测试规约树

5. 添加测试用例

选择创建好的测试用例集“前台功能测试（员工端）”，单击该页面右侧的“创建测试用例”按钮，新建一个名为“登录验证”的测试用例，如附图 2.10 所示。

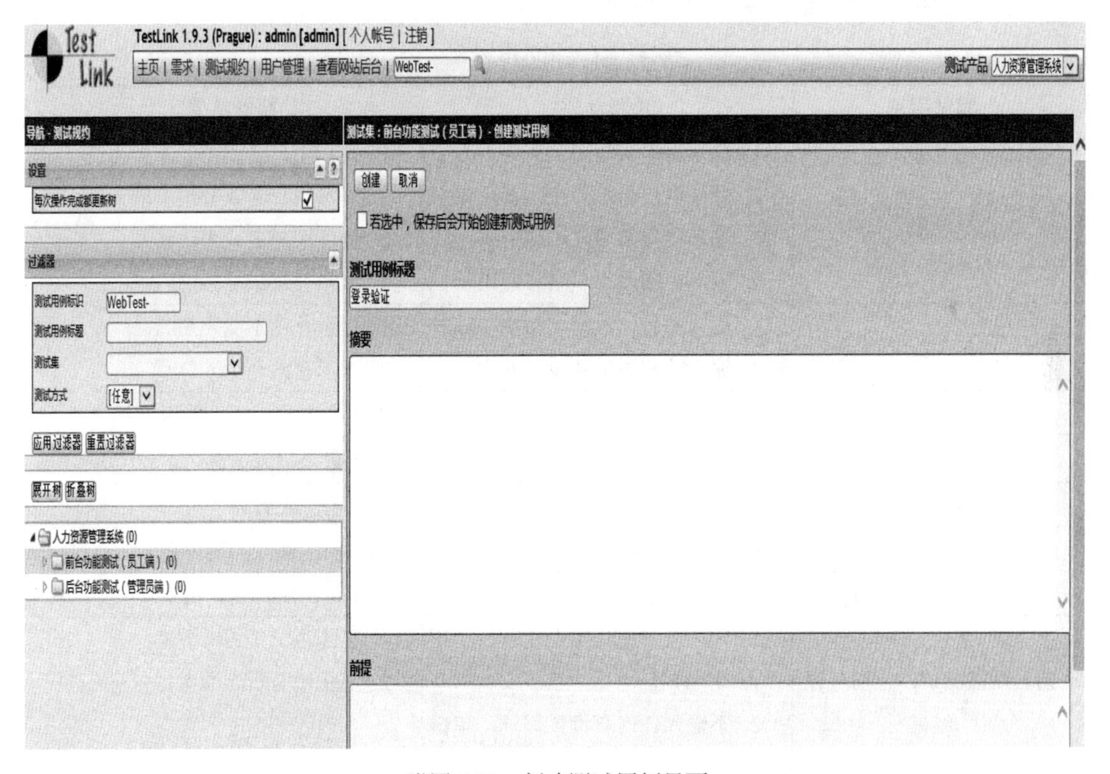

附图 2.10　创建测试用例界面

测试用例创建成功后，单击“创建步骤”按钮，输入数据，单击“保存”按钮，如附图 2.11 所示。

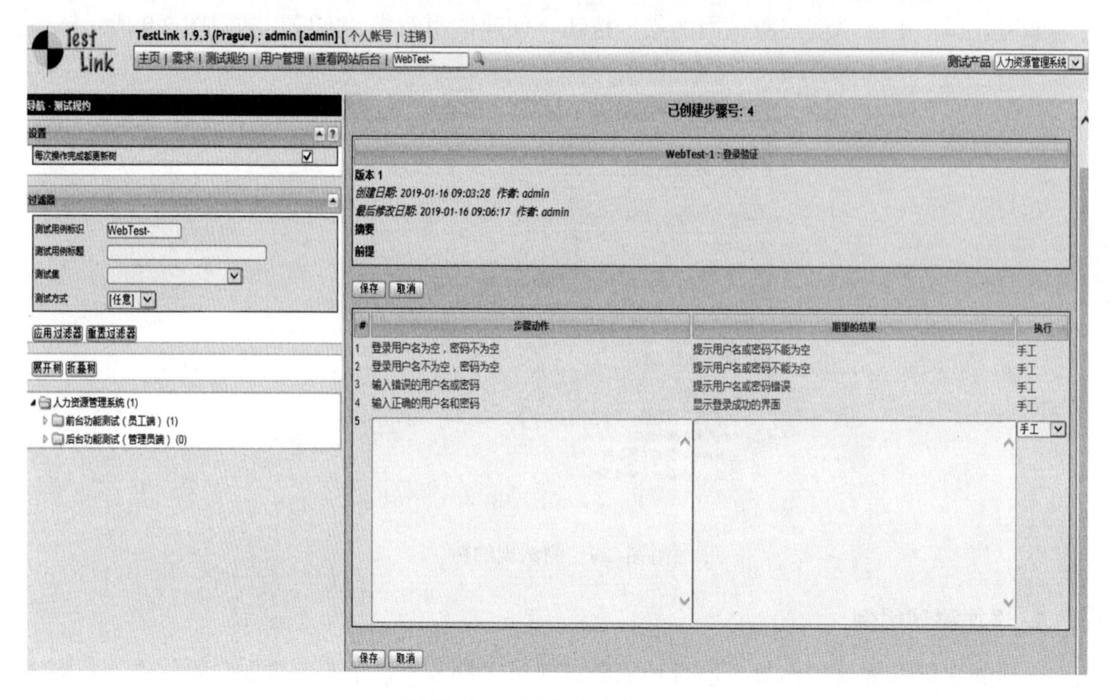

附图 2.11　创建测试步骤界面

按照此方法，添加附表 2.2 所示的数据。

附表 2.2　测试用例表

测试用例	步骤动作	期望结果
登录验证	1. 登录用户名为空，密码不为空 2. 登录用户名不为空，密码为空 3. 输入错误的用户名或密码 4. 输入正确的用户名和密码	1. 提示用户名或密码不能为空 2. 提示用户名或密码不能为空 3. 提示用户名或密码错误 4. 显示登录成功界面
员工注册	1. 输入的任何数据项为空 2. 输入的密码位数少于 6 位	1. 提示该项不能为空 2. 提示密码至少 6 位
考评结果查询	单击“考评结果查询”按钮	在页面中显示员工的考评结果
考勤管理	单击“考勤记录”按钮	显示员工出勤情况
薪资保险：工资查看	单击“工资查看”按钮	显示员工工资内容
薪资保险：保险查看	单击“保险查看”按钮	显示员工保险类别
薪资保险：所得税查看	单击“所得税”按钮	显示员工所得税详情
后台功能测试：查询考评结果	1. 输入员工姓名/员工号，单击“查询”按钮 2. 不输入任何查询关键词，单击“查询”按钮	1. 显示该员工的考评信息 2. 显示所有员工的考评信息

创建完成后的测试用例树如附图 2.12 所示。

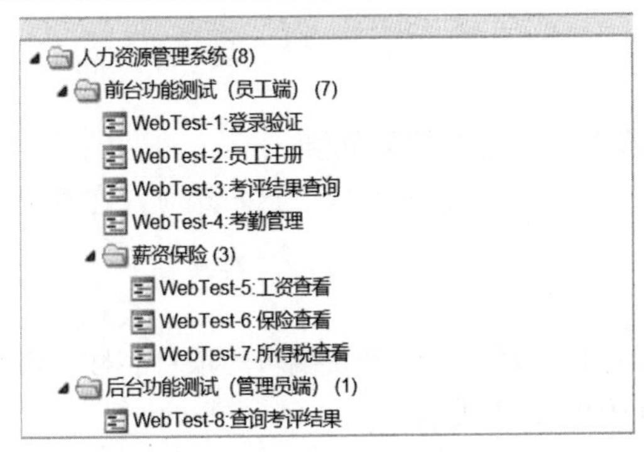

附图 2.12　测试用例树

6. 需求关联

单击主页“需求”模块下的“指派需求”菜单，进入指派需求页面，选中左侧用例树中的测试用例，再选择右侧对应的测试需求，进行指派即可。

人力资源管理系统中，测试用例与需求的关联见附表 2.3。

附表 2.3　测试用例与测试需求关联表

测试用例	测试需求
登录验证	登录验证
员工注册	员工注册
考评结果查询	考评结果查询
薪资保险：工资查看	薪资保险
薪资保险：保险查看	薪资保险
薪资保险：所得税查看	薪资保险
后台功能测试：查询考评结果	查询考评结果

上述操作建立完成后，单击“主页”→“需求”栏，在所示页面中单击左下的需求“1.4 薪资保险”，可以看到需求覆盖率，如附图 2.13 所示。

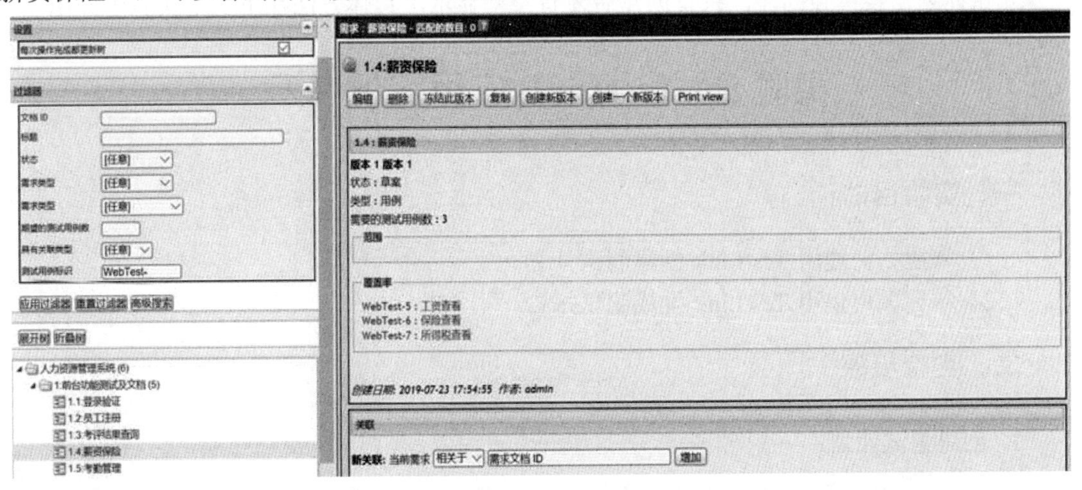

附图 2.13　需求覆盖率图

三、疑问及解答

（1）项目建立后，没有需求规约的菜单项。

项目新建时如果没有勾选“启用需求功能”这一选项，在菜单中便没有“需求规约”这一菜单项。

【解决方案】

在主页中单击“测试项目管理”，打开要编辑的项目名称，勾选“启用需求功能”这一项，保存后刷新页面，如附图 2.14 所示。

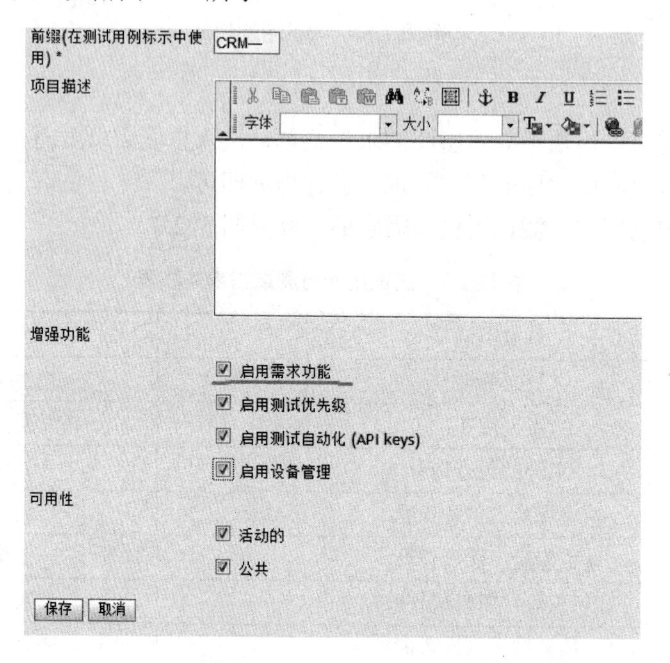

附图 2.14　项目创建界面

（2）主页中测试计划一栏下为空。

测试计划需要单独创建，只有创建后才有菜单显示，具体方法在下一个实验中介绍。

实验 3　TestLink 应用实例（2）

一、实验目的

（1）掌握如何使用 TestLink 创建测试计划。

（2）掌握如何使用 TestLink 生成测试报告。

二、实验步骤

1. 创建测试计划

在主页中单击“测试计划管理”模块下的“测试计划管理”菜单，在出现的页面中单击“创建”按钮，如附图 3.1 所示。

TestLink 1.9.3 (Prague) : admin [admin] [个人帐号 | 注销]
主页 | 需求 | 测试规约 | 用户管理 | 查看网站后台 | WebTest-　　测试产品 人力资源管理系统
测试计划管理 - 测试产品 人力资源管理系统
名称
描述
活动
公共
创建 取消
测试计划应该包括明确定义了时间范围和内容的任务。可以通过需求变更来创建新的版本,建议使用描述字段来关联文档，需要测试的功能特性，风险等到测试计划，您可以从已建立的测试来创建一个新的测试计划。复制的内容包括: 构建版本、测试用例、优先级、里程碑和用户权限。测试计划可以被禁用(例如：正在编辑和修改测试结果时不允许修改测试计划)。禁用的测试计划仅可以通过"报告"来查看。

附图 3.1　创建测试计划界面

创建一个名为“人力资源管理系统—测试计划”的测试计划，如附图 3.2 所示。

附图 3.2　测试计划创建完成界面

2. 创建测试里程碑

单击主页“测试计划管理”模块下的“编辑/删除里程碑”菜单，创建一个新的测试里程碑，如附图 3.3 所示。

当前测试计划:
人力资源管理系统——测试计划　确定
测试计划管理
测试计划管理
构建管理
指派用户角色
编辑/删除里程碑
测试执行
执行测试
指派给我的用例
测试报告和度量
度量仪表盘
测试集
添加/删除平台
添加/删除测试用例到测试计划
更新测试用例的版本
显示最新的测试用例版本
指派执行测试用例
设置测试用例的级别

附图 3.3　创建里程碑界面

按照附图 3.4 所示，填写内容，单击“创建”按钮。

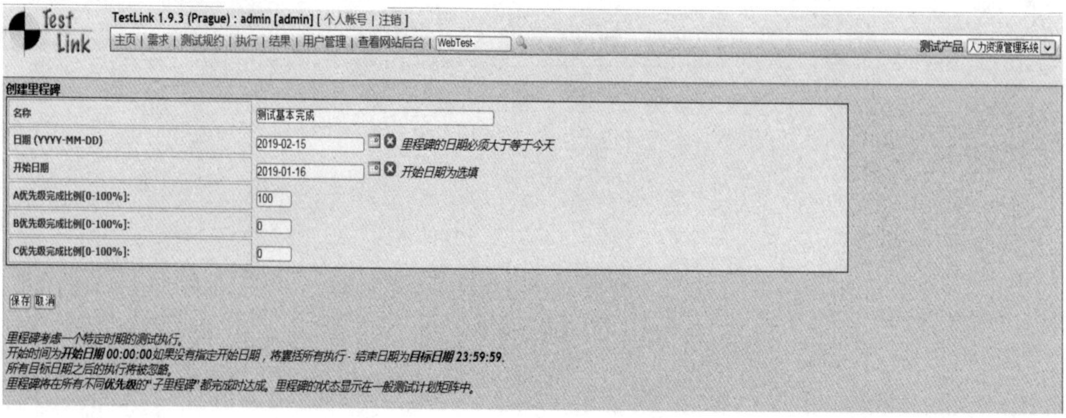

附图 3.4　里程碑内容界面

3. 版本管理

单击主页“测试计划管理”模块下的“构建管理”菜单，创建一个新的测试版本，如附图 3.5 所示。

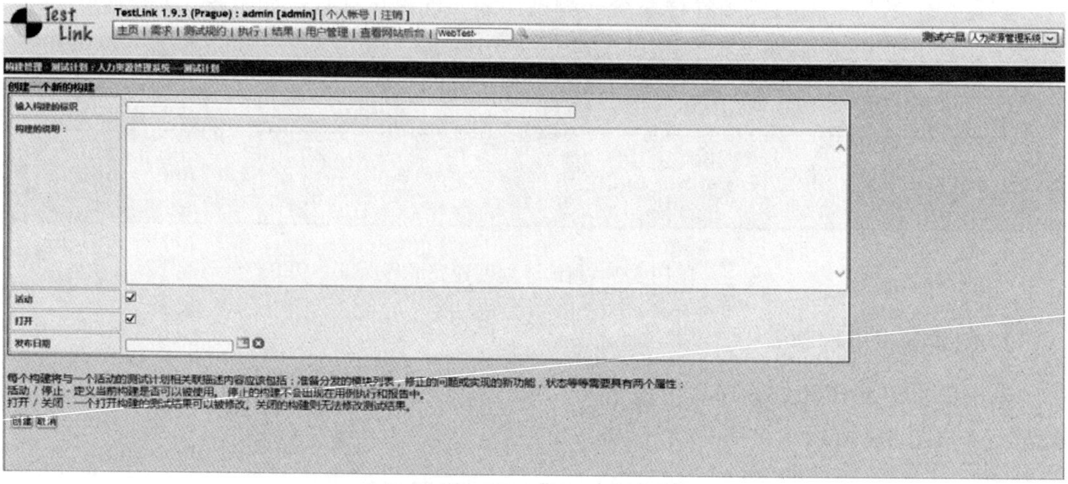

附图 3.5　创建版本界面

创建成功后，如附图 3.6 所示。

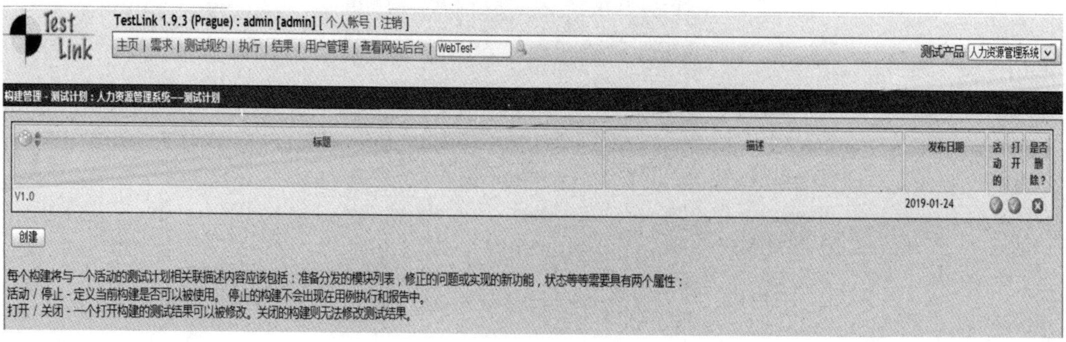

附图 3.6　版本创建成功界面

4. 安排测试人员

单击主页面“测试计划管理”模块下的“指派用户角色”菜单，为测试计划指派用户，如附图 3.7 所示。

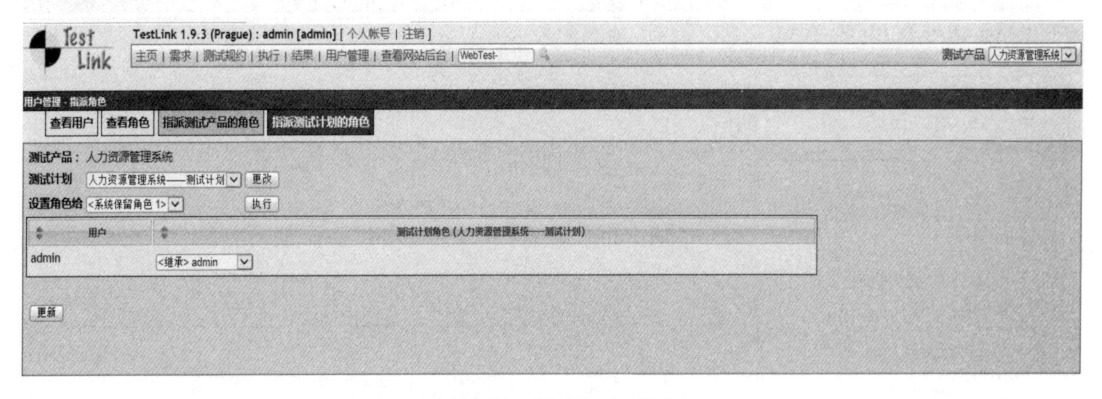

附图 3.7　指派用户界面

5. 添加测试用例到测试计划

在主页上，单击“添加/删除测试用例到测试计划”菜单，如附图 3.8 所示。

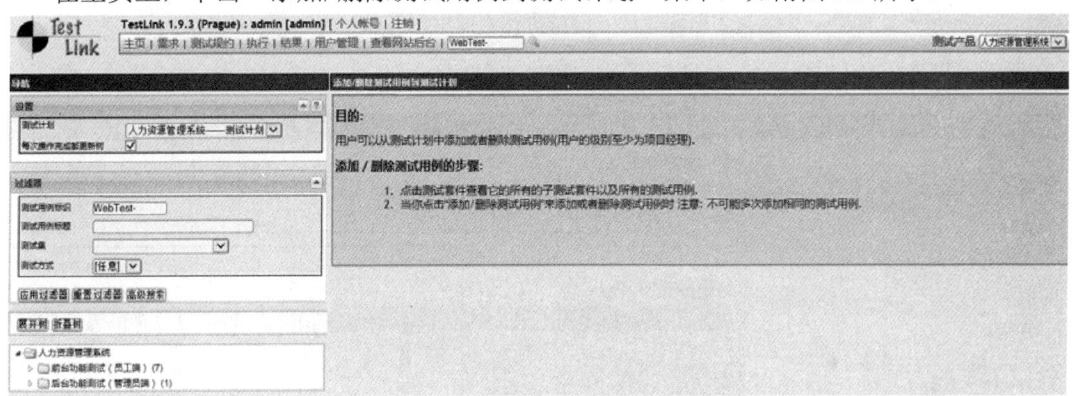

附图 3.8　添加测试用例到测试计划界面

全部选择后，单击“增加选择的测试用例”，如附图 3.9 所示。

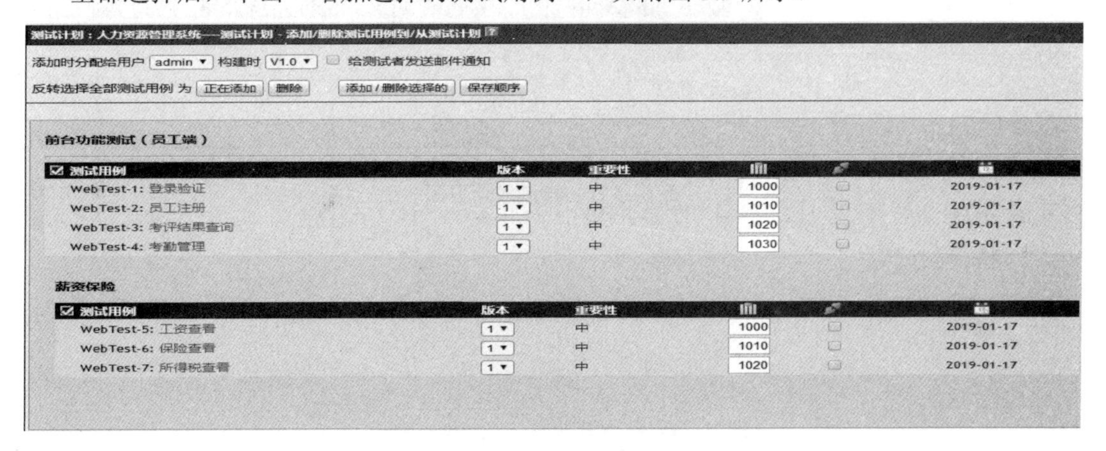

附图 3.9　添加成功界面

6. 指派测试用例

首页选择“指派测试用例”菜单项，如附图 3.10 所示。

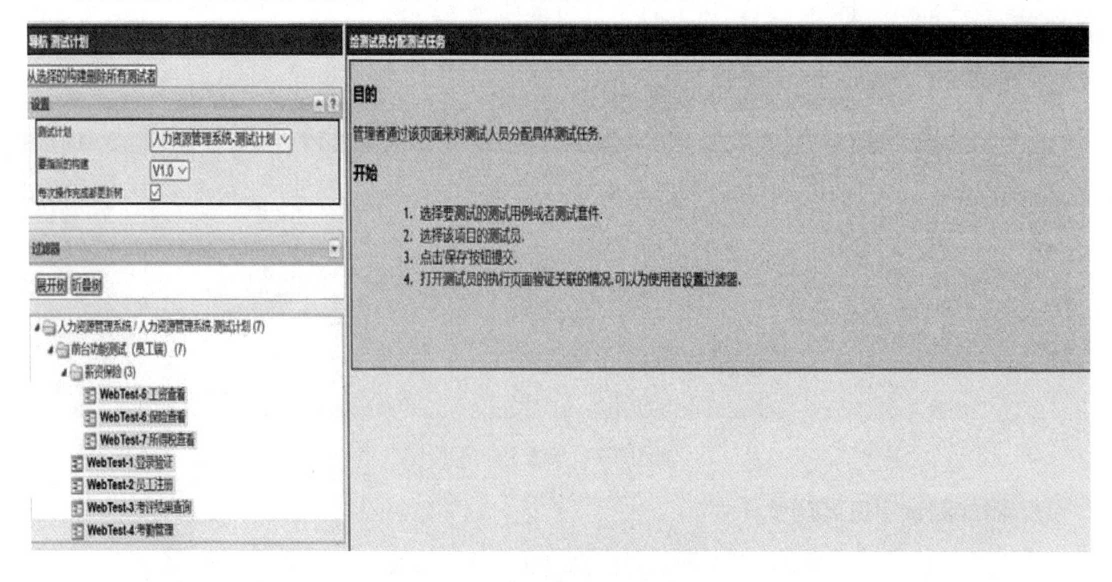

附图 3.10　指派执行测试用例界面

选中一个测试用例集，指派角色，如附图 3.11 所示。

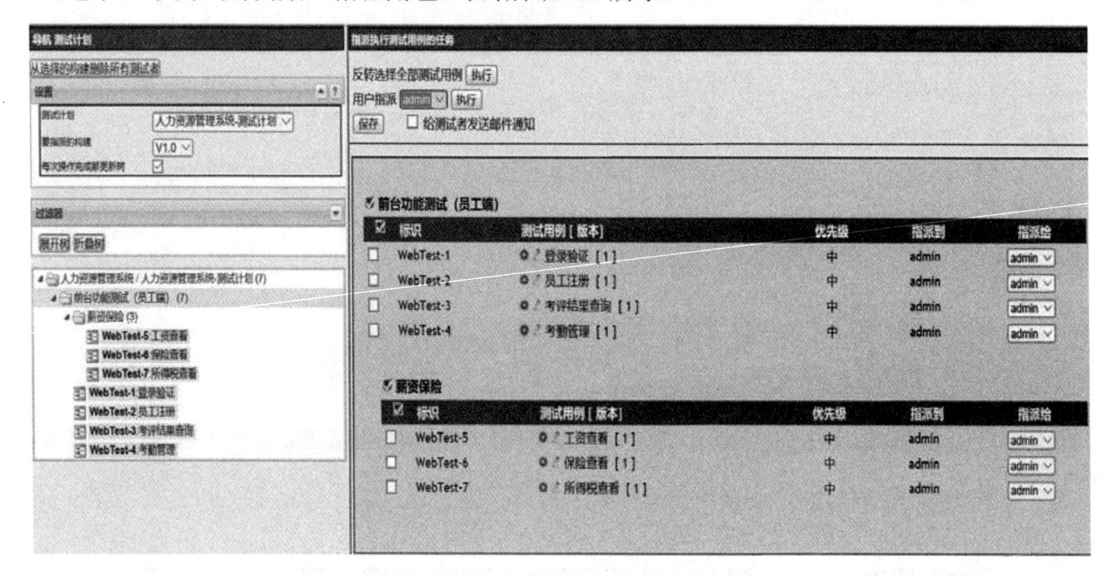

附图 3.11　指派成功界面

7. 执行测试

单击 TestLink 顶部菜单项“执行”，进入附图 3.12 所示的界面。

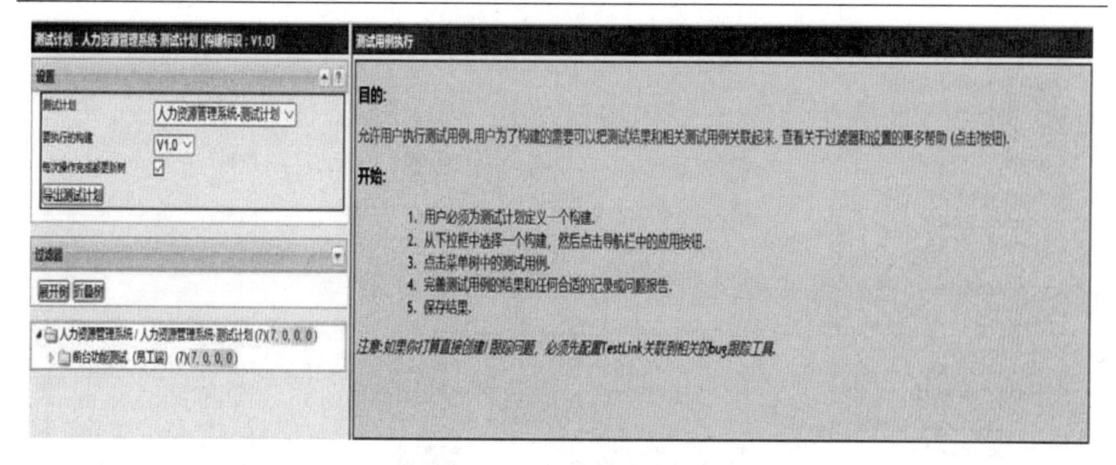

附图 3.12　执行测试用例界面

单击某个测试用例，在右侧修改测试结果，如附图 3.13 所示。

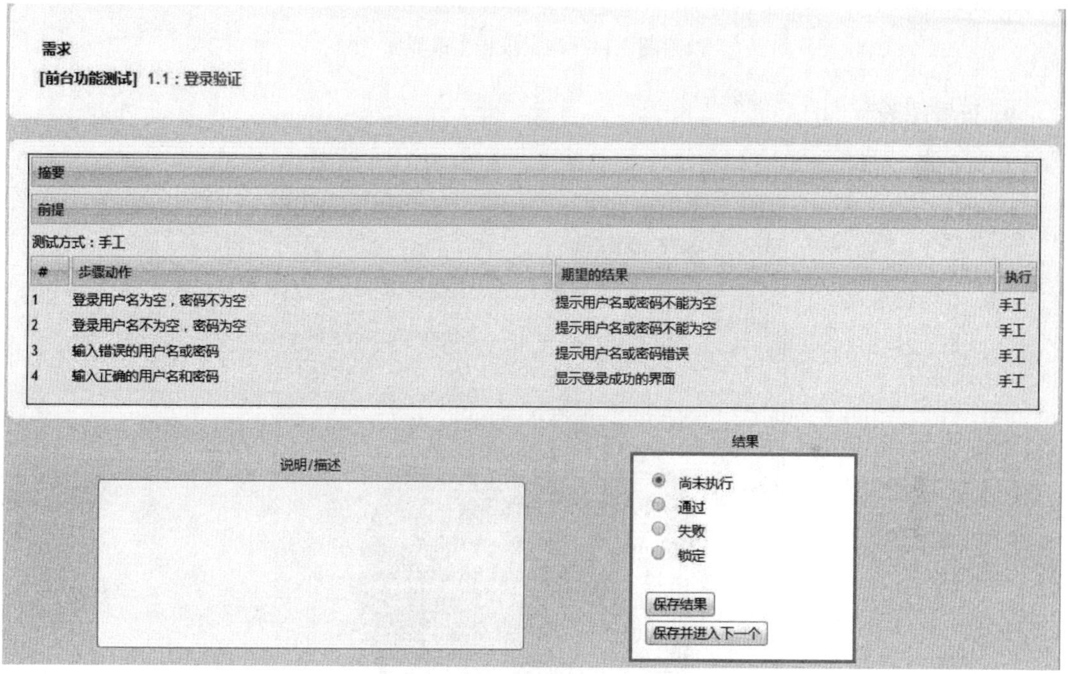

需求

[前台功能测试] 1.1：登录验证

摘要

前提

测试方式：手工

#	步骤动作	期望的结果	执行
1	登录用户名为空，密码不为空	提示用户名或密码不能为空	手工
2	登录用户名不为空，密码为空	提示用户名或密码不能为空	手工
3	输入错误的用户名或密码	提示用户名或密码错误	手工
4	输入正确的用户名和密码	显示登录成功的界面	手工

说明/描述

结果

尚未执行
通过
失败
锁定

保存结果
保存并进入下一个

附图 3.13　修改测试结果界面

8. 查看简要测试报告

在首页中，单击菜单“结果”，查看简要测试报告，如附图 3.14 所示。

测试报告：所有构建的测试用例的测试结果

测试产品：人力资源管理系统
测试计划：人力资源管理系统——测试计划

打开/折叠组　显示全部列　复位到默认状态　刷新　重置过滤器　多列排序

测试标题	优先级	V1.0	[最后构建]	最后执行
测试集：前台功能测试（员工端）(4 Items)				
WebTest-1:登录验证	中	通过 [v1]	通过 [v1]	通过 [v1]
WebTest-2:员工注册	中	通过 [v1]	通过 [v1]	通过 [v1]
WebTest-3:考评结果查询	中	通过 [v1]	通过 [v1]	通过 [v1]
WebTest-4:考勤管理	中	失败 [v1]	失败 [v1]	失败 [v1]
测试集：前台功能测试（员工端）/ 薪资保险 (3 Items)				
WebTest-5:工资查看	中	通过 [v1]	通过 [v1]	通过 [v1]
WebTest-6:保险查看	中	通过 [v1]	通过 [v1]	通过 [v1]
WebTest-7:所得税查看	中	通过 [v1]	通过 [v1]	通过 [v1]
测试集：后台功能测试（管理员端）(1 Item)				
WebTest-8:查询考评结果	中	失败 [v1]	失败 [v1]	失败 [v1]

此报告显示每个构建的最新测试结果，同时最后一列显示最新的测试用例执行结果。

由TestLink 生成 2019-01-17 04:56:59

附图 3.14　测试报告生成界面

9. 查看图表

在首页中，单击菜单“结果”，查看图表，如附图 3.15 所示。

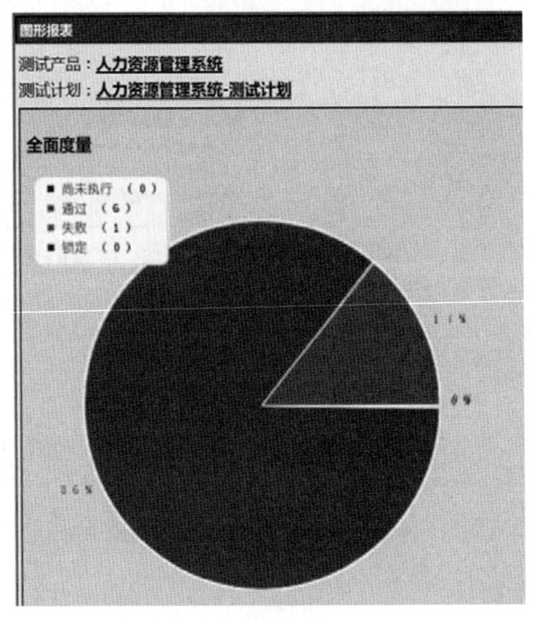

附图 3.15　汉化后图形报表

三、问题与解决

如何解决测试度量与报告或图表中中文显示乱码问题。

【解决方案】

（1）下载 SIMYOU.TTF 字体，可以到 C:\Windows\Fonts 文件夹中去找。

（2）将 SIMYOU.TTF 文件拷贝到 testlink\third_party\pchart\Fonts 目录下。

（3）修改 testlink\config.inc.php 文件：$tlCfg->charts_font_path=TL_ABS_PATH. "third_party\pchart\Fonts\SIMYOU.TTF"。

实验 4　白盒测试——逻辑覆盖法

一、实验目的

（1）掌握逻辑覆盖法的 6 种测试用例设计方法。

（2）掌握在具体问题中使用逻辑覆盖法设计测试用例的方法。

（3）进一步熟悉使用 TestLink 管理测试用例的方法。

二、实验环境

（1）硬件环境：微型计算机。

（2）软件环境：Windows 操作系统、TestLink 等。

三、实验内容

（1）分析如下程序段的逻辑结构，用逻辑覆盖法设计测试用例。

```
①   int  result(int x,int y,int z)
②    {
③            int  k=0,j=0;
④            if（(x>y)&&(z>5)）
⑤                k=x+y;
⑥            if（(x==10)||(y>3)）
⑦                j=x*y;
⑧            return   k+j;
⑨   }
```

（2）画出函数 result 的程序流程图，分析该段代码包含的基本逻辑判定条件和执行路径。

（3）分别以语句覆盖、判定覆盖、条件覆盖、判定/条件覆盖、条件组合覆盖方法设计测试用例，并写出每个测试用例的执行路径（用题中给出的语句编号表示）。

（4）设计测试用例表格，包含测试用例 ID、输入数据、预期输出结果，并把所有测试用例录入 TestLink 中进行管理。

【参考答案】

（1）程序流程图如附图 4.1 所示。

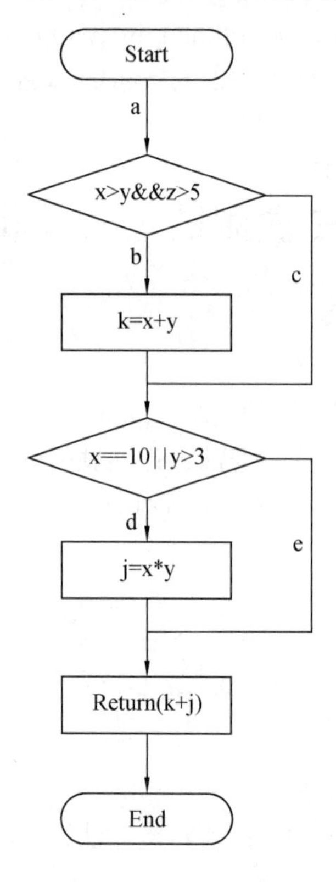

附图 4.1 程序流程图

从程序流程图可以看出，该段代码共含有 2 个基本判断，每个判断中又由 2 个复合逻辑条件构成，因此可得

路径有 4 条：

abd, ace, acd, abe

条件有 4 个：

T1：x>y

T2：z>5

T3：x==10

T4：y>3

条件组合如下：

（1）x>y,z>5

（2）x>y,z<=5

（3）x<=y,z>5

（4）x<=y,z<=5

（5）x==10,y>3

（6）x==10,y<=3

（7）x!=10,y>3

（8）x!=10,y<=3

（2）根据分析，可以将各类覆盖的测试用例用附表 4.1 描述。

附表 4.1　测试用例

覆盖类型	测试用例	条件取值	判定取值	通过路径	覆盖组合条件
语句覆盖	x=10,y=4,z=6	—	Y,Y	abd	—
判定覆盖	x=10,y=4,z=6	—	Y,Y	abd	—
	x=4,y=3,z=5		N,N	ace	
判定-条件覆盖	x=10,y=4,z=6	T1,T2,T3,T4	Y,Y	abd	—
	x=3,y=3,z=5	-T1,-T2,-T3,-T4	N,N	ace	
条件覆盖	x=10,y=2,z=5	T1,-T2,T3,-T4	N,Y	acd	—
	x=3,y=5,z=6	-T1,T2,-T3,T4	N,Y	acd	
条件组合覆盖	x=10,y=4,z=6	T1,T2,T3,T4	Y,Y	abd	1,5
	x=10,y=3,z=5	T1,-T2,T3,-T4	N,Y	acd	2,6
	x=4,y=4,z=6	-T1,T2,-T3,T4	N,Y	acd	3,7
	x=3,y=3,z=5	-T1,-T2,-T3,-T4	N,N	ace	4,8

（3）将测试用例录入 TestLink 中进行管理。

① 打开 TestLink 主页面，选择“测试项目管理”，新建名为“测试技术实验”的项目，如附图 4.2 所示。

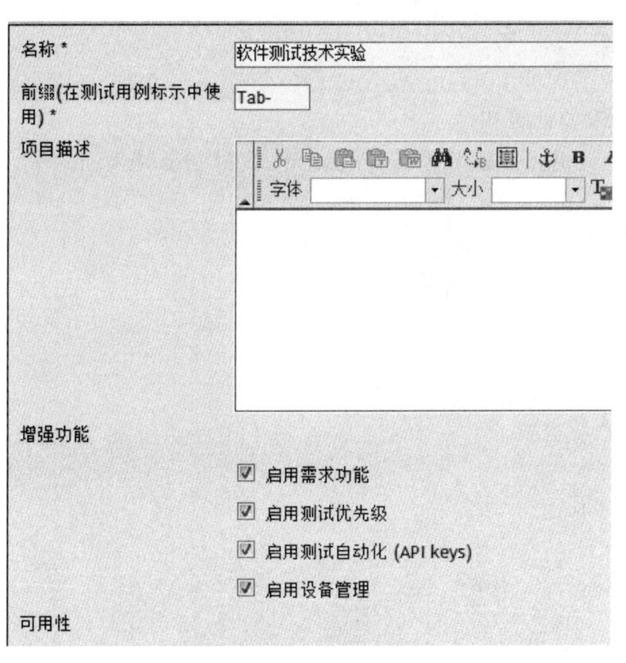

附图 4.2　创建测试项目

② 返回主页，选择“编辑测试用例”，新建测试集“白盒测试”和“黑盒测试”。在“白盒测试”集下新建测试用例“逻辑覆盖”，如附图 4.3 所示。

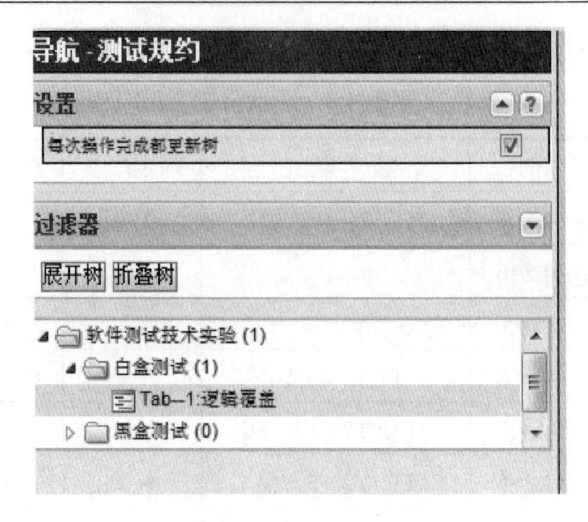

附图 4.3　创建测试集界面

③ 选择“逻辑覆盖”，单击右侧页面的“创建步骤”，录入测试用例及对应的预期结果。

实验 5　白盒测试——基本路径测试法

一、实验目的

（1）掌握计算环形复杂度的方法。

（2）熟练运用基本路径测试法分析设计测试用例。

二、实验环境

（1）硬件环境：微型计算机。

（2）软件环境：Windows 操作系统，TestLink，Microsoft Visio 等。

三、实验内容

（1）程序代码由 C 语言书写如下。

```
①  Int IsLeap(int year)
②  {
③  if(year%4==0)
④  {
⑤  if(year%100==0)
⑥  {
⑦  if(year%400==0)
⑧  leap=1;
⑨  else
⑩  leap=0;
⑪  }
⑫  else
```

⑬　leap=1;

⑭　}

⑮　else

⑯　leap=0;

⑰　return leap;

⑱　}

（2）程序段中每行开头的数字（①～⑱）是对每条语句的编号。请回答以下问题。

① 画出以上代码的控制流图。

② 计算上述控制流图的环形复杂度。

③ 设计上述代码的基本路径。

④ 假设输入的取值范围是 1 000<*year*<2 001，请使用基本路径法为变量 *year* 设计测试用例，使其满足基本路径覆盖的要求。

⑤ 将设计好的测试用例录入 TestLink 平台进行管理。

【参考答案】

（1）控制流图如附图 5.1 所示。

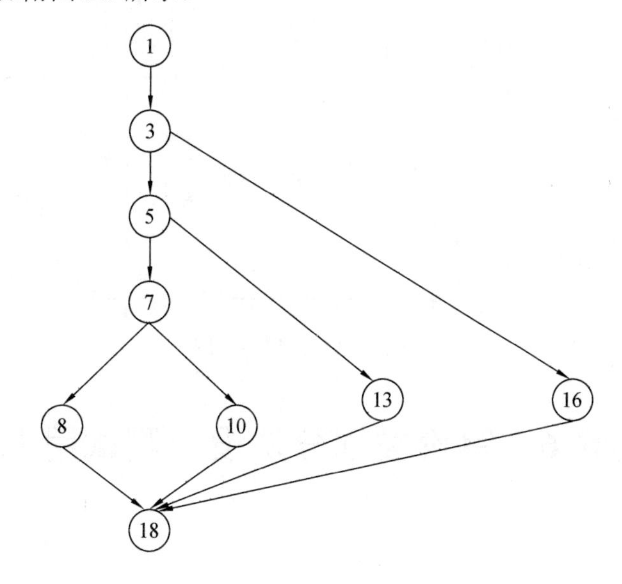

附图 5.1　控制流图

（2）计算环形复杂度。

① *V*（*G*）=闭合区域数=4。

② *V*（*G*）=边数 *E*−节点数 *N*+2=11−9+2=4。

③ *V*（*G*）=判定节点数 *P*+1=3+1=4。

（3）独立路径。

① 1，2，4，6，7，16

② 1，2，4，6，9，16

③ 1，2，4，12，16

④ 1，2，15，16

（4）测试用例见附表 5.1。

附表 5.1　测试用例表

测试用例 ID	输入数据	预期结果	执行路径
1	*Year*=2000	*Leap*=1	1，2，4，6，7，16
2	*Year*=1900	*Leap*=0	1，2，4，6，9，16
3	*Year*=1996	*Leap*=1	1，2，4，12，16
4	*Year*=1998	*Leap*=0	1，2，15，16

（5）打开 TestLink 主页面，选择“软件测试技术实验”项目，编辑测试用例，新建测试用例“基本路径”，输入测试步骤。如附图 5.2 所示。

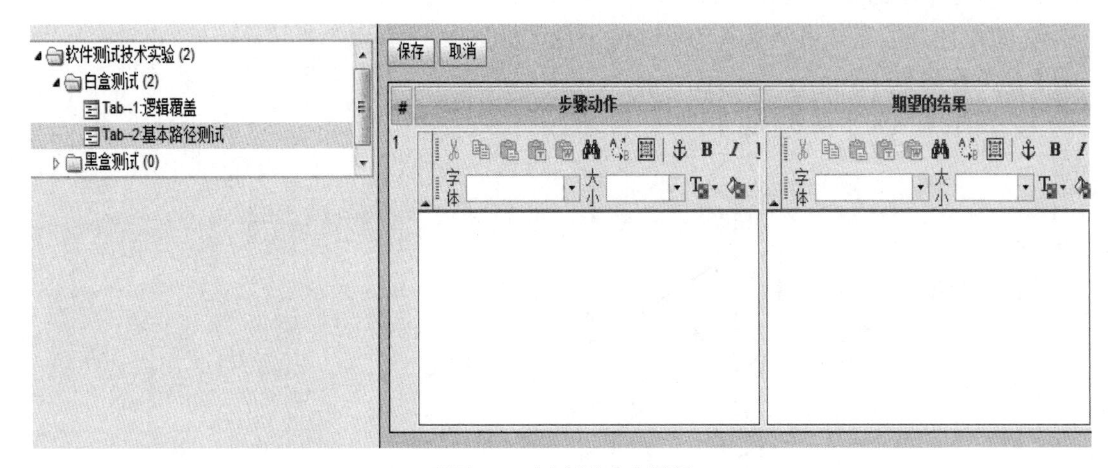

附图 5.2　创建测试步骤图

实验 6　等价类划分法设计测试用例

一、实验目的

（1）理解等价类划分法的基本原理。
（2）掌握等价类划分法设计测试用例的步骤。
（3）掌握在具体问题中运用等价类划分法设计测试用例的方法。

二、实验内容

（1）需求规约描述如下。
某个网站的邮箱申请页面如附图 6.1 所示。

附图 6.1　邮箱申请界面

（2）注册信息由如下规约构成。

① 邮箱地址：4～16 个字符，可输入字母、数字、下划线，下划线不能在首尾。

② 密码和确认密码：6～16 个字符，可输入字母、数字、特殊符号，区分大小写。

③ 手机号码：11 位数字手机号，联通、移动、电信均可。

④ 验证码：4 位字符，由数字和字母组成，不区分大小写。

（3）利用等价类划分法，分析测试需求并设计测试用例。

（4）将测试用例录入 TestLink 进行管理。

【参考答案】

（1）理解题目，划分出有效等价类及无效等价类，并为每一条等价类编号，生成等价类，见附表 6.1。

附表 6.1　等价类划分表

条件	有效等价类	无效等价类
邮箱地址	4～16 个字符，可输入字母、数字、下划线，下划线不能在首尾①	<4 个字符，由字母、数字、下划线构成，且下划线不在首位⑨
		>16 个字符，由字母、数字、下划线构成且下划线不在首位⑩
		由 4～16 个字母、数字、下划线构成，但下划线在首位⑪
		邮箱为空⑫
密码及确认密码	6～16 个字符，由字母、数字、特殊符号构成，包含大写字母②	>16 个字符，由字母、数字、下划线构成且下划线不在首位⑩
	6～16 个字符，由字母、数字、特殊符号构成，包含小写字母③	由 4～16 个字母、数字、下划线构成，但下划线在首位⑪
	密码由 6～16 个字符构成，由字母、数字、特殊符号构成④	邮箱为空⑫
		<6 个字符，由字母、数字、特殊符号构成⑬
		>16 个字符，由字母、数字、特殊符号构成⑭
	密码与确认密码一致⑤	密码为空⑮
		确认密码为空⑯
		密码与确认密码都为空⑰
		密码与确认密码不一致⑱
手机号码	11 位正确手机号码⑥	<11 位手机号码⑲
		>11 位手机号码⑳
		含有非数字字符㉑
		手机号为空㉒
验证码	输入手机收到的正确的验证码⑦	输入不正确的验证码㉓
复选框	勾选“我已阅读”复选框⑧	没有勾选“我已阅读”复选框㉔

（2）按照等价类设计测试用例的原则，对于有效等价类使用尽可能少的测试用例覆盖尽可能多的有效等价类，对于无效等价类在保证一个输入数据为无效输入，其他数据为有效输入的前提下，分别设计测试用例覆盖每一条无效等价类。设计测试用例见附表 6.2。

附表 6.2　设计测试用例

测试用例编号	输入数据						价类编号	输出结果
	邮箱地址	密码	确认密码	手机号	验证码	复选框		
Case_1	qfnu_rj01	1234*AB	1234*AB	13963706135	手机收到的验证码	勾选	①②④~⑧	申请成功
Case_2	qfnu_rj01	1234*ab	1234*ab	13963706135	手机收到的验证码	勾选	①③④~⑧	申请成功
Case_3	qf1	1234*AB	1234*AB	13963706135	手机收到的验证码	勾选	9	邮箱地址不正确
Case_4	abcdefghigkqfnu_rj01	1234*ab	1234*ab	13963706135	手机收到的验证码	勾选	10	邮箱地址不正确
Case_5	_qfnurj01	1234*ab	1234*ab	13963706135	手机收到的验证码	勾选	11	邮箱地址不正确
Case_6		1234*ab	1234*ab	13963706135	手机收到的验证码	勾选	12	邮箱地址不能为空
Case_7	qfnu_rj01	1234	1234	13963706135	手机收到的验证码	勾选	13	密码不正确
Case_8	qfnu_rj01	1234567890*1234567	1234567890*1234567	13963706135	手机收到的验证码	勾选	14	密码不正确
Case_9	qfnu_rj01		1234*ab	13963706135	手机收到的验证码	勾选	15	密码不能为空
Case_10	qfnu_rj01	1234*ab		13963706135	手机收到的验证码	勾选	16	密码不能为空
Case_11	qfnu_rj01			13963706135	手机收到的验证码	勾选	17	密码不能为空
Case_12	qfnu_rj01	1234*ab	1234*ab	13963706135	手机收到的验证码	勾选	18	密码与确认密码不一致
Case_13	qfnu_rj01	1234*ab	1234*ab	1396376135	手机收到的验证码	勾选	19	手机号码不正确
Case_14	qfnu_rj01	1234*ab	1234*ab	139637006135	手机收到的验证码	勾选	20	手机号码不正确
Case_15	qfnu_rj01	1234*ab	1234*ab	13a63706135	手机收到的验证码	勾选	21	手机号码不正确
Case_16	qfnu_rj01	1234*ab	1234*ab		手机收到的验证码	勾选	22	手机号码不能为空
Case_17	qfnu_rj01	1234*ab	1234*ab	13963706135	错误的验证码	勾选	23	验证码错误
Case_18	qfnu_rj01	1234*AB	1234*AB	13963706135	手机收到的验证码	不勾选	24	未接受服务条款

实验 7　边界值分析法设计测试用例

一、实验目的

（1）理解边界值分析法的基本原理。

（2）掌握边界值分析法设计测试用例的步骤

（3）掌握在具体问题中运用边界值分析法设计测试用例的方法。

二、实验内容

（1）需求规约描述如下。

输入三个整数 a、b、c，分别作为三角形的 3 条边，通过程序判断这 3 条边是否能构成三角形，如果能构成三角形，则判断三角形的类型（等边三角形、等腰三角形、一般三角形）。要求输入 3 个整数 a、b、c，必须满足以下条件：$1\leqslant a\leqslant 100$；$1\leqslant b\leqslant 100$；$1\leqslant c\leqslant 100$。

（2）利用弱一般边界值分析法，分析测试需求并设计测试用例。

（3）将测试用例录入 TestLink 进行管理。

【参考答案】

1. 题目分析

① 如果能构成一般三角形，需要满足两边之和大于第三边这一基本条件，否则不能构成三角形，在此基本条件之上如果满足两条边相等则是等腰三角形，如果满足三条边相等则是等边三角形，因此测试用例应该从三条边的不同边界取值下手。

② 对于三条边应满足 $1\leqslant a\leqslant 100$；$1\leqslant b\leqslant 100$；$1\leqslant c\leqslant 100$，对于边 a 应取 1,2,50,99,100；同样 b 和 c 也应这样取边界值。

2. 测试用例

边界值测试用例表见附表 7.1。

附表 7.1　边界值测试用例表

测试用例	a	b	c	预期输出
Test1	50	50	1	等腰三角形
Test2	50	50	2	等腰三角形
Test3	50	50	50	等边三角形
Test4	50	50	99	等腰三角形
Test5	50	50	100	非三角形
Test6	50	1	50	等腰三角形
Test7	50	2	50	等腰三角形
Test8	50	99	50	等腰三角形
Test9	50	100	50	非三角形
Test10	1	50	50	等腰三角形
Test11	2	50	50	等腰三角形
Test12	99	50	50	等腰三角形
Test13	100	50	50	非三角形

实验 8　黑盒测试——判定表

一、实验目的

（1）理解判定表的基本概念及合并规则。
（2）掌握判定表设计测试用例的步骤。
（3）能够将判定表设计测试用例的思想应用在实际问题的测试用例设计上。

二、实验内容

1. 问题描述

NextDate 函数需求：

NextDate 函数输入为 month（月份）、day（日期）和 year（年），输出为输入日期后一天的日期。例如，如果输入为 1964 年 8 月 16 日，则输出为 1964 年 8 月 17 日。

2. 程序代码

```
#include<stdio.h>
void main()
{
    int year;
    int month,maxmonth=12;
    int day,maxday;
    printf("请输入年份：(1900~2050)");
```

```
    scanf("%d",&year);
    if(year<1900 || year>2050)
    {
        printf("输入错误！请重新输入！\n");
        printf("请输入年份：(1900~2050)");
       scanf("%d",&year);

    }

    printf("请输入月份：(1~12)");
    scanf("%d",&month);
    if(month<1 || month>12)
    {
        printf("输入错误！请重新输入！\n");
        printf("请输入月份：(1~12)");
       scanf("%d",&month);
    }

   if(month==4||month==6||month==9||month==11)
        maxday=30;
    else if(month==2)
    {
        if(year%400==0 || year%4==0)
            maxday=28;
        else
            maxday=29;
    }
    else
        maxday=31;

    printf("请输入日期：(1~31)");
    scanf("%d",&day);
    if(day<1 || day>maxday)
    {
        printf("输入错误！请重新输入！\n");
        printf("请输入日期：(1~31)");
       scanf("%d",&day);
    }
    if(month==maxmonth && day==maxday)
    {
        year=year+1;
```

```
            month=1;
            day=1;
        }
        else if(day==maxday)
        {
            month=month+1;
            day=1;
        }
        else
            day=day+1;
        printf("下一天是%d 年%d 月%d 日",year,month,day);
}
```

三、实验内容

（1）通过理解需求及阅读程序，找到各个输入数据的条件，及各种可能结果，设计条件桩与动作桩。

（2）列出所有条件项及动作项。

（3）化简判定表。

（4）根据简化后的判定表，设计测试用例。

（5）将测试用例录入 TestLink 中进行管理。

（6）执行测试用例，对照预期结果与实际结果，并在 TestLink 中修改测试用例的状态，报告缺陷。

【参考答案】

（1）通过分析需求与程序，可知要求输入变量 month、day 和 year 都是整数值，并且满足以下条件。

① Con1：1≤month≤12

② Con2：1≤day≤31

③ Con3：1 900≤year≤2 050

（2）条件桩、动作桩。

① 输入。

— Month（以下用 M 表示）

— Day（以下用 D 表示）

— Year（以下用 Y 表示）

② 为获得下一个日期，NextDate 函数需执行的操作只有如下 5 种。

— day 变量值加 1

— day 变量值复位为 1

— month 变量值加 1

— month 变量值复位为 1

— year 变量值加 1

（3）输入条件的细化。

- M1: {month:month 有 30 天}；
- M2: {month:month 有 31 天，12 月除外}；
- M3: {month:month 是 12 月}；
- M4: {month:month 是 2 月}；
- D1: {day:1≤day≤27}；
- D2: {day:day=28}；
- D3: {day:day=29}；
- D4: {day:day=30}；
- D5: {day:day=31}；
- Y1: {year:year 是闰年}；
- Y2: {year:year 不是闰年}。

（4）设计决策表。

① 原始决策表见附表 8.1。

附表 8.1　HextDates( )函数原始决策表

	1	2	3	4	5	6	7	8	9	10	11	12	13	14	15	16	17	18	19	20	21	22
c1:month	M1	M1	M1	M1	M1	M2	M2	M2	M2	M2	M3	M3	M3	M3	M3	M4	M4	M4	M4	M4	M4	M4
c2:day	D1	D2	D3	D4	D5	D1	D2	D3	D4	D5	D1	D2	D3	D4	D5	D1	D2	D2	D3	D3	D4	D5
c3:year	—	—	—	—	—	—	—	—	—	—	—	—	—	—	—	—	Y1	Y2	Y1	Y2	—	—
a1:不可能					√															√	√	√
a2:day 加 1	√	√	√			√	√	√	√		√	√	√	√		√	√					
a3:day 复位				√						√					√			√	√			
a4:month 加 1				√						√								√	√			
a5:month 复位															√							
a6:year 加 1															√							

② 规则 1、2、3 都涉及有 30 天的月份 day 类 D1、D2 和 D3，并且它们的动作项都是 day 加 1，因此可以将规则 1、2、3 合并。

类似地，有 31 天的月份 day 类 D1、D2、D3 和 D4 也可合并，2 月的 D4 和 D5 也可合并。合并后的判定表见附表 8.2。

附表 8.2　合并后的决策表

	1	4	5	6	10	11	15	16	17	18	19	20	21
c1:month	M1	M1	M1	M2	M2	M3	M3	M4	M4	M4	M4	M4	M4
c2:day	D1	D4	D5	D1	D5	D1	D5	D1	D2	D2	D3	D3	D4
c3:year	—	—	—	—	—	—	—	—	Y1	Y2	Y1	Y2	—
a1:不可能			√									√	√
a2:day 加 1	√			√		√		√	√				
a3:day 复位		√			√		√			√	√		
a4:month 加 1		√			√					√	√		
a5:month 复位							√						
a6:year 加 1							√						

③ 合并后的决策表产生了 13 条规则，分别设计 13 个测试用例覆盖每一条规则，其测试用例的表格见附表 8.3。

附表 8.3　HextDates( )函数测试用例表

测试用例	month	day	year	预期输出
Test1～Test3	6	16	2001	17/6/2001
Test4	6	30	2004	1/7/2004
Test5	6	31	2001	不可能
Test6～Test9	8	16	2004	17/8/2004
Test10	8	31	2001	1/9/2001
Test11～Test14	12	16	2004	17/12/2004
Test15	12	31	2001	1/1/2002
Test16	2	16	2004	17/2/2004
Test17	2	28	2004	29/2/2004
Test18	2	28	2001	1/3/2004
Test19	2	29	2004	1/3/2001
Test20	2	29	2001	不可能
Test21～Test22	2	30	2004	不可能

实验 9　黑盒测试——因果图分析法

一、实验目的

（1）熟练运用因果图分析法分析出问题的原因及结果。

（2）掌握由因果图导出判定表的方法。

（3）能够通过判定表设计出测试用例。

二、实验内容

1. 问题描述

有一个处理单价为 5 元钱的饮料自动售货机软件测试用例的设计。其规格说明如下：若投入 5 元钱或 10 元钱，按下“可乐”“橙汁”“啤酒”的按钮，则相应的饮料就送出来。若售货机没有零钱找，则一个显示“零钱找完”的红灯亮，这时在投入 10 元钱并按下按钮后，饮料不送出来而且 10 元钱也退出来；若有零钱找，则显示“零钱找完”的红灯灭，在送出饮料的同时找零 5 元钱。

2. 实验要求

① 列出原因和结果，画出因果图。

② 根据因果图，建立判定表。

③ 根据判定表设计测试用例数据。

【参考答案】

（1）分析规格说明，有如下原因和结果。

① 原因。

C1：售货机有零钱找

C2：投入 10 元

C3：投入 5 元

C4：按下“可乐”按钮

C5：按下“橙汁”按钮

C6：按下“啤酒”按钮

② 结果。

E0：售货机零钱找完灯灭

E1：售货机零钱找完灯亮

E2：退还 10 元

E3：退还 5 元

E4：送出可乐

E5：送出橙汁

E6：送出啤酒

③ 中间结果。

C11：应找 5 元（投入 5 元并且按下了按钮）

C12：按下按钮（执行了 C4 或 C5 或 C6）

C13：可找 5 元（应找 5 元并且售货机有零钱找）

C14：钱已付清（投入 5 元或可找 5 元）

可画出因果图，如附图 9.1 所示。

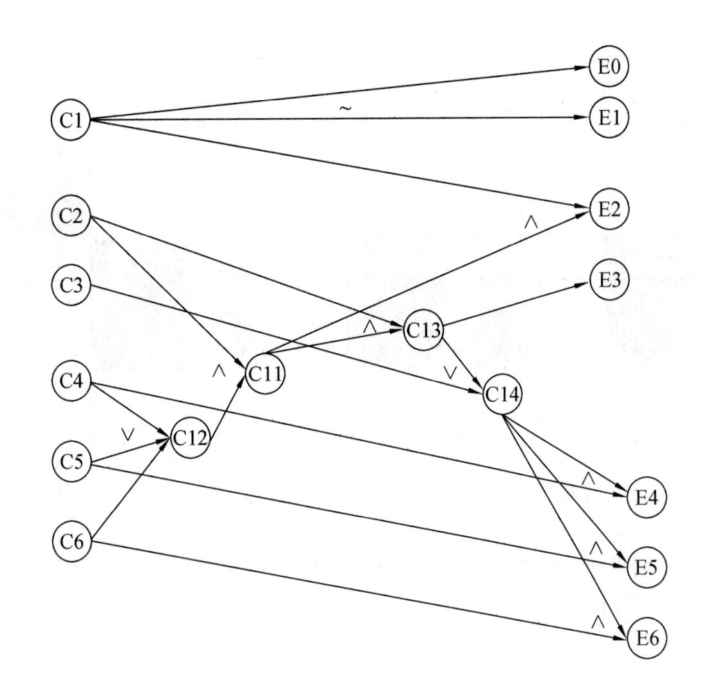

附图 9.1　原始因果图

（2）考虑到约束关系，得到带约束关系的因果图，如附图 9.2 所示。

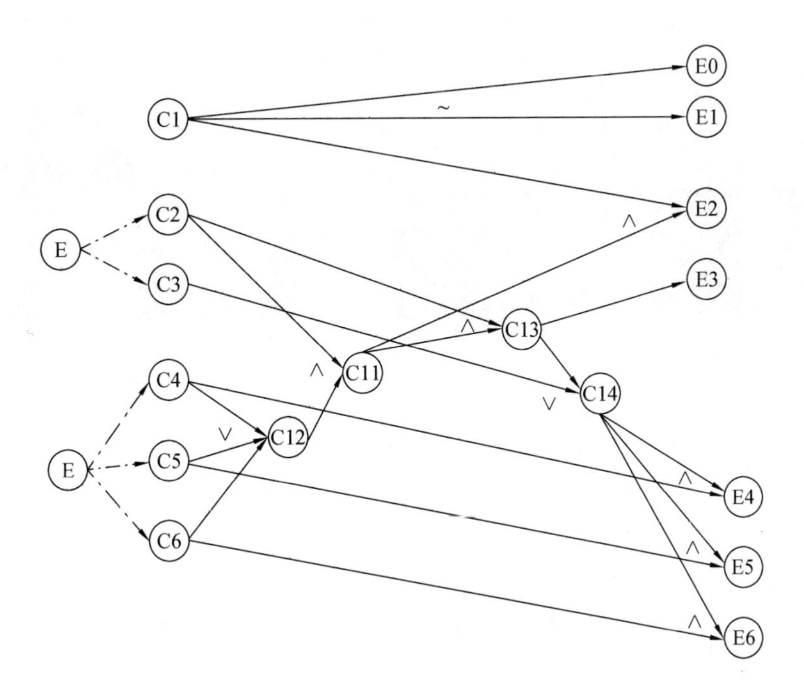

附图 9.2　加约束关系后的因果图

（3）根据原因和 6 个条件，可以有 2^6 种组合，因此得到决策表，见附表 9.1。

附表 9.1 原始决策表

	1	2	3	4	5	6	7	8	9	10	11	12	13	14	15	16	17	18	19	20	21	22	23	24	25	26	27	28	29	30	31	32
C1	0	0	0	0	0	0	0	0	0	0	0	0	0	0	0	0	0	0	0	0	0	0	0	0	0	0	0	0	0	0	0	0
C2	0	0	0	0	0	0	0	0	0	0	0	0	0	0	0	0	1	1	1	1	1	1	1	1	1	1	1	1	1	1	1	1
C3	0	0	0	0	0	0	0	0	1	1	1	1	1	1	1	1	0	0	0	0	0	0	0	0	1	1	1	1	1	1	1	1
C4	0	0	0	0	1	1	1	1	0	0	0	0	1	1	1	1	0	0	0	0	1	1	1	1	0	0	0	0	1	1	1	1
C5	0	0	1	1	0	0	1	1	0	0	1	1	0	0	1	1	0	0	1	1	0	0	1	1	0	0	1	1	0	0	1	1
C6	0	1	0	1	0	1	0	1	0	1	0	1	0	1	0	0	0	1	0	1	0	1	0	1	0	1	0	1	0	1	0	1
C11																		1	1		1											
C12	0	1	1		1				0	1	1		1				0	1	1		1											
C13																																
C14																																
E1	*	*	*	*	*	*	*	*	*	*	*	*	*	*	*	*	*	*	*	*	*	*	*	*	*	*	*	*	*	*	*	*
E2																		*	*		*											
E3																																
E4																																
E5																																
E6																																

续附表 9.1

	33	34	35	36	37	38	39	40	41	42	43	44	45	46	47	48	49	50	51	52	53	54	55	56	57	58	59	60	61	62	63	64
C1	1	1	1	1	1	1	1	1	1	1	1	1	1	1	1	1	1	1	1	1	1	1	1	1	1	1	1	1	1	1	1	1
C2	0	0	0	0	0	0	0	0	0	0	0	0	0	0	0	0	1	1	1	1	1	1	1	1	1	1	1	1	1	1	1	1
C3	0	0	0	0	0	0	0	0	1	1	1	1	1	1	1	1	0	0	0	0	0	0	0	0	1	1	1	1	1	1	1	1
C4	0	0	0	0	1	1	1	1	0	0	0	0	1	1	1	1	0	0	0	0	1	1	1	1	0	0	0	0	1	1	1	1
C5	0	0	1	1	0	0	1	1	0	0	1	1	0	0	1	1	0	0	1	1	0	0	1	1	0	0	1	1	0	0	1	1
C6	0	1	0	1	0	1	0	1	0	1	0	1	0	1	0	0	0	1	0	1	0	1	0	1	0	1	0	1	0	1	0	1
C11																		1	1		1											
C12	0	1	1		1				0	1	1		1				0	1	1		1											
C13																		1	1		1											
C14																		1	1		1											
E1																																
E2																																
E3																		*	*		*											
E4																					*											
E5																			*													
E6																		*														

（4）根据约束关系，将不可能的规则去掉，得到附表 9.2。

附表 9.2　利用约束关系优化后的决策表

	1	2	3	4	5	6	7	8	9	10	11	12	13	14	15	16	17	18	19	20	21	22	23	24
C1	0	0	0	0	0	0	0	0	0	0	0	0	1	1	1	1	1	1	1	1	1	1	1	1
C2	0	0	0	0	0	0	0	0	1	1	1	1	0	0	0	0	0	0	0	0	1	1	1	1
C3	0	0	0	0	1	1	1	1	0	0	0	0	0	0	0	0	1	1	1	1	0	0	0	0
C4	0	0	0	1	0	0	0	1	0	0	0	1	0	0	0	1	0	0	0	1	0	0	0	1
C5	0	0	1	0	0	0	1	0	0	0	1	0	0	0	1	0	0	0	1	0	0	0	1	0
C6	0	1	0	0	0	1	0	0	0	1	0	0	0	1	0	0	0	1	0	0	0	1	0	0
C11										1	1	1										1	1	1
C12	0	1	1	1	0	1	1	1	0	1	1	1	0	1	1	1	0	1	1	1	0	1	1	1
C13																						1	1	1
C14					1	1	1	1									1	1	1	1		1	1	1
E1	*	*	*	*	*	*	*	*	*	*	*	*												
E2										*	*	*												
E3																						*	*	*
E4								*												*				*
E5							*												*				*	
E6						*												*				*		

（5）设计测试用例，见附表 9.3。

附表 9.3　自动售货机测试用例表

测试用例 ID	零钱	投币	按钮	预期结果
1	无零钱	无投币	未按按钮	零钱找完红灯亮
2	无零钱	无投币	按下“啤酒”按钮	零钱找完红灯亮
3	无零钱	无投币	按下“橙汁”按钮	零钱找完红灯亮
4	无零钱	无投币	按下“可乐”按钮	零钱找完红灯亮
5	无零钱	投入 5 元	未按按钮	零钱找完红灯亮、返回 5 元
6	无零钱	投入 5 元	按下“啤酒”按钮	送出啤酒
7	无零钱	投入 5 元	按下“橙汁”按钮	送出橙汁
8	无零钱	投入 5 元	按下“可乐”按钮	送出可乐
9	无零钱	投入 10 元	未按按钮	零钱找完红灯亮、返回 10 元
10	无零钱	投入 10 元	按下“啤酒”按钮	零钱找完红灯亮、返回 10 元
11	无零钱	投入 10 元	按下“橙汁”按钮	零钱找完红灯亮、返回 10 元
12	无零钱	投入 10 元	按下“可乐”按钮	零钱找完红灯亮、返回 10 元
13	有零钱	无投币	未按按钮	无反应（零钱找完红灯灭）
14	有零钱	无投币	按下“啤酒”按钮	零钱找完红灯灭

续附表 9.3

测试用例 ID	零钱	投币	按钮	预期结果
15	有零钱	无投币	按下“橙汁”按钮	零钱找完红灯灭
16	有零钱	无投币	按下“可乐”按钮	零钱找完红灯灭
17	有零钱	投入 5 元	未按按钮	无显示、返回 5 元
18	有零钱	投入 5 元	按下“啤酒”按钮	送出啤酒
19	有零钱	投入 5 元	按下“橙汁”按钮	送出橙汁
20	有零钱	投入 5 元	按下“可乐”按钮	送出可乐
21	有零钱	无投币	未按按钮	零钱找完红灯灭
22	有零钱	投入 10 元	按下“啤酒”按钮	送出啤酒、返还 5 元
23	有零钱	投入 10 元	按下“橙汁”按钮	送出橙汁、返还 5 元
24	有零钱	投入 10 元	按下“可乐”按钮	送出可乐、返还 5 元

实验 10　缺陷管理工具 Mantis 的安装与配置

一、实验目的

（1）掌握 Mantis 安装过程。
（2）掌握 Mantis 的相关配置。
（3）掌握并理解 Mantis 的角色分类及分工。
（4）掌握使用 Mantis 管理缺陷的流程。
（5）掌握 Mantis 的使用方法。

二、实验内容

1. Mantis 的安装及配置

（1）环境准备。
① 运行环境：Windows XP/Win 7。
② XAMPP Windows 1.8.1。
③ Mantis 1.2.15 。
（2）安装 XAMPP。

XAMPP 是一个功能强大的软件集成包，也是一个可以快速搭建基于 Apache、MySQL、PHP 的编程调试环境的安装包，易于安装和设置。

XAMPP 1.8.1 包含以下功能组件。
① Apache 2.4.3
② MySQL 5.5.27
③ PHP 5.4.7
④ phpMyAdmin 3.5.2.2

⑤ FileZilla FTP Server 0.9.41

⑥ Tomcat 7.0.30 (with mod_proxy_ajp as connector)

⑦ Strawberry Perl 5.16.1.1 Portable

⑧ XAMPP Control Panel 3.1.0 (from hackattack142)

（3）安装 Mantis。

① 安装 XAMPP，安装完成后运行 XAMPP，启动 Apache、MySQL 服务，如附图 10.1 所示。

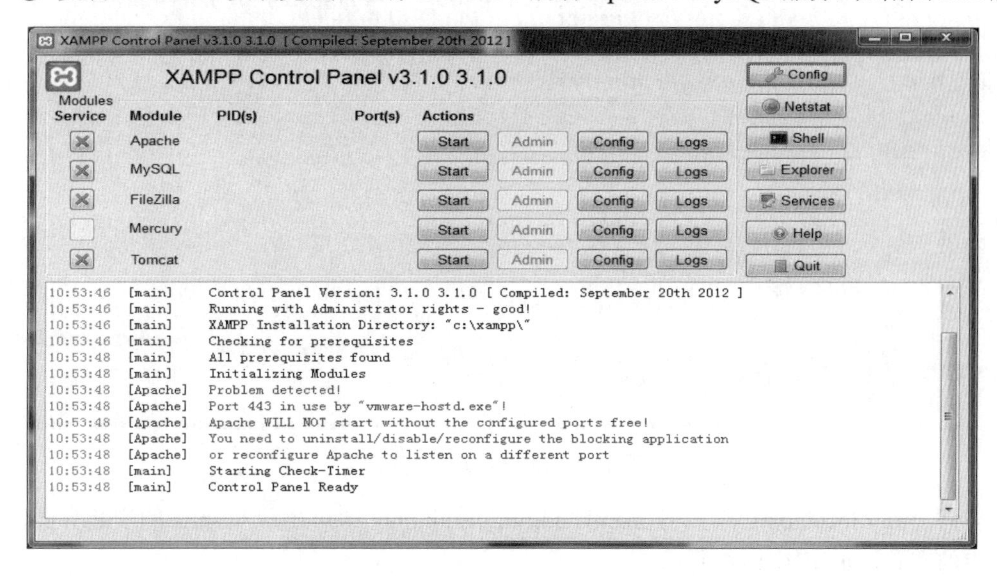

附图 10.1　XAMPP 启动界面

在 IE 浏览器输入 http://localhost/xampp/或者单击图 10.1 中 Apache 后的 Admin 按钮，即可看到主页面，如附图 10.2 所示。

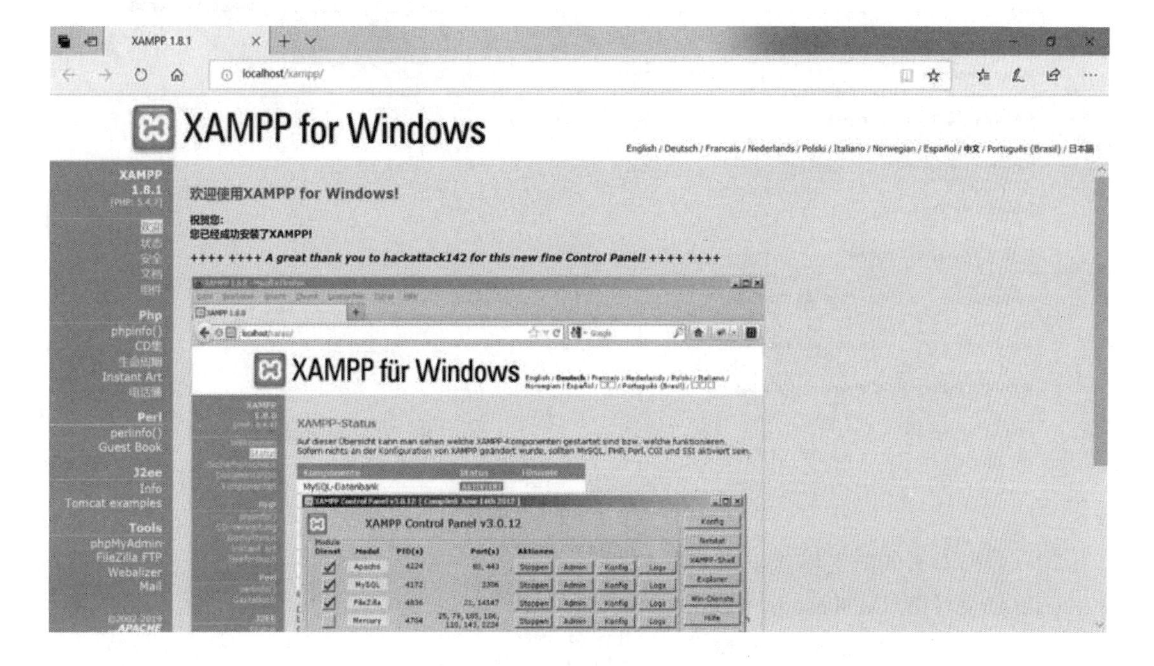

附图 10.2　XAMPP 主页面

② 将 Mantis 的压缩文件，解压到 xampp 的 htdocs 目录下，重命名为 Mantis，如附图 10.3 所示。

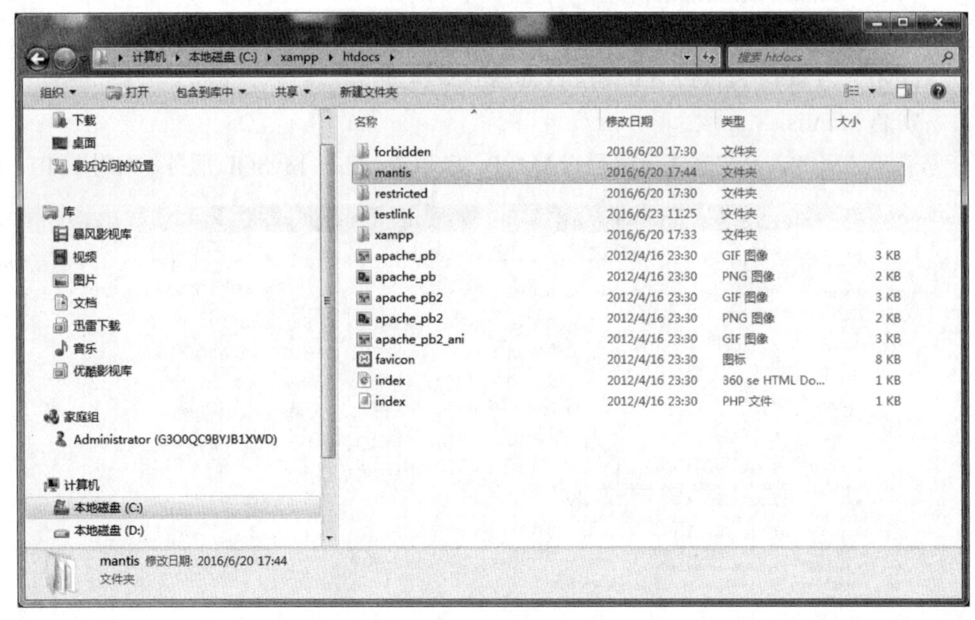

附图 10.3　Mantis 解压后的位置

访问 http://localhost：端口号/mantis/admin/install.php 即可出现 Mantis 的安装界面，输入数据库的密码，如附图 10.4 所示。

Checking Installation...	
Checking PHP version (your version is 5.4.7)	GOOD
Checking if safe mode is enabled for install script	GOOD
Installation Options	
Type of Database	MySQL (default)
Hostname (for Database Server)	localhost
Username (for Database)	root
Password (for Database)	••••
Database name (for Database)	bugtracker
Admin Username (to create Database if required)	root
Admin Password (to create Database if required)	••••
Print SQL Queries instead of Writing to the Database	☐
Attempt Installation	Install/Upgrade Database

附图 10.4　Mantis 安装界面

输入数据库密码时需输入以下信息。

Username（for Database）：root

Password（for Database）：root

Admin username（to create database if required）：root

Admin password（to create database if required）：root

③ 点击按钮 Install/Upgrade Database ，生成数据库和表如附图10.5所示。

注意：这时已产生一个管理员帐号：administrator/root。

Installing Database	
Create database if it does not exist	GOOD
Attempting to connect to database as user	GOOD
Write Configuration File(s)	
Creating Configuration File (config_inc.php) (if this file is not created, create it manually with the contents below)	GOOD
Checking Installation...	
Checking for register_globals are off for mantis	GOOD
Attempting to connect to database as user	GOOD
checking ability to SELECT records	GOOD
checking ability to INSERT records	GOOD
checking ability to UPDATE records	GOOD
checking ability to DELETE records	GOOD

Install was successful.

Continue to log into Mantis

附图 10.5　安装成功界面

④ 点击“Continue”按钮，进入到登录界面，如附图10.6所示，这样 Mantis 的安装就完成了。

Login	
Username	
Password	
Remember my login in this browser	☐
Secure Session	☑ Only allow your session to be used from this IP address.
	Login

[Signup for a new account] [Lost your password?]

Warning: You should disable the default 'administrator' account or change its password.

Warning: Admin directory should be removed.

Copyright © 2000 - 2019 MantisBT Team

附图 10.6　Mantis 主页面

在附图10.6中输入 vsermane：Administrator 和 Password：root 登录之后，新增项目和用户，就可以正常使用了。

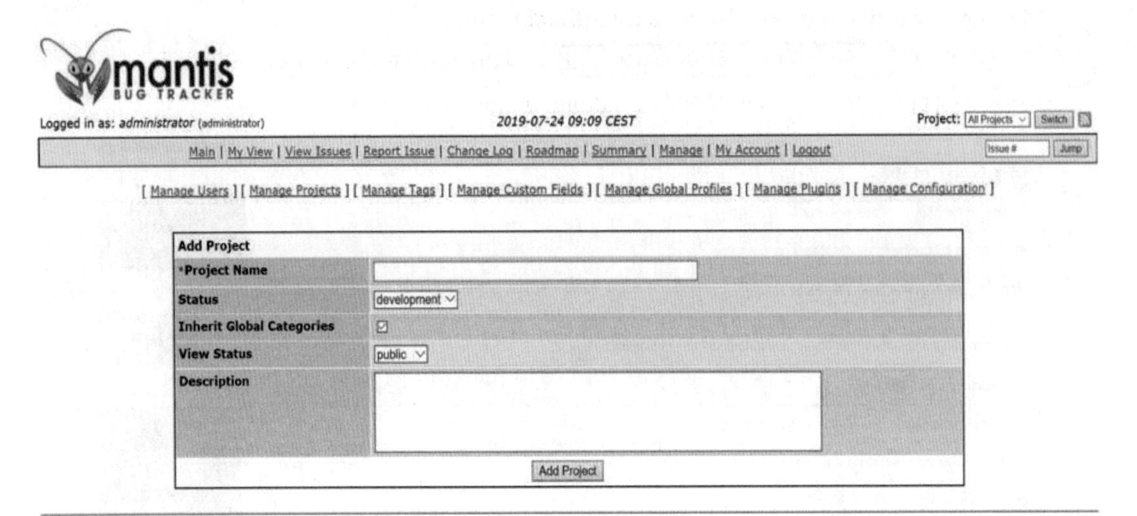

附图 10.7　登录后的 Mantis 界面

2. 问题与答疑

（1）Mantis 初次登录为英文界面，如何设置为中文界面？

【解决方案】

Mantis 1.2.15 在 config_inc.php 文件（C:\xampp\htdocs\mantis）中增加如下一行语句即可汉化完毕。

$g_default_language='chinese_simplified';//固定设为中文。

（2）Mantis 用户的申请需要输入邮箱，密码发送邮箱后才能激活使用。为了方便新用户申请，如何在申请用户时不使用邮箱操作？

【解决方案】

在 config_inc.php 文件中添加如下 2 行语句。

$g_send_reset_password = OFF; #是否通过 EMAIL 发送密码

$g_allow_blank_email = ON; #是否允许不填写 EMAIL

设置好后即可在新建用户时不使用邮箱操作了，新用户按照密码登录系统，可以完成与其用户权限对等的操作。

实验 11　缺陷管理工具 Mantis 应用练习

一、实验目的

（1）掌握 Mantis 缺陷管理的流程。

（2）理解 Mantis 缺陷管理平台上，缺陷状态的改变。

（3）体验 Mantis 缺陷管理平台上，用户分角色管理缺陷的过程。

二、实验过程

（1）在 Mantis 系统中分别有几种角色：管理员、经理、开发员、修改员、报告员、复查员。每个角色所具备的权限不一样，权限从大到小依次排列是：管理员→经理→开发员→修改员→报告员→复查员。

① 管理员：拥有最高权限，可进行工作流的设置和权限的修改，可以创建和维护整个项目，对测试人员和开发人员的权限和任务进行分配。

② 经理：对存在争议的问题提出修改意见，负责项目的管理，对 Bug 信息确认并分配给开发人员，决定是否将其关闭。

③ 开发员：对分配给自己的 Bug 信息进行修改和选择拒绝修改 Bug。

④ 修改员：修改 Bug 信息，更新缺陷的状态，并设置已修改状态。

⑤ 报告员：也是项目的测试人员，负责 Bug 的报告和已解决的 Bug 信息的确认工作（决定 Bug 信息的关闭和重新打开）。

⑥ 复查员：只有查看 Bug 信息的权限。

（2）每 10 人 1 组，分别承担实验中的不同角色。不同角色从各自终端登录系统，看到不同角色权限的界面。

（3）本组中设管理员 1 名，经理 1 名，开发人员 3 名，报告人员 3 名，修改员 1 名，复查员 1 名。管理员为其他人员建立不同用户名和密码，并设置用户权限。

（4）本组成员配合完成下面任务。

三、实验步骤

（1）管理员创建项目之后，项目经理 admin 对测试项目（stock）进行编辑，如附图 11.1 所示。

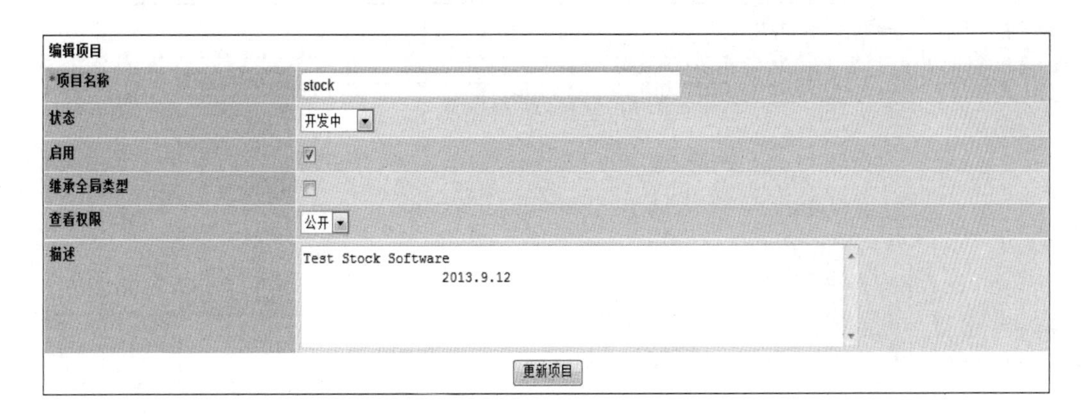

附图 11.1　编辑测试项目 stock

（2）添加分类，还可以设置、修改版本信息，如附图 11.2 所示。

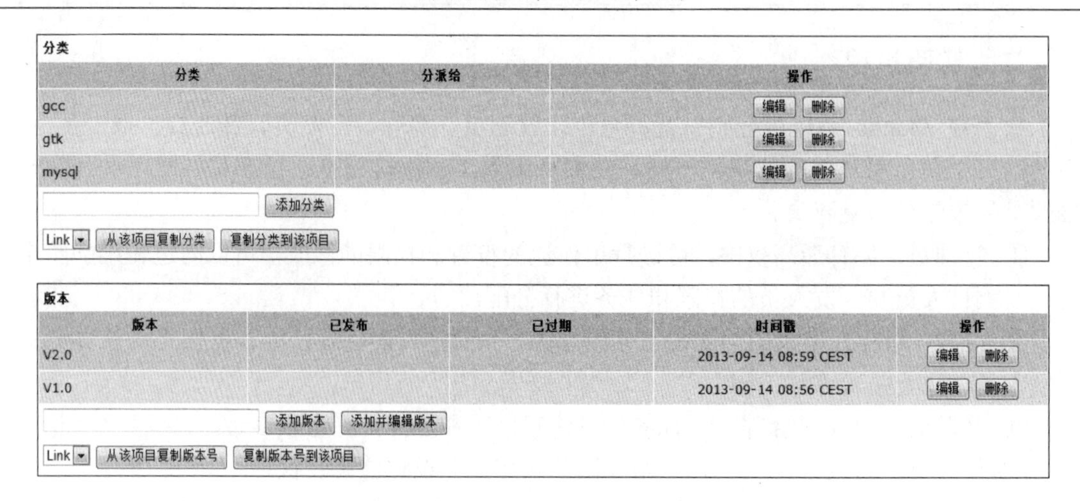

分类

分类	分派给	操作
gcc		编辑 删除
gtk		编辑 删除
mysql		编辑 删除

添加分类

Link 从该项目复制分类 复制分类到该项目

版本

版本	已发布	已过期	时间戳	操作
V2.0			2013-09-14 08:59 CEST	编辑 删除
V1.0			2013-09-14 08:56 CEST	编辑 删除

添加版本 添加并编辑版本

Link 从该项目复制版本号 复制版本号到该项目

附图 11.2　添加测试分类及版本信息

（3）测试人员 kerry（报告人员）发现问题（stock 软件安装编译的时候发生问题，软件终止且不能继续运行），编写缺陷报告后提交 stock 软件出现缺陷的信息。缺陷状态自动设置为“新建”，如附图 11.3 所示。

*分类	[所有项目] gcc
出现频率	总是
严重性	很严重
优先级	高
选择平台配置	
或填写	
平台	IE10浏览器
操作系统	Windows操作系统
操作系统版本	Win7
分派给	
*摘要	编译stock软件时出现Bug
*描述	安装stock软件未完成时，自行中止安装并不能再运行
问题重现步骤	（1）双击安装文件"stock.exe"。 （2）按照要求单击"下一步"按钮。 （3）开始安装stock软件，中途自行中止安装，并未弹出任何提示信息。 （4）蓝屏状态持续，软件不能再运行。

附图 11.3　编写问题报告

（4）开发人员 amyny 登录后，在查看问题页面看到状态为“新建”的 Bug 后，打开问题报告详细页面，按照问题重现步骤实现 Bug，发现 Bug 可以重现，将缺陷状态改为“已确认”，如附图 11.4 所示。

查看问题详情 [查看注释] [发送提醒]　　[问题历史] [打印]

编号	项目	分类	查看权限	报告日期	最后更新
0000001	stock	[所有项目] gcc	公开	2019-07-24 09:33	2019-07-24 09:39
报告员	administrator				
分派给					
优先级	高	严重性	很严重	出现频率	总是
状态	已确认	处理状况	未处理		
平台	IE10浏览器	操作系统	Windows操作系统	操作系统版本	Win7
摘要	0000001: 编译stock软件时出现Bug				
描述	安装stock软件未完成时，自行中止安装并不能再运行				
问题重现步骤	(1) 双击安装文件"stock.exe"。 (2) 按照要求单击"下一步"按钮。 (3) 开始安装stock软件，中途自行中止安装，并未弹出任何提示信息。 (4) 蓝屏状态持续，软件不能再运行。				
标签	没加标签.				
添加标签	(用","分割) 现有标签 添加				
附件					

编辑　分派给: [自身]　状态改为: 新建　监视　创建子问题　关闭　移动　删除问题

附图 11.4　将缺陷状态设置为“已确认”

（5）项目经理审查后，表示对该 Bug 认可，将缺陷状态设置为“认可”，并将其分派给开发人员 amyny，如附图 11.5 所示。

查看问题详情 [查看注释] [发送提醒]　　[问题历史] [打印]

编号	项目	分类	查看权限	报告日期	最后更新
0000001	stock	[所有项目] gcc	公开	2019-07-24 09:33	2019-07-24 09:41
报告员	administrator				
分派给	amyny				
优先级	高	严重性	很严重	出现频率	总是
状态	认可	处理状况	未处理		
平台	IE10浏览器	操作系统	Windows操作系统	操作系统版本	Win7
摘要	0000001: 编译stock软件时出现Bug				
描述	安装stock软件未完成时，自行中止安装并不能再运行				
问题重现步骤	(1) 双击安装文件"stock.exe"。 (2) 按照要求单击"下一步"按钮。 (3) 开始安装stock软件，中途自行中止安装，并未弹出任何提示信息。 (4) 蓝屏状态持续，软件不能再运行。				
标签	没加标签.				
添加标签	(用","分割) 现有标签 添加				
附件					

编辑　分派给: [自身]　状态改为: 新建　监视　置顶　创建子问题　关闭　移动　删除问题

附图 11.5　将缺陷状态设置为“认可”并分派

（6）amyny 发现分派给自己的问题，将问题解决后更新缺陷报告（说明缺陷已经被解决，并说明软件的现状），并更新缺陷状态为“已解决”，如附图 11.6 所示。

查看问题详情 [查看注释]　　[问题历史] [打印]

编号	项目	分类	查看权限	报告日期	最后更新
0000001	stock	[所有项目] gcc	公开	2019-07-24 09:33	2019-07-24 09:44
报告员	administrator				
分派给	amyny				
优先级	高	严重性	很严重	出现频率	总是
状态	已解决	处理状况	未处理		
平台	IE10浏览器	操作系统	Windows操作系统	操作系统版本	Win7
摘要	0000001: 编译stock软件时出现Bug				
描述	安装stock软件未完成时，自行中止安装并不能再运行				
问题重现步骤	(1) 双击安装文件"stock.exe"。 (2) 按照要求单击"下一步"按钮。 (3) 开始安装stock软件，中途自行中止安装，并未弹出任何提示信息。 (4) 蓝屏状态持续，软件不能再运行。				
标签	没加标签.				
添加标签	(用","分割) 现有标签 添加				
附件					

监视　重启问题　关闭　移动　删除问题

附图 11.6　将缺陷状态设置为“已解决”

（7）kerry 发现 Bug 已经被修复，对该 Bug 进行验证。若验证未通过，可以重启问题；若通过验证，不进行任何操作，如附图 11.7 所示。

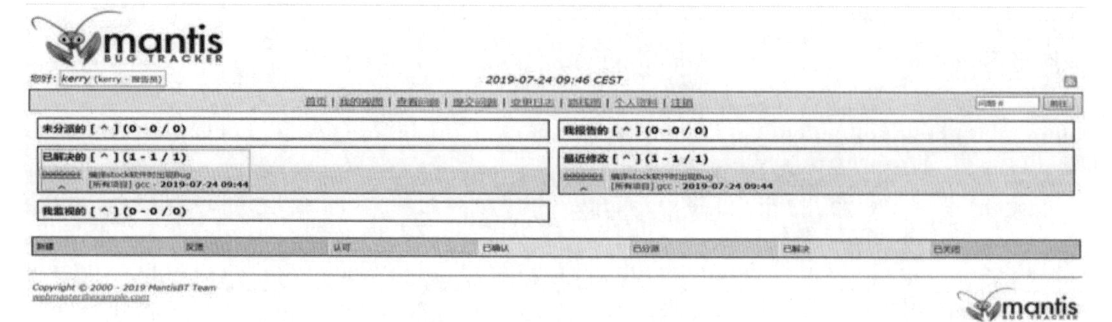

附图 11.7　对缺陷进行验证

（8）项目经理发现问题被解决，且未被重启，将该问题关闭，如附图 11.8 所示。

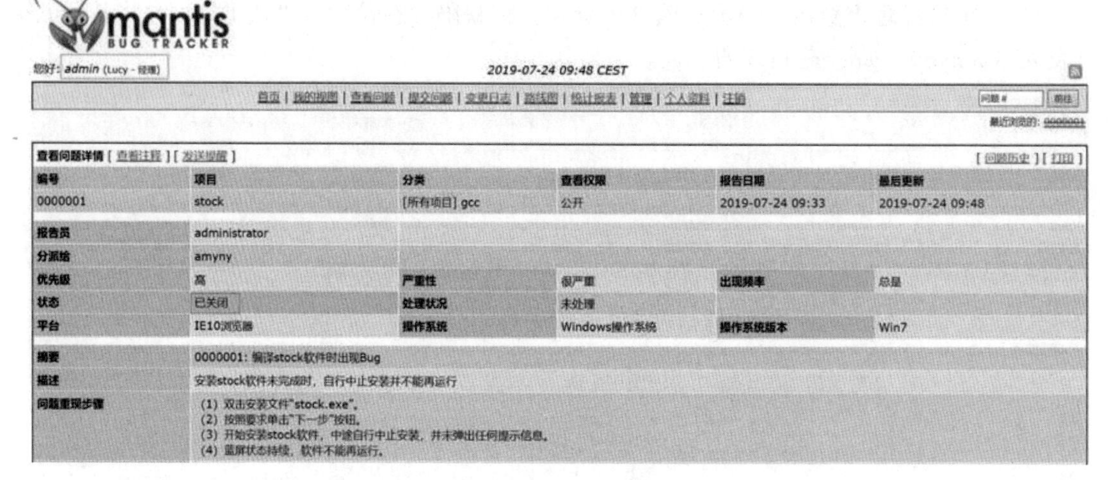

附图 11.8　关闭问题

（9）现在任何级别的用户查看问题页面时，都将发现该问题已经不存在了，如附图 11.9 所示。

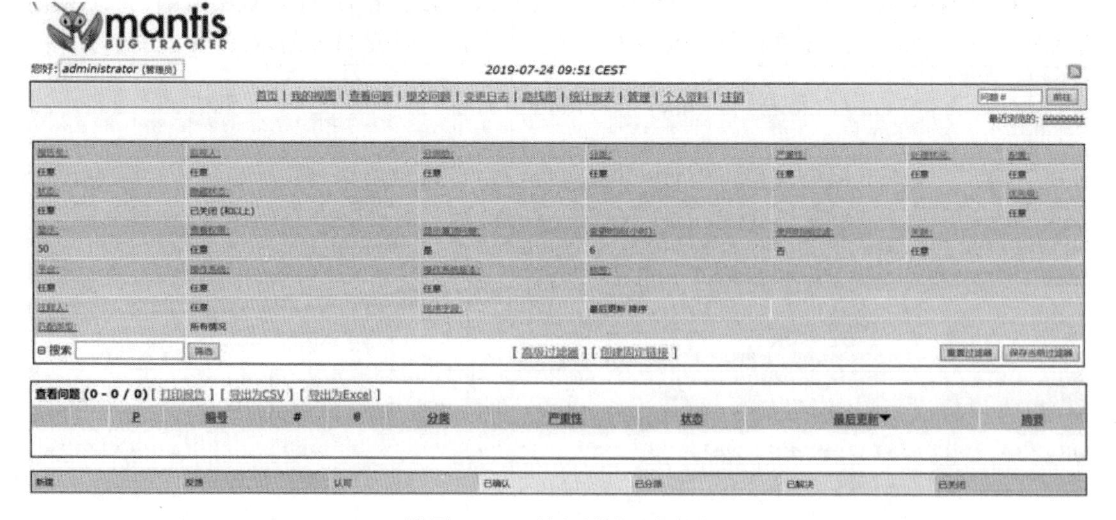

附图 11.9　更新后的问题页面

实验 12 TestLink 与 Mantis 的集成

一、实验目的

（1）掌握 TestLink 与 Mantis 集成的方法。

（2）掌握集成后通过 TestLink 直接管理缺陷报告的方法。

二、实验步骤

如果 TestLink 与 Mantis 集成，那么执行完测试后，测试结果中会多出一项 Bug 管理的项，它是一个“小虫子”的标记，点击那个“小虫子”标记后，会出现一个记录 Bug 号的输入框。如果测试用例是失败的，可以在这个地方输入该测试用例发现的 Bug 在 Mantis 中的 ID，然后会在该记录下面出现一个 ID 的链接，点击 ID 后，可以直接链接到 Mantis 中该 Bug 的页面。按照如下给出的步骤，完成 TestLink 和 Mantis 问题之间的关联，步骤如下。

（1）需要配置\xampp\htdocs\testlink\cfg\mantis.cfg.php 文件和 C:\xampp\htdocs\testlink\config.inc.php 文件。

① mantis.cfg.php 文件需要修改的配置项如下。

a. 首先打开上述指定路径的 mantis.cfg.php 文件，用 b.中的代码全部替换相应代码。

b. 配置 TestLink\cfg\下的 Mantis.cfg.php 文件：

define('BUG_TRACK_DB_HOST', 'localhost'); //数据库服务器地址

define('BUG_TRACK_DB_NAME', 'bugtracker'); //Mantis 数据库名称

define('BUG_TRACK_DB_TYPE', 'mysql'); //Mantis 采用的数据库类型

define('BUG_TRACK_DB_USER', 'root'); //Mantis 数据库的用户名

define('BUG_TRACK_DB_PASS', 'root'); //Mantis 数据库的密码

define('BUG_TRACK_HREF', "http://localhost:8000/mantis/view.php?id="); //提交 Bug 号地址

define('BUG_TRACK_ENTER_BUG_HREF',"http://localhost: 端口号 /mantis/"); //TestLink 的 Mantis 链接地址

② config.inc.php 文件需要修改的配置项如下。

a. 打开 TestLink 目录下的 config.inc.php 文件，使用“查找替换”功能查找“interface”，找到$g_interface_bugs = 'NO';

b. 将“$g_interface_bugs = 'NO';”改为“$g_interface_bugs = 'MANTIS';”。

（2）TestLink 和 Mantis 集成后，并执行完测试，在 TestLink 中发现不能通过的测试用例下面有个“小虫子”的图标，如附图 12.1 所示。

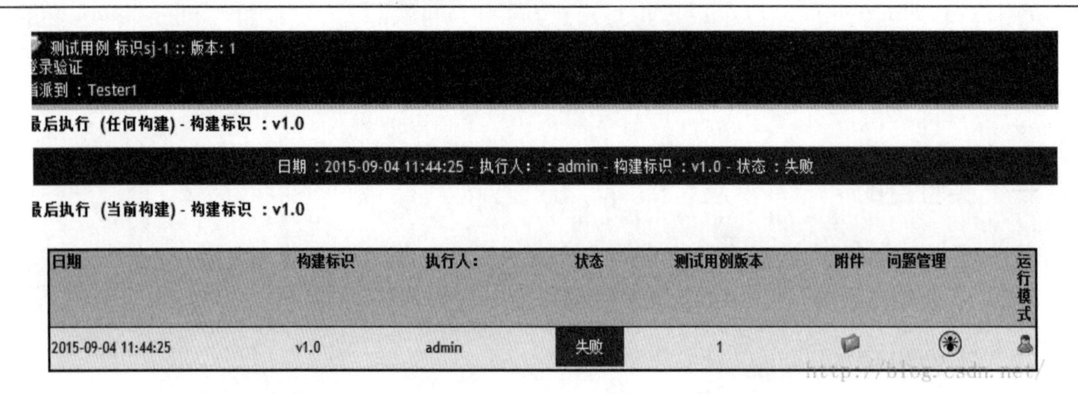

附图 12.1　集成后的“执行”界面

单击这个“小虫子”标记后，会出现一个记录 Bug 号的输入框，输入 Mantis 中已设置好的问题编号，如附图 12.2 所示。

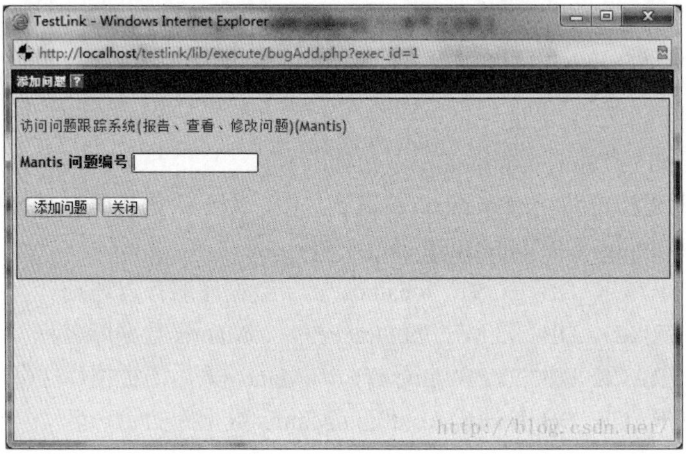

附图 12.2　Bug 输入界面

（3）输入 Mantis 中的问题编号，这样 TestLink 中的测试用例就和 Mantis 中的问题进行了关联。回到 TestLink 中，测试结果中会多出一个相关问题的界面，如附图 12.3 所示。

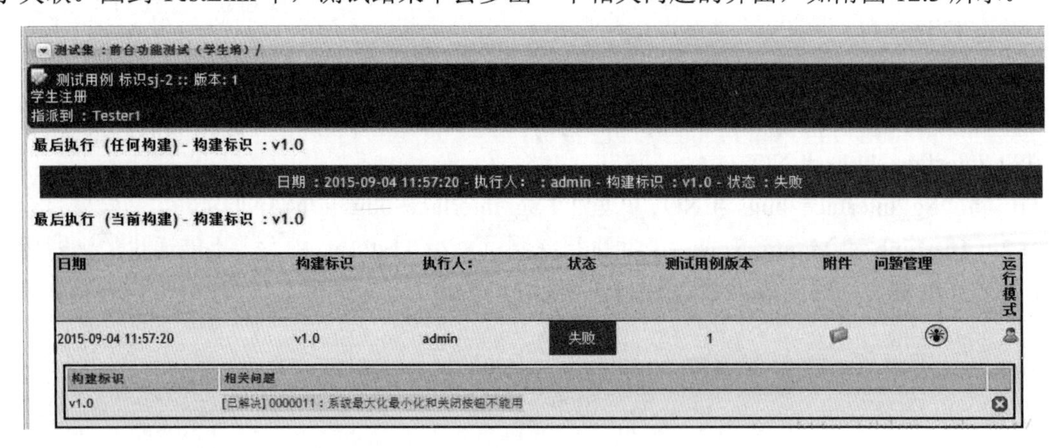

附图 12.3　添加问题后的“执行”界面

（4）单击该 ID 链接后，可以直接链接到 Mantis 中该 Bug 的页面。

实验 13　单元&集成测试

一、实验目的

（1）掌握 Eclipse 中 Junit 环境的配置。
（2）掌握 Junit Test Case 的新建过程。
（3）掌握使用 Junit 进行单元测试的基本步骤。
（4）理解使用 Junit 进行集成测试的原理。

二、实验环境

（1）硬件环境：微型计算机。
（2）软件环境：Windows 操作系统，Eclipse，Junit 等。

三、实验内容

（1）针对课本 7.2 节 Triangle 类，继续对方法 judge（double，double，double），getArea（Triangle，Triangle，Triangle）进行单元测试。（可与 getDistance（Triangle）的测试方法放在同一个测试类中。）

（2）课本 7.4 节中仅仅是集成了 getDistance（Triangle）与 judge（double，double，double）两个模块，请将 getArea（Triangle，Triangle，Triangle）模块集成并测试。（可在课本已有代码的基础上新增或修改。）

（3）请设计一个 Circle 类，用于计算圆的面积，并使用 Junit 对求面积的方法进行单元测试。

【参考答案】

（1）在 TriangleTest 测试类中添加如下两个测试方法。

```
@Test
public void testJudge() {
    //准备三个长度参数
    double a = 3;
    double b = 4;
    double c = 5;
    Triangle triangle = new Triangle();
    boolean flag = triangle.judge(a, b, c);
    assertTrue(flag);
}

@Test
public void testGetArea() {
```

```
        //点 A
        Triangle t1 = new Triangle(4, 0, "A");
        //点 B
        Triangle t2 = new Triangle(3, 2, "B");
        //点 C
        Triangle t3 = new Triangle(-1, 0, "C");
        //计算期望面积值
        double area_exp = (4*(2-0)+3*(0-0)+(-1)*(0-2))*0.5;
        Triangle triangle = new Triangle();
        assertEquals(area_exp, triangle.getArea(t1, t2, t3),0);
    }
```

（2）修改 TriangleIntergrateTest 测试类的 test()测试方法的代码，如下所示。

```
public class TriangleIntergrateTest {
    @Test
    public void test() {
        //实例化三个点A,B,C
        Triangle t1 = new Triangle(1, 0, "A");
        Triangle t2 = new Triangle(4, 2, "B");
        Triangle t3 = new Triangle(-1, 0, "C");
        //计算三条边的长度
        double a = t1.getDistance(t2);
        double b = t2.getDistance(t3);
        double c = t3.getDistance(t1);
        boolean flag = t1.judge(a, b, c);   //判断是不是三角形
        assertTrue("可以组成三角形",flag);
        if (flag) {
            double area_ac = t1.getArea(t1, t2, t3);
            double area_exp = (1*(2-0)+4*(0-0)+(-1)*(0-2))*0.5;
            assertEquals(area_exp, area_ac);
        }
    }
}
```

（3）Circle 类参考代码（答案不统一，只要实现求面积功能即可）如下所示。

```
public class Circle {
    private double radius;   //半径
    public double getRadius() {
        return radius;
```

```
        }
        public void setRadius(double radius) {
            this.radius = radius;
        }
        public double findArea() {
            return Math.PI*radius*radius;
        }
}
```

对应的单元测试代码如下所示。

```
public class CircleTest {
    @Test
    public void testFindArea() {
        double radius = 6;
        Circle circle = new Circle();
        double area_exp = Math.PI*6*6;
        assertEquals(area_exp, circle.findArea(radius),0);  }
}
```

实验 14　UFT 初体验

一、实验目的

（1）掌握 UFT 的安装。
（2）理解 UFT 的工作流程。
（3）进一步熟悉 UFT 专家视图和关键字视图。

二、实验环境

（1）硬件环境：微型计算机。
（2）软件环境：Windows 操作系统，UFT 等。

三、实验内容

（1）从 HP 官网下载 UFT 试用版，安装 UFT。
（2）录制 UFT 自带案例 Flight 程序的登录业务测试脚本，并添加登录成功的检查点，调试回放脚本。

【参考答案】

1. UFT 安装过程

下面以 Windows 7 操作系统为例介绍 UFT 11.50 的安装过程，获取安装包后，双击安装包中的“setup”文件，打开安装界面，如附图 14.1 所示。

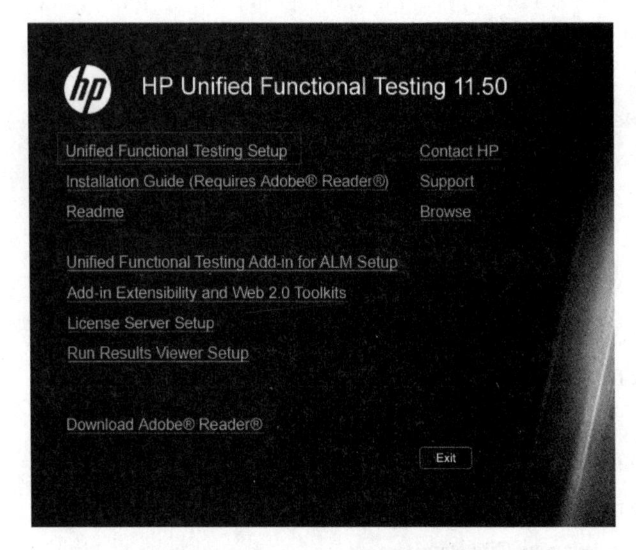

附图 14.1　UFT 安装启动界面

本次为全新安装，单击“Unified Functional Testing Setup”启动安装，在正式安装 UFT 之前，UFT 会检查所需的前置软件是否存在，如附图 14.2 所示。本次安装检测出有 4 个组件未安装，单击“确定”按钮，会启动正式安装前置软件。

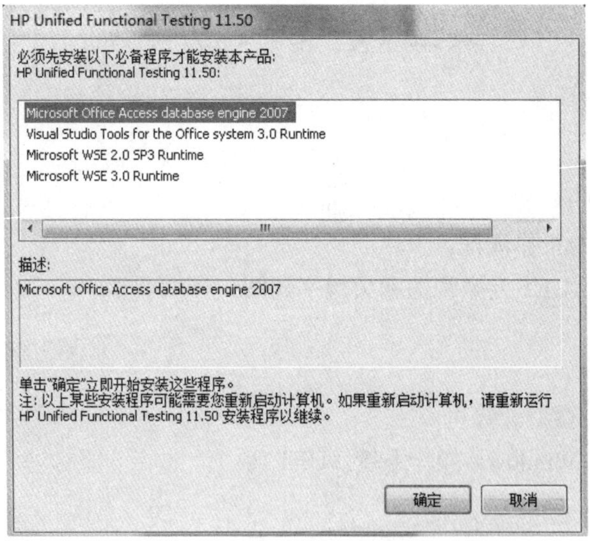

附图 14.2　UFT 安装前置软件检测界面

前置软件安装完成后，进入“Welcome”，单击“Next”按钮，进入到“License Agreement”界面，如附图 14.3 所示。

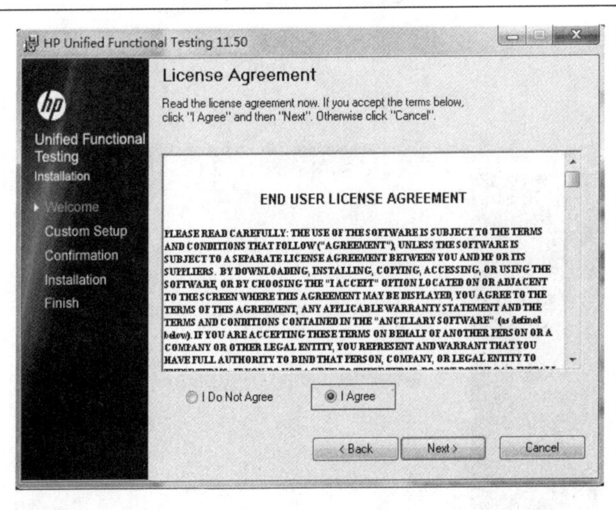

附图 14.3　UFT 安装许可协议界面

选择附图 14.3 中的“I Agree”后，单击“Next”按钮，进入“Customer Information”界面，如附图 14.4 所示。

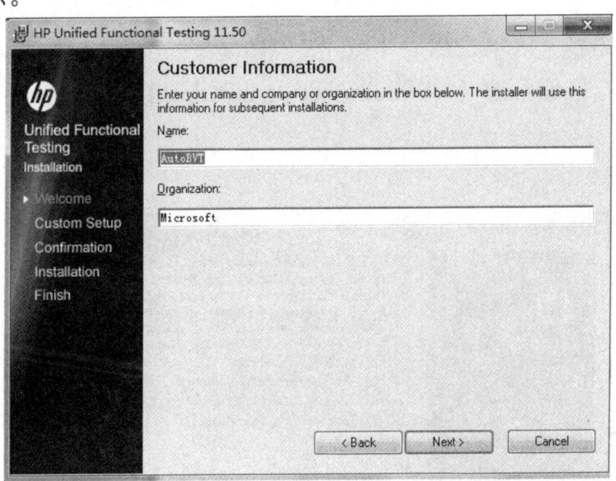

附图 14.4　UFT 安装用户信息界面

单击“Next”按钮，进入“Custom Setup”界面，如附图 14.5 所示，UFT 会默认安装 ActiveX、Visual Basic、Web 插件，安装人员可以根据实际需求进行选择性安装。

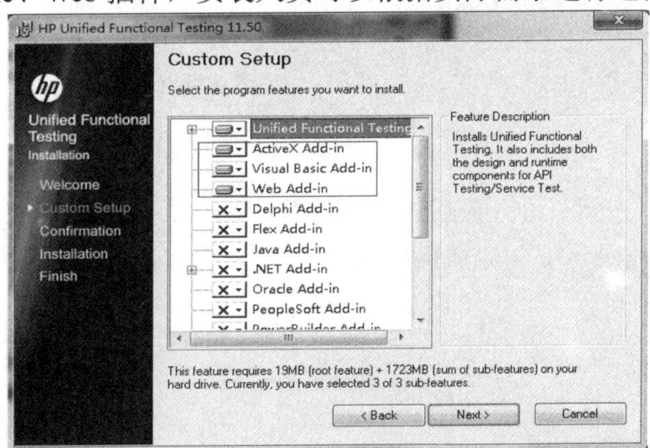

附图 14.5　UFT 安装用户信息界面

选好插件后，单击“Next”按钮，进入“Select Installation Folder”界面，如附图 14.6 所示。

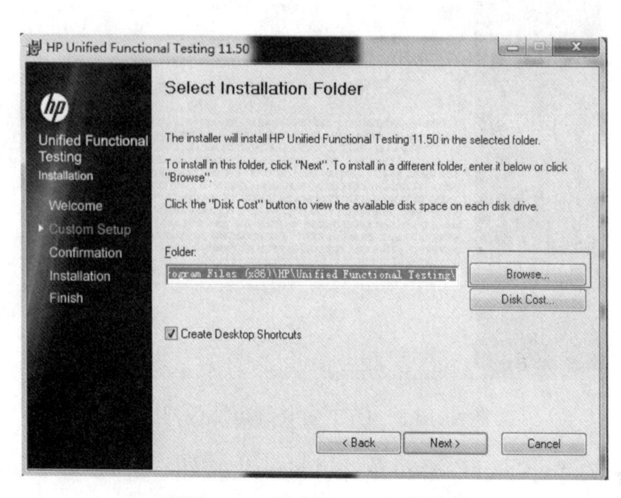

附图 14.6　选择 UFT 安装路径

如果不选用默认路径，可单击附图 14.6 中“Browse”按钮更换安装路径，确认安装路径后，继续单击“Next”按钮后进入“Additional Installation Requirements”界面，如附图 14.7 所示。

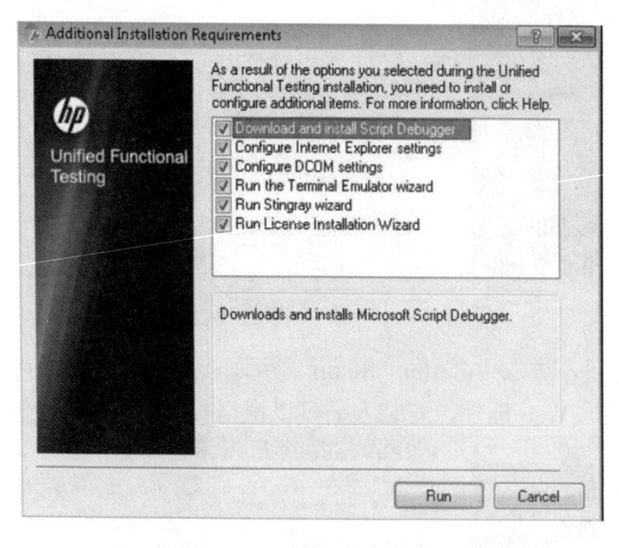

附图 14.7　环境配置安装界面

继续单击“Run”按钮后进入最后的安装界面，将进行 UFT 环境配置安装、DCOM 设置安装以及许可协议的安装。安装完成后则进入“UFT 安装运行许可证”界面，如附图 14.8 所示。

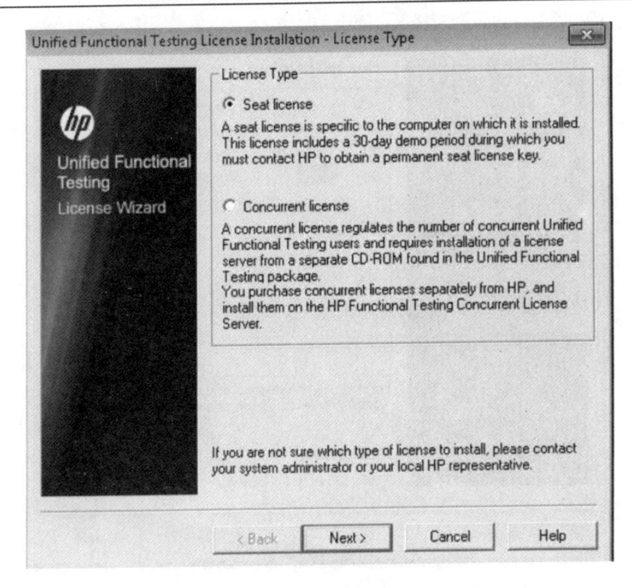

附图 14.8　UFT 安装运行许可证界面

选择安装 UFT 的 License Type 为“Seat license”，进入许可证确认安装界面，如附图 14.9 所示。

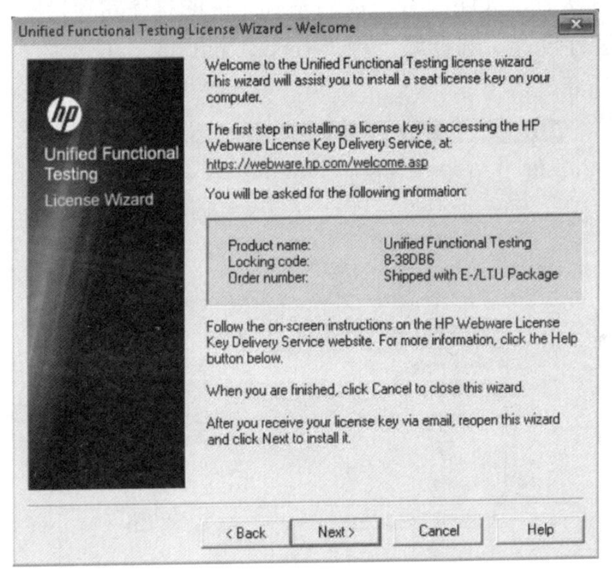

附图 14.9　UFT 安装运行许可证确认界面

安装完成后，打开 UFT 可以看到如附图 14.10 所示的“Unified Functional Testing-Add-in Manager”界面，每次启动 UFT 前都需要选择对应的插件才能进入测试。一般为提高测试性能只需加载需要的插件，比如 UFT 自带的案例 Flight 程序，其里面的控件类型为 ActiveX 控件，因而自带的案例 Flight 程序只选择了 ActiveX 插件，如附图 14.10 所示。

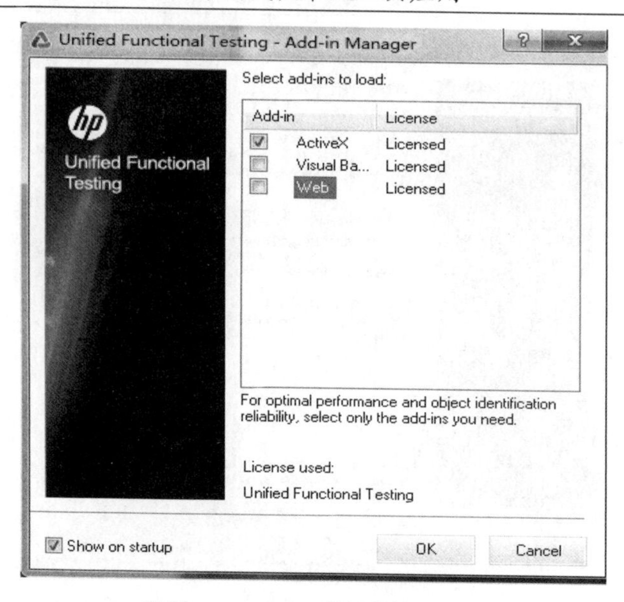

附图 14.10　UFT 的插件管理界面

2. 录制登录业务测试脚本

（1）UFT 部署成功后，关闭所有与被测系统无关的程序窗口。

（2）进行测试运行设置，选择第二种“Record and run only on”并添加 Flight 程序所在路径，如附图 14.11 所示。

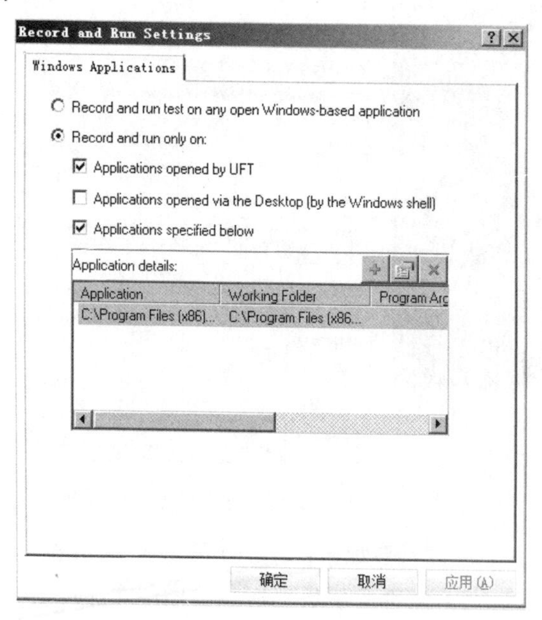

附图 14.11　录制和运行设置界面

（3）单击“录制”按钮或者按键盘“F6”开始录制，输入用户名“David”、密码“mercury”后单击“OK”按钮，出现“Flight Reservation”界面。此时单击选择菜单“Insert”→“Checkpoint”→“Standard Checkponit”，然后鼠标指向“Flight Reservatin”主

界面的窗口标题区域并单击该区域，出现“Checkpoint Properties”界面，进一步从属性列表中选择“enabled”和“text”作为检查属性，如附图 14.12 所示。

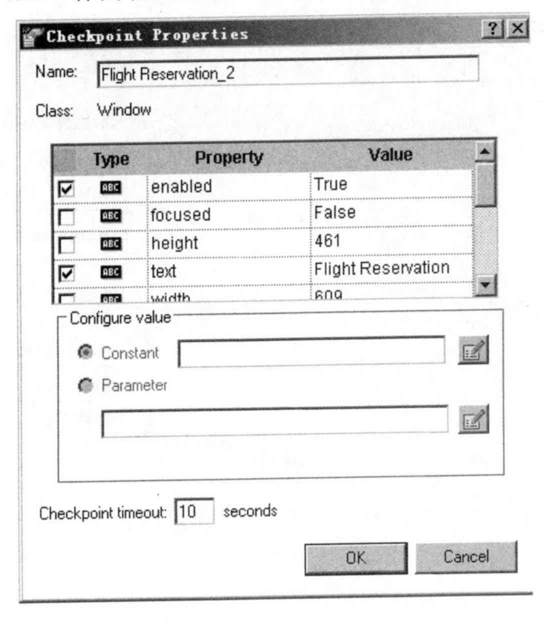

附图 14.12　检查点属性界面

（4）在“Flight Reservation”窗口单击“File”→“Exit”退出系统，单击“Stop”按钮停止录制，形成的测试脚本（专家视图）如附图 14.13 所示。

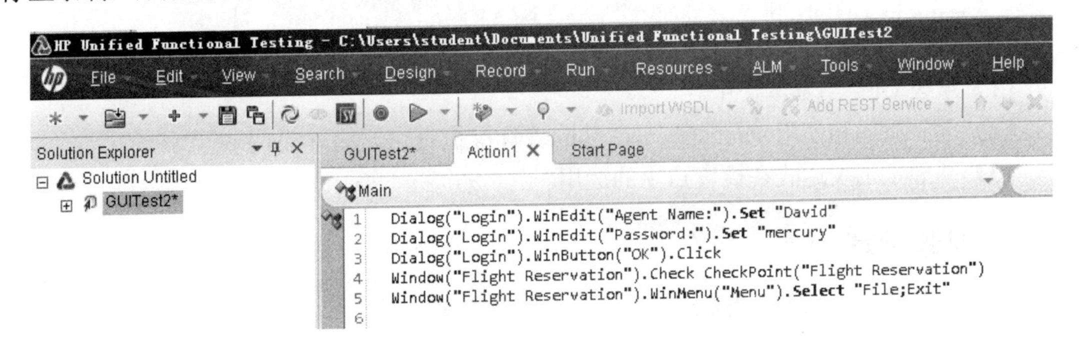

附图 14.13　专家视图界面

关键字视图如附图 14.14 所示。

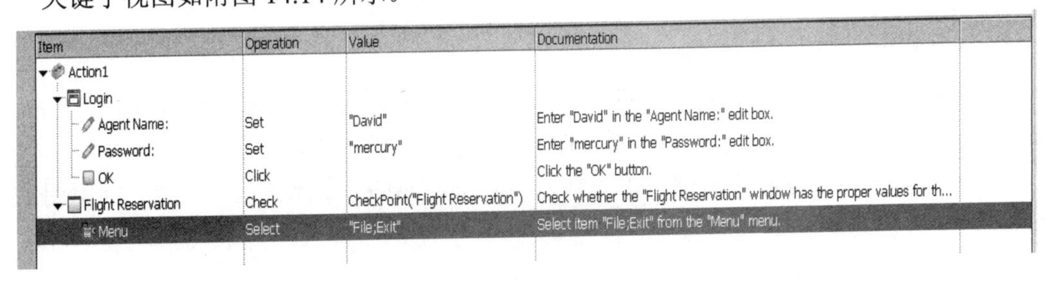

Item	Operation	Value	Documentation
Action1			
Login			
Agent Name:	Set	"David"	Enter "David" in the "Agent Name:" edit box.
Password:	Set	"mercury"	Enter "mercury" in the "Password:" edit box.
OK	Click		Click the "OK" button.
Flight Reservation	Check	CheckPoint("Flight Reservation")	Check whether the "Flight Reservation" window has the proper values for th...
Menu	Select	"File;Exit"	Select item "File;Exit" from the "Menu" menu.

附图 14.14　关键字视图界面

（5）回放脚本，检查点通过，登录成功，如附图 14.15 所示。

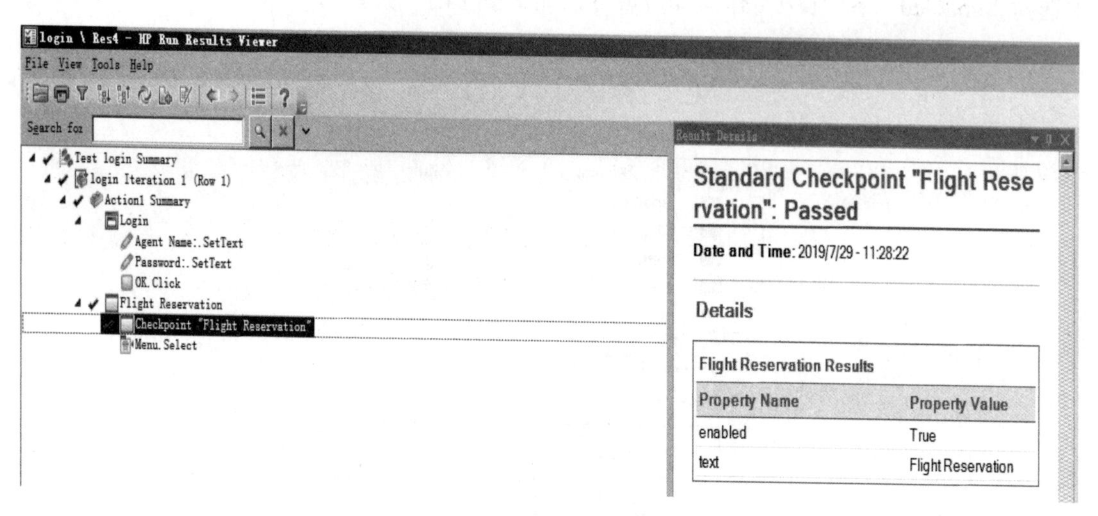

附图 14.15　脚本运行结果界面

实验 15　UFT 检查点练习

一、实验目的

（1）掌握 UFT 的基本使用。

（2）学会添加和使用 standard checkpoint（标准检查点）的方法。

（3）掌握正则表达式在检查点上的运用。

二、实验环境

（1）硬件环境：微型计算机。

（2）软件环境：Windows 操作系统，UFT 等。

三、实验内容

1. 录制脚本

录制脚本主要是熟悉订票业务流程，录制登录、订票业务测试脚本。增强脚本：为 insert done 插入标准检查点、使用正则表达式为订单号添加标准检查点。

（1）在 UFT 中新建一个测试，命名为 Login_NewQrder，“测试运行设置”如附图 15.1 所示。

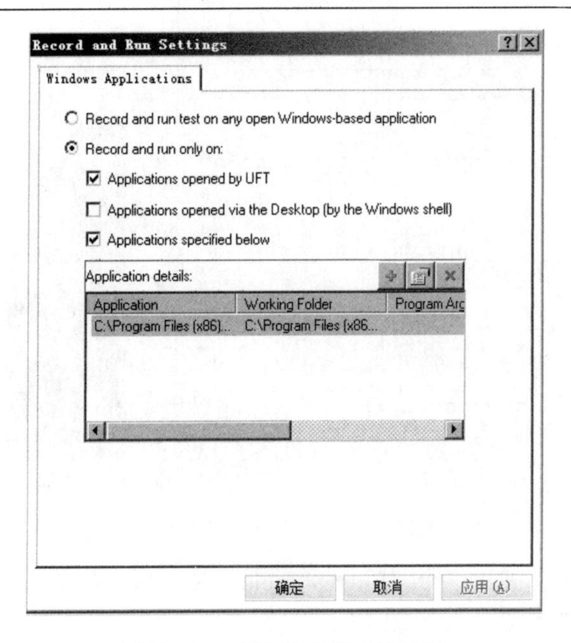

附图 15.1 录制和运行设置界面

（2）单击“Record”按钮开始录制，录制登录业务时，输入代理名称“David”、密码“mercury”，单击“OK”按钮，进入“Flight Reservation”界面，如附图 15.2 所示。

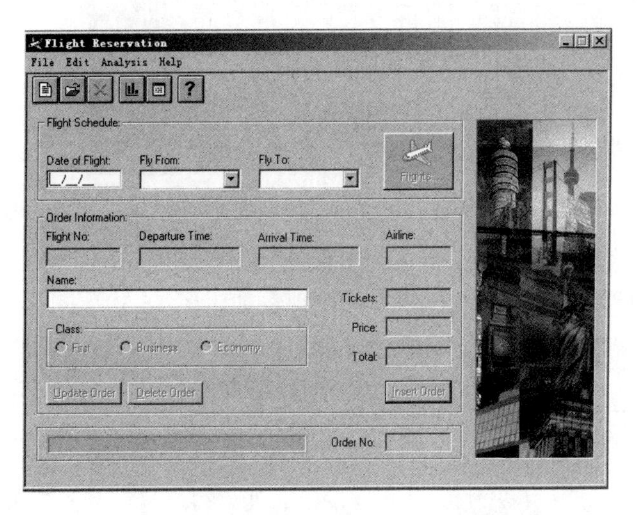

附图 15.2 Flight Reservation 界面

（3）单击“File”→“New Order”开始新建订单，输入航班信息如下所示。

Date of Flight：选一个比当前时间晚的时间即可，比如现在时间为 01/09/19，可设置航班时间为 01/20/19。Flight From：London。Fly To：Pairs。如附图 15.3 所示。

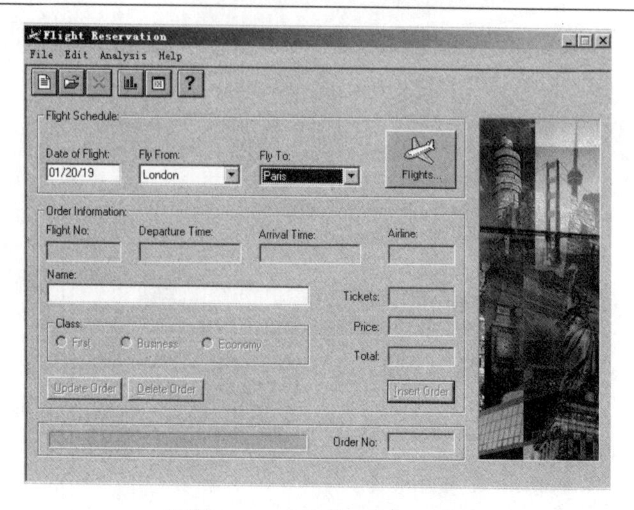

附图 15.3　航班信息输入界面

（4）单击“Flights”弹出一个“Flights Table”对话框，在“Flights Table”对话框中选择第二行，单击“OK”按钮，如附图 15.4 所示。

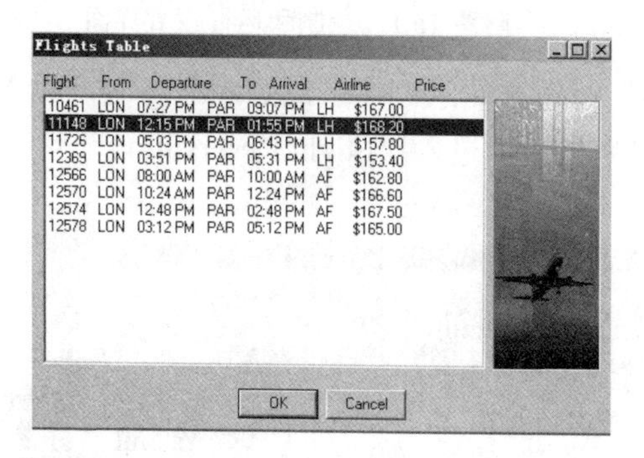

附图 15.4　“Flights Table”界面

（5）填写如下信息。Name：David；Tickets：3；Class：First。单击“InsertOrder”等待进度条 100%完成和“Insert Done...”字样的出现，如附图 15.5 所示。

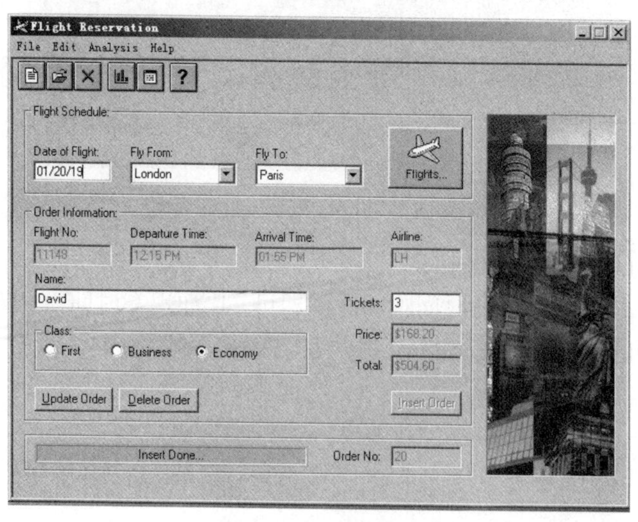

附图 15.5　订票完成界面

（6）单击 UFT 录制工具条“Standard Checkpoint”，如附图 15.6 所示。

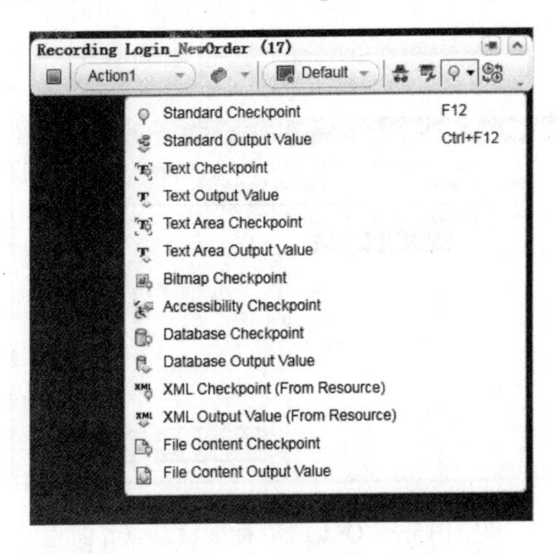

附图 15.6　UFT 录制工具条

（7）光标变成小手的图形，单击“Flight Reservation”窗口进度条中“Insert Done...”区域，弹出一个“Standard Checkpoint”对话框，如附图 15.7 所示。

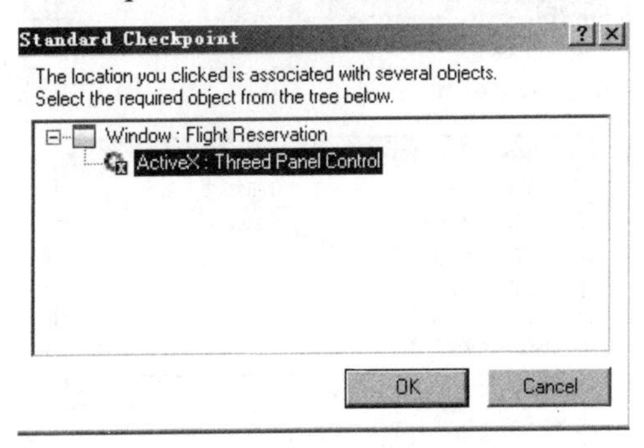

附图 15.7　标准检查点对话框

（8）单击“OK”按钮，弹出一个“Checkpoint Properties”对话框，选择“text”属性，其他属性均不选择，如附图 15.8 所示。

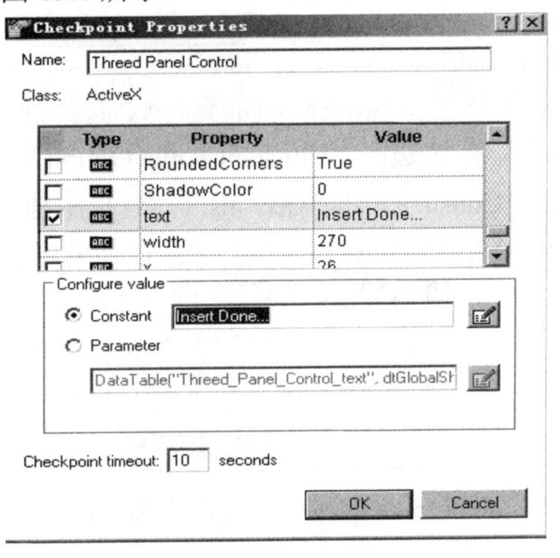

附图 15.8　检查点属性界面

（9）同上，单击 UFT 录制工具条“Standard Checkpoint”，添加“Order No”的标准检查点，如附图 15.9 所示。

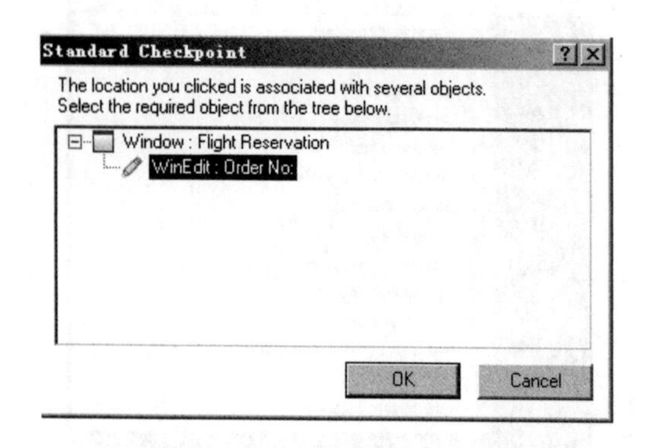

附图 15.9　Order No 标准检查点界面

（10）单击“OK”按钮，弹出一个“Checkpoint Properties”对话框，选择“text”属性，其他属性均不选择，如附图 15.10 所示。

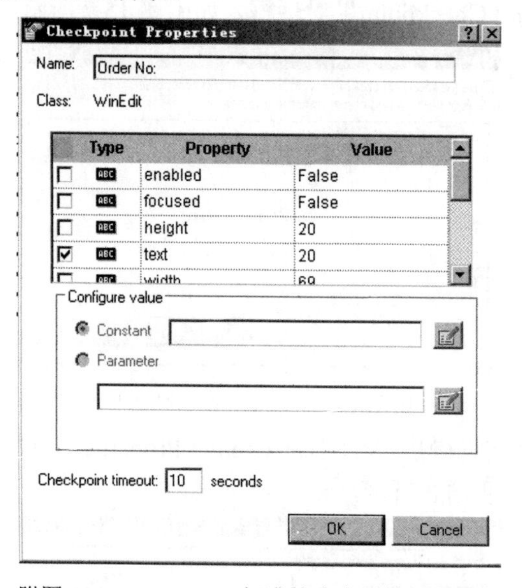

附图 15.10　Order No 标准检查点属性设置界面

（11）单击“Constant”字段旁边的“Constant Value Option”按钮，弹出一个“Constant Value Options”对话框，在“Constant Value Options”对话框中选择“Regular expression”复选框，在文本框中输入值[0-9]+，然后单击“OK”按钮，如附图 15.11 所示。

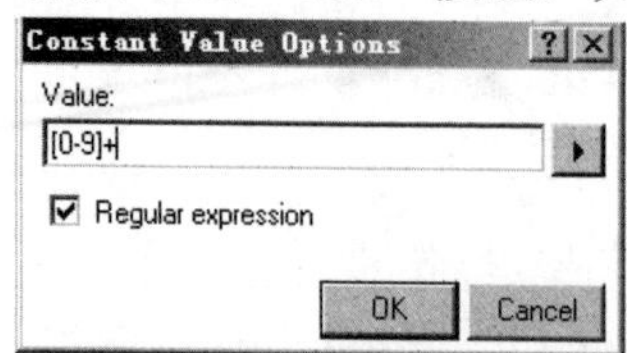

附图 15.11　Order No 运行正则表达式

（12）此时“Checkpoint Properties”对话框如附图 15.12 所示。注意：因为订单号随订单信息动态变化，不是固定的值，所以此处用了正则表达式来实现订单号的检查点。

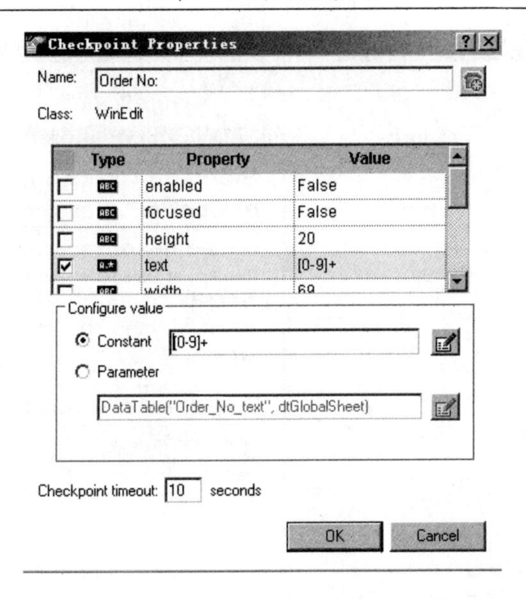

附图 15.12　运行正则表达式后的 Order No 检查点属性

（13）在“Flight Reservation”窗口单击“File”→“Exit”退出系统，单击“Stop”按钮停止录制，保存脚本，形成的测试脚本（专家视图）如附图 15.13 所示。

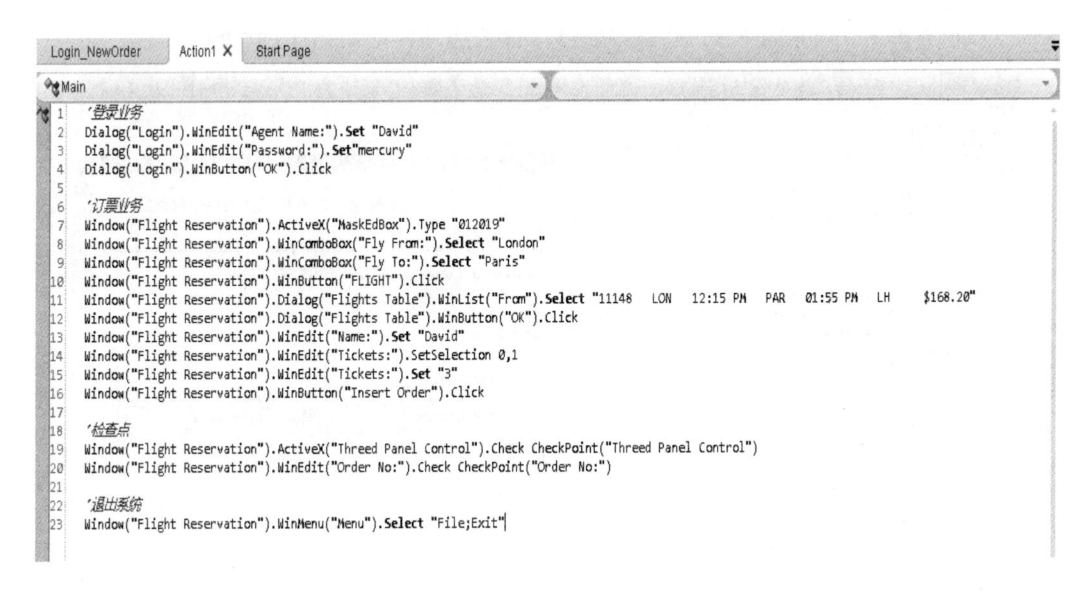

附图 15.13　录制结束后的测试脚本

2. 回放脚本

回放脚本主要是验证检查点是否通过，分析测试结果。

（1）回放脚本，“Insert Done…”检查点通过，订票成功，如附图 15.14 所示。

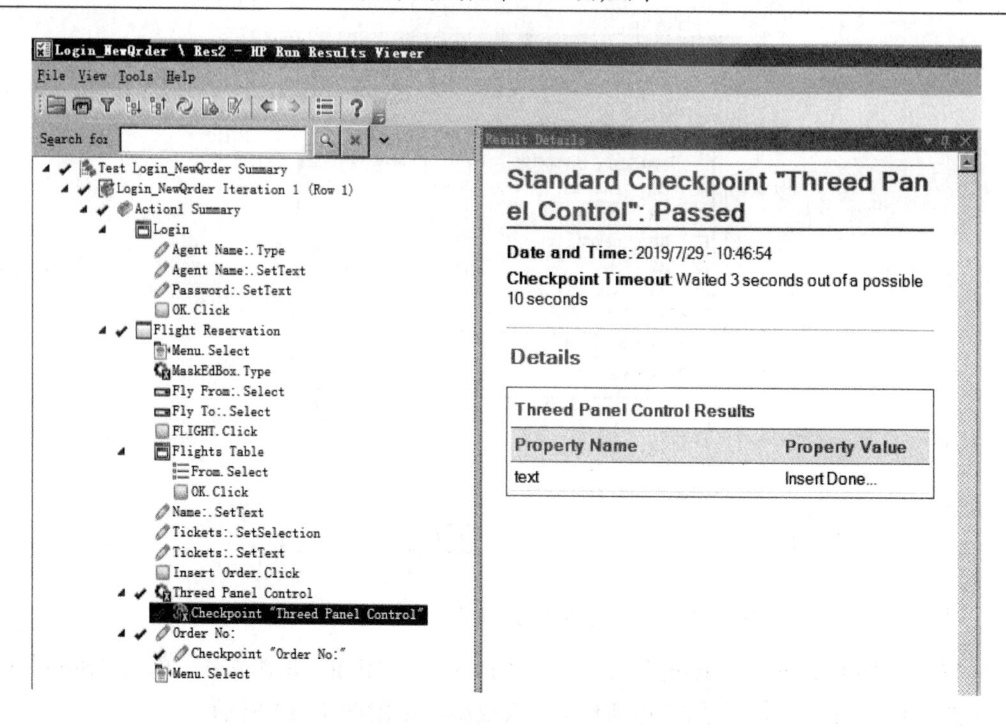

附图 15.14　“Insert Done…”检查点通过界面

（2）回放脚本，“Order No”检查点通过，订票成功，如附图 15.15 所示。

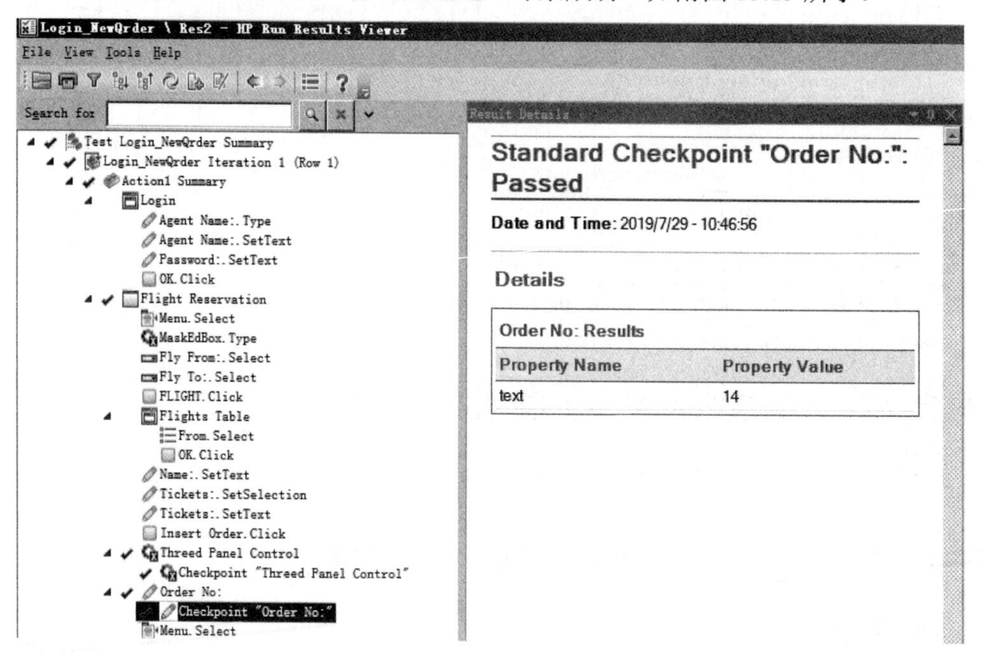

附图 15.15　“Order No”检查点通过界面

实验 16　LoadRunner 性能测试初体验

一、实验目的

（1）录制飞机订票系统一个完整的订票流程的脚本。

（2）在脚本开头添加注释，内容包括开发者学号、姓名、脚本功能、录制日期。

（3）适当修改脚本中的思考时间。

（4）给脚本添加事务，分别命名为 01_Login，02_SearchFlight，03_BookFlight，04_BackHome，05_Logout，分别对应的流程为登录、查找航班信息、订票、返回 home 页、退出。

（5）找到脚本中订票成功的脚本函数，在函数前添加一个文本检查点，检查页面是否出现“Thank you for booking through Web Tours”订票成功的提示信息。

（6）保存脚本为 7_Flight_BookFlight_学号，设置回放迭代 3 次，回放脚本并查看“The Test Result”，如附图 16.1 所示。

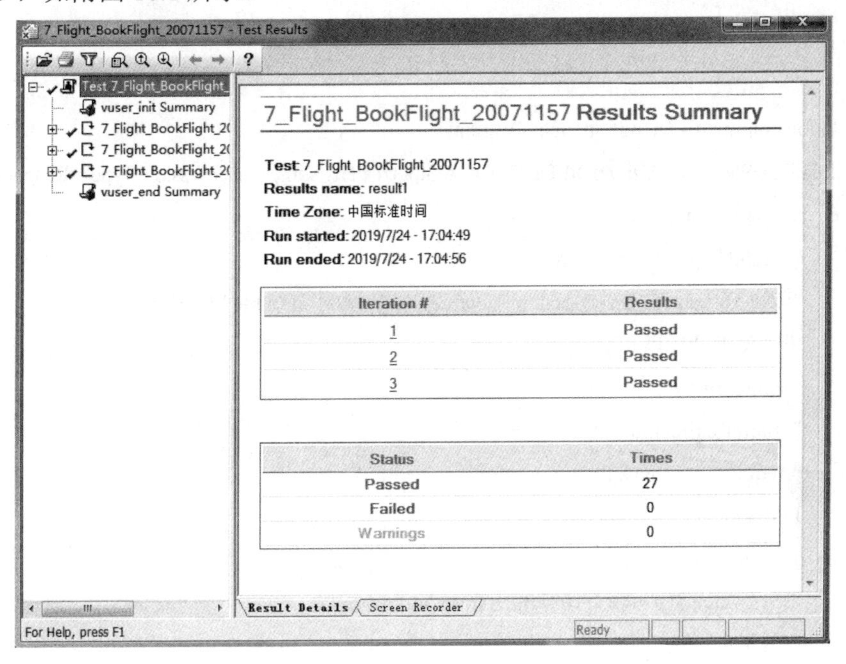

附图 16.1　回放结果界面

7. 新建场景文件，选择手动设置场景，添加脚本到场景，并按附表 16.1 进行手动设置。

附表 16.1　手动设置场景值

脚　　本	并发用户	场景设置
7_Flight_BookFlight_xxx	15	Scenario 模式，Real-world schedule。 虚拟用户数共 15 个，每 10 s 增加 2 个，持续运行 5 min，然后每 20 s 递减 5 个。 Load Generator 选用 localhost

（8）SLA 的设置见附表 16.2。

附表 16.2　SLA 的设置值

事务	平均响应时间目标值
01_Login	0.3 s
02_SearchFlight	0.2 s
03_BookFlight	0.5 s
04_BackHome	0.2 s
05_Logout	0.2 s

（9）运行场景，并将结果收集到“res_学号”文件夹中。

（10）利用 Analysis 打开结果文件，分析结果。

【参考答案】

1. 脚本代码

```
Action()
{
/*Correlation comment - Do not change! Original
value='126687.629566626zfVztQtpQtfiDDDDDQAQipQzQzHf' Name ='userSession' Type ='ResponseBased'*/
    web_reg_save_param_regexp(
        "ParamName=userSession",
        "RegExp=name=\"userSession\"\\ value=\"(.*?)\"/>\\\n<table\\ border",
        SEARCH_FILTERS,
        "Scope=Body",
        "IgnoreRedirections=No",
        "RequestUrl=*/nav.pl*",
        LAST);
    web_url("index.htm",
        "URL=http://127.0.0.1:1080/WebTours/index.htm",
        "Resource=0",
        "RecContentType=text/html",
        "Referer=",
        "Snapshot=t3.inf",
        "Mode=HTML",
        LAST);
    lr_think_time(14);
    lr_start_transaction("1_Login");
    web_submit_data("login.pl",
        "Action=http://127.0.0.1:1080/cgi-bin/login.pl",
```

```
        "Method=POST",
        "RecContentType=text/html",
        "Referer=http://127.0.0.1:1080/cgi-bin/nav.pl?in=home",
        "Snapshot=t4.inf",
        "Mode=HTML",
        ITEMDATA,
        "Name=userSession", "Value={userSession}", ENDITEM,
        "Name=username", "Value=jojo", ENDITEM,
        "Name=password", "Value=bean", ENDITEM,
        "Name=JSFormSubmit", "Value=on", ENDITEM,
        "Name=login.x", "Value=79", ENDITEM,
        "Name=login.y", "Value=10", ENDITEM,
        LAST);
lr_end_transaction("1_Login",LR_AUTO);
lr_think_time(8);
web_image("Search Flights Button",
        "Alt=Search Flights Button",
        "Snapshot=t5.inf",
        EXTRARES,
        "Url=../WebTours/classes/FormDateUpdate.class", "Referer=", ENDITEM,
        "Url=../WebTours/classes/CalSelect.class", "Referer=", ENDITEM,
        "Url=../WebTours/classes/Calendar.class", "Referer=", ENDITEM,
        LAST);
lr_think_time(15);
lr_start_transaction("2_SearchFlight");
web_url("IE9CompatViewList.xml",
        "URL=http://ie9cvlist.ie.microsoft.com/IE9CompatViewList.xml",
        "Resource=0",
        "RecContentType=text/xml",
        "Referer=",
        "Snapshot=t6.inf",
        "Mode=HTML",
        LAST);
lr_think_time(5);
web_submit_data("reservations.pl",
        "Action=http://127.0.0.1:1080/cgi-bin/reservations.pl",
        "Method=POST",
        "RecContentType=text/html",
        "Referer=http://127.0.0.1:1080/cgi-bin/reservations.pl?page=welcome",
```

```
        "Snapshot=t7.inf",
        "Mode=HTML",
        ITEMDATA,
        "Name=advanceDiscount", "Value=0", ENDITEM,
        "Name=depart", "Value=London", ENDITEM,
        "Name=departDate", "Value=07/25/2019", ENDITEM,
        "Name=arrive", "Value=Denver", ENDITEM,
        "Name=returnDate", "Value=07/26/2019", ENDITEM,
        "Name=numPassengers", "Value=1", ENDITEM,
        "Name=seatPref", "Value=None", ENDITEM,
        "Name=seatType", "Value=Coach", ENDITEM,
        "Name=.cgifields", "Value=roundtrip", ENDITEM,
        "Name=.cgifields", "Value=seatType", ENDITEM,
        "Name=.cgifields", "Value=seatPref", ENDITEM,
        "Name=findFlights.x", "Value=54", ENDITEM,
        "Name=findFlights.y", "Value=5", ENDITEM,
        LAST);
    lr_end_transaction("2_SearchFlight",LR_AUTO);
    lr_think_time(10);
    web_submit_form("reservations.pl_2",
        "Snapshot=t8.inf",
        ITEMDATA,
        "Name=outboundFlight", "Value=200;338;07/25/2019", ENDITEM,
        "Name=reserveFlights.x", "Value=68", ENDITEM,
        "Name=reserveFlights.y", "Value=9", ENDITEM,
        LAST);
    lr_start_transaction("1_BookFlight");
    web_reg_find("Text=Thank you for booking through Web Tours",
        LAST);
    lr_think_time(26);
    web_submit_data("reservations.pl_3",
        "Action=http://127.0.0.1:1080/cgi-bin/reservations.pl",
        "Method=POST",
        "RecContentType=text/html",
        "Referer=http://127.0.0.1:1080/cgi-bin/reservations.pl",
        "Snapshot=t9.inf",
        "Mode=HTML",
        ITEMDATA,
        "Name=firstName", "Value=Jojo", ENDITEM,
```

```
        "Name=lastName", "Value=Bean", ENDITEM,
        "Name=address1", "Value=", ENDITEM,
        "Name=address2", "Value=", ENDITEM,
        "Name=pass1", "Value=Jojo Bean", ENDITEM,
        "Name=creditCard", "Value=123456", ENDITEM,
        "Name=expDate", "Value=12/13", ENDITEM,
        "Name=oldCCOption", "Value=", ENDITEM,
        "Name=numPassengers", "Value=1", ENDITEM,
        "Name=seatType", "Value=Coach", ENDITEM,
        "Name=seatPref", "Value=None", ENDITEM,
        "Name=outboundFlight", "Value=200;338;07/25/2019", ENDITEM,
        "Name=advanceDiscount", "Value=0", ENDITEM,
        "Name=returnFlight", "Value=", ENDITEM,
        "Name=JSFormSubmit", "Value=on", ENDITEM,
        "Name=.cgifields", "Value=saveCC", ENDITEM,
        "Name=buyFlights.x", "Value=39", ENDITEM,
        "Name=buyFlights.y", "Value=7", ENDITEM,
        LAST);
    lr_end_transaction("1_BookFlight",LR_AUTO);
    lr_think_time(35);
    lr_start_transaction("4_backhome");
    web_url("welcome.pl",
        "URL=http://127.0.0.1:1080/cgi-bin/welcome.pl?page=menus",
        "Resource=0",
        "RecContentType=text/html",
        "Referer=http://127.0.0.1:1080/cgi-bin/nav.pl?page=menu&in=flights",
        "Snapshot=t10.inf",
        "Mode=HTML",
        LAST);
    lr_end_transaction("4_backhome",LR_AUTO);
    lr_think_time(20);
    lr_start_transaction("5_Logout");
    web_image("SignOff Button",
        "Alt=SignOff Button",
        "Snapshot=t11.inf",
        LAST);
    lr_end_transaction("5_Logout",LR_AUTO);
    return 0;
}
```

2. 场景设置

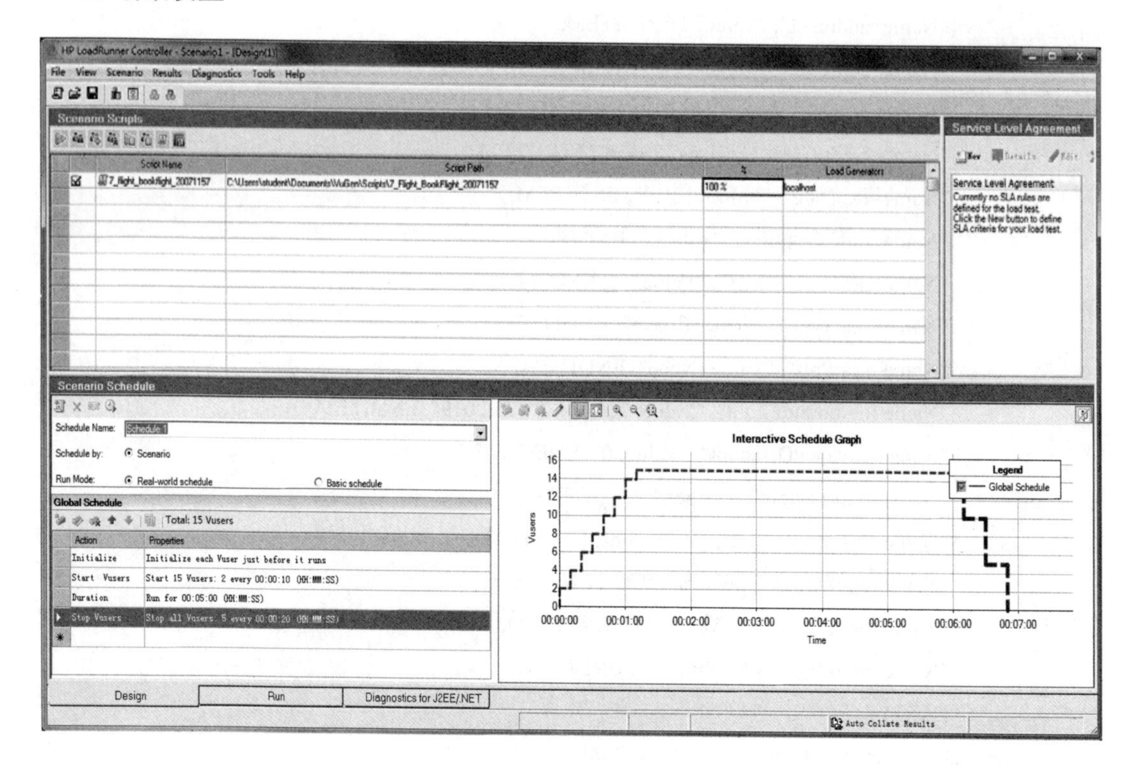

附图 16.2　场景设置界面

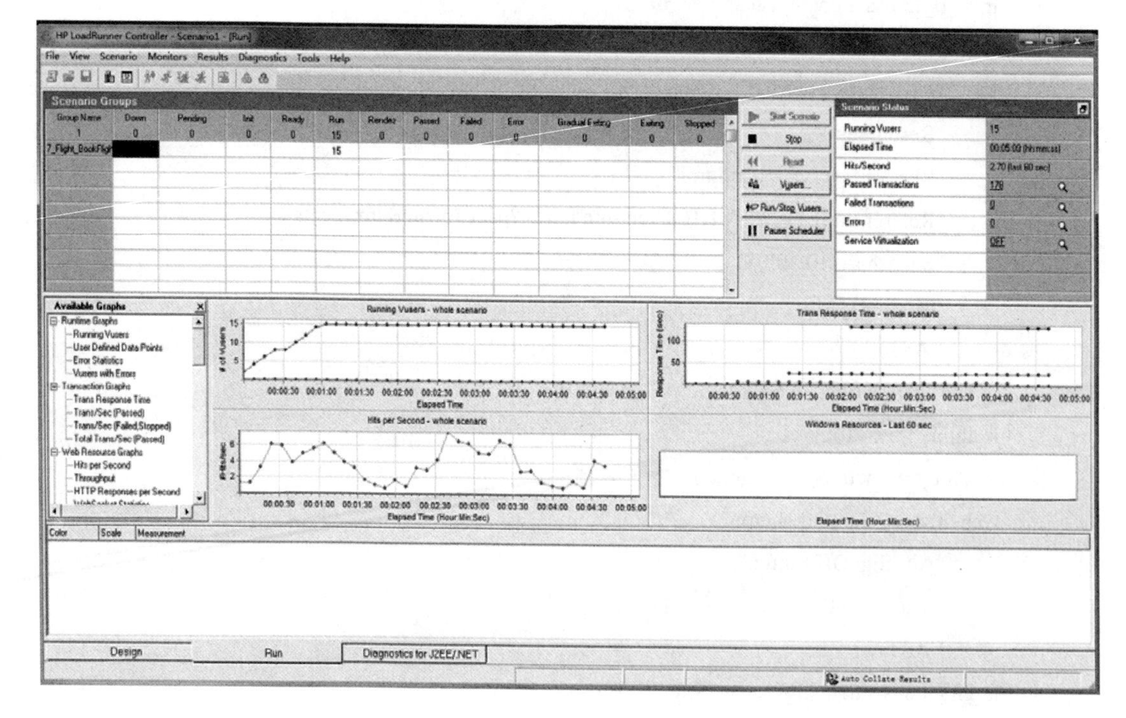

附图 16.3　场景运行界面

3. 结果分析

分析附图 16.4 可知，在 5 个事务中，只有“2_SearchFlight”查询航班事务没有通过，其他事务的响应时间都在标准之内。

Transaction Summary

Transactions: Total Passed: 300 Total Failed: 0 Total Stopped: 0　　Average Response Time

Transaction Name	SLA Status	Minimum	Average	Maximum	Std. Deviation	90 Percent	Pass	Fail	Stop
1_BookFlight	✔	0.083	0.096	0.115	0.007	0.104	45	0	0
1_Login	✔	0.077	0.091	0.136	0.016	0.116	45	0	0
2_SearchFlight	☒	0.328	0.774	6.849	0.977	1.36	45	0	0
4_backhome	✔	0.065	0.081	0.142	0.013	0.091	45	0	0
5_Logout	✔	0.06	0.076	0.132	0.016	0.092	45	0	0
Action_Transaction	Show SLA Results		1.456	7.471	0.971	2.068	45	0	0
vuser_end_Transaction	⊘	0	0	0	0	0	15	0	0
vuser_init_Transaction	⊘	0	0	0	0	0	15	0	0

Service Level Agreement Legend:　✔ Pass　☒ Fail　⊘ No Data

附图 16.4　SLA 运行结果分析图

参考文献

[1] 蔡建平，王安生，修佳鹏. 软件测试方法与技术[M]. 清华大学出版社，2014.
[2] 蔡建平，倪建成，高仲合. 软件测试实践教程[M]. 清华大学出版社，2014.
[3] 佟伟光，郭霏霏. 软件测试[M]. 2 版. 人民邮电出版社，2015.
[4] 虫师. Selenium2 自动化测试实战——基于 Python 语言[M]. 电子工业出版社，2016.
[5] 于涌. 软件性能测试与 LoadRunner 实战教程[M]. 人民邮电出版社，2014.
[6] 肖汉，郭运宏，肖波. 软件测试[M]. 电子工业出版社，2013.